Aachener Bausachverständigentage 1992
Wärmeschutz - Wärmebrücken - Schimmelpilz
Rechtsfragen für Baupraktiker

D1734737

Aachener
Bausachverständigentage 1992

REFERATE UND DISKUSSIONEN

Aachener Bausachverständigentage 1992

Wärmeschutz – Wärmebrücken – Schimmelpilz

mit Beiträgen von

Joachim Achtziger   Gerd Hauser
Horst Arndt   Kurt Kießl
Erich Cziesielski   Rainer Oswald
Günter Dahmen   Peter Pult
Herbert Ehm   Heinrich Trümper
Hans Erhorn   M. Zeller / M. Ewert
Gerhard Hausladen

Rechtsfragen für Baupraktiker

mit Beiträgen von
Peter Bleutge   Erich Schild   Eckhard Vogel

Herausgegeben von Erich Schild und Rainer Oswald
AIBau – Aachener Institut für Bauschadensforschung und angewandte Bauphysik

BAUVERLAG GMBH · WIESBADEN UND BERLIN

Die Deutsche Bibliothek – CIP-Einheitsaufnahme

Wärmeschutz – Wärmebrücken – Schimmelpilz / mit Beitr. von
Joachim Achtziger . . . Rechtsfragen für Baupraktiker / mit
Beitr. von Peter Bleutge . . . [Gesamtw.]: Aachener
Bausachverständigentage 1992. Hrsg. von Erich Schild und
Rainer Oswald. – Wiesbaden; Berlin : Bauverl., 1992
   ISBN 3-7625-3007-6
NE: Schild, Erich [Hrsg.]; Achtziger, Joachim; Aachener
   Bausachverständigentage <1992>; Beigef. Werk

Referate und Diskussionen der Aachener Bausachverständigentage 1992

© 1992 Bauverlag GmbH, Wiesbaden und Berlin

Druck- und Verlagshaus Hans Meister KG, Kassel
ISBN 3-7625-3007-6

Vorwort

Die Notwendigkeit der Verminderung des Energieverbrauchs ist durch ökologische Aspekte erneut ins Bewußtsein der Öffentlichkeit gerückt worden und findet in der Neufassung der Wärmeschutzverordnung ihren administrativen Niederschlag.

Nicht zuletzt die große Vielzahl von Schimmelpilzschäden der letzten 15 Jahre belegt, daß eine sinnvolle Heizenergieeinsparung nicht allein durch die „eindimensionalen" Maßnahmen der Vergrößerung der Dämmstoffdicken im Regelquerschnitt von Dach und Wand und der Fugenabdichtung der Fenster erreicht werden kann, sondern u. a. im Zusammenhang mit der Belüftung und der baukonstruktiven Detailausführung gesehen werden muß, wenn Schäden vermieden werden sollen.

Neue Erkenntnisse und Entwicklungen auf diesem komplexen Themenfeld waren Gegenstand der 18. Aachener Bausachverständigentage und sind im vorliegenden Band dokumentiert.

Die neuen Wärmeschutzanforderungen und die Abschätzung des Wärmebedarfs, Belüftungsprobleme und Lüftungsanlagen werden daher ebenso abgehandelt wie die Wachstumsbedingungen und die medizinischen Folgen der Schimmelpilze sowie die planerische Berücksichtigung von Wärmebrücken.

Da die Schimmelpilzproblematik in äußerst großem Umfang Hausbewohner, -eigentümer und -verwalter, Architekten und vor allem auch Sachverständige beschäftigt, werden die damit zusammenhängenden Beurteilungsprobleme und Beurteilungsmöglichkeiten detailliert abgehandelt. Dies betrifft sowohl die Grundsituation des Sachverständigen bei der Begutachtung von Schimmelpilzen, die Beurteilung von geometrischen Wärmebrücken als auch die rechnerischen und meßtechnischen Untersuchungen von konstruktiven Wärmebrücken.

Im Hinblick auf die unterschiedlichen Verfahren zur Nachbesserung von Wärmeschutzmängeln wird detailliert auf die Möglichkeiten der Innendämmung und die Beheizung der Oberflächen eingegangen.

Der allgemeinere Teil des Berichts befaßt sich mit der europäischen Normung und Fragen der Vergütung von Sachverständigenleistungen.

Die im vorliegenden Bericht ebenfalls zusammengefaßten wesentlichen Beiträge der Podiumsdiskussionen zeigen, daß die Problemstellungen dieses Themenkreises keineswegs vollständig gelöst sind. Wir freuen uns, mit diesem Buch einer breiteren Fachöffentlichkeit eine aktuelle Informationsmöglichkeit über den derzeitigen Kenntnisstand bieten zu können. Den Referenten und den engagiert mitdiskutierenden Tagungsteilnehmern sei an dieser Stelle herzlich gedankt.

Prof. Dr.-Ing. R. Oswald

Inhaltsverzeichnis

Europäische Normen
– Rahmenbedingungen, Verfahren der Erarbeitung, Verbindlichkeit
– Grundlage eines einheitlichen europäischen Baumarktes und Baugeschehens

Dipl.-Ing. Eckhard Vogel, Normenausschuß Bauwesen im DIN, Berlin

Ich möchte Ihnen das Entstehen Europäischer Normen am Beispiel des Bereiches Bauwesen schildern.

Einführung zur europäischen Normungsorganisation

Europäische Normen (EN) sind Normen, die von der gemeinsamen Europäischen Normungsorganisation CEN/CENELEC (CEN – Comité Européen de Normalisation, CENELEC – Comité Européen de Normalisation Electrotechnique) erarbeitet wurden.

CEN/CENELEC, mit Sitz in Brüssel, ist die Vereinigung der 18 nationalen Normenorganisationen der EG- und EFTA-Staaten. Deutscher Vertreter in CEN/CENELEC ist das DIN Deutsches Institut für Normung e. V.

Ihre Aufgaben bezieht die Europäische Normungsorganisation derzeit hauptsächlich aus den Richtlinienarbeiten der Europäischen Gemeinschaften mit dem Ziel, einen von technischen Handelshemmnissen freien Binnenmarkt zu schaffen.

Zu diesem Zweck erarbeitet die gemeinsame Europäische Normungsorganisation CEN/CENELEC Europäische Normen (EN).

Weitere Arbeitsergebnisse – neben den EN-Normen – sind Europäische Vornormen (ENV) und Harmonisierungsdokumente (HD) (Abb. 1).

Wesentliche Bestandteile der CEN-Organisation sind

– die Generalversammlung,
– der Verwaltungsrat,
– das Zentralsekretariat (CS),
– das Technische Büro (BT) mit

– Technischen Sektorbüros (BTS) oder Programm-Komitees (PC), die für abgegrenzte Bereiche zuständig sind. (Für das Bauwesen ist das CEN/BTS 1 „Bauwesen" zuständig)

sowie

– Technische Komitees (TC) (von denen es derzeit etwa 220 gibt (zum Teil mit zugehörigen Unterkomitees (SC) und mit Arbeitsgruppen)).

als   Europäische Norm   **EN**

als   Harmonisierungsdokument   **HD**

als   Europäische Vornorm   **ENV**

Europäische Norm (EN):
CEN/CENELEC-Norm, die mit der Verpflichtung verbunden ist, auf nationaler Ebene übernommen zu werden, indem ihr der Status einer nationalen Norm gegeben wird und indem ihr entgegenstehende nationale Normen zurückgezogen werden.

Harmonisierungsdokument (HD):
CEN/CENELEC-Norm, die mit der Verpflichtung verbunden ist, auf nationaler Ebene übernommen zu werden, zumindest durch öffentliche Ankündigung von HD-Nummer und -Titel und indem ihr entgegenstehende nationale Normen zugückgezogen werden.

Europäische Vornorm (ENV):
Beabsichtigte spätere Norm, erarbeitet von CEN/CENELEC, zur vorläufigen Anwendung, während die entgegenstehende nationale Normen parallel beibehalten werden dürfen.

Abb. 1 Technische Regeln von CEN/CENELEC

Die Technischen Komitees sind, ebenso wie die Unterkomitees mit den Arbeitsausschüssen in den Normenausschüssen des DIN vergleichbar.

Normenausschuß Bauwesen – Arbeitsweise

Ich möchte an dieser Stelle kurz auf die Arbeitsgremien und Arbeitsweisen eines dieser Normenausschüsse, dem Normenausschuß Bauwesen (NABau) im DIN Deutsches Institut für Normung e. V., eingehen.

Innerhalb des DIN, das ein eingetragener Verein ist, dessen Mitglieder Unternehmen und juristische Personen sind, bestehen mehr als 110 Normenausschüsse, von denen einer der vorgenannte Normenausschuß Bauwesen ist. Die Ergebnisse der nationalen Arbeit der Normenausschüsse sind DIN-Normen.

Die Mitwirkung an der Arbeit der Arbeitsgremien des DIN setzt nicht die Mitgliedschaft im eingetragenen Verein voraus.

Der NABau hat die Aufgabe, alle Normungsaufgaben im Bereich des Bauwesens im engeren Sinne wahrzunehmen. Damit gehören z. B. die Bereiche

- Heiz- und Raumlufttechnik,
- Holz,
- Eisen und Stahl,
- Materialprüfung,
- Baumaschinen und
- Wasserwesen

nicht zum NABau.

Die Arbeit des NABau vollzieht sich in mehr als 300 Arbeitsausschüssen und ihren Unterausschüssen, in denen insgesamt etwa 5600 ehrenamtliche Mitarbeiter aus den interessierten Kreisen mitarbeiten. Diese interessierten Kreise sind:

- die Verbraucher,
- das Handwerk,
- die Wissenschaft,
- die Industrie und
- die Behörden.

Der NABau gliedert sich in 12 Fachbereiche, denen die einzelnen Arbeitsausschüsse zugeordnet sind. Bis Mitte 1992 wird eine Neugliederung des NABau vollzogen sein, die neben 12 Fachbereichen auch Koordinierungsausschüsse vorsieht, die unter anderem zu den 6 wesentlichen Anforderungen der „Richtlinie des Rates vom 21. Dezember 1988 zur Angleichung der Rechts- und Verwaltungsvorschriften

der Mitgliedsstaaten über Bauprodukte" (89/106 EWG) – auch „Bauproduktenrichtlinie" [5] genannt – eingerichtet wurden.

Wie entsteht nun eine nationale, d. h. DIN-Norm (Abb. 2)?

Dies soll am einfachsten Fall beschrieben werden, nämlich daß ein Verband oder eine Einzelperson einen Antrag für ein Normungsthema stellt, das bisher noch nicht durch Normung abgedeckt ist.

Für den Fall, daß innerhalb des Normenausschusses Bauwesen bereits ein Arbeitsausschuß vorhanden ist, der sich mit dieser oder einer verwandten Thematik befaßt, wird zunächst dieser Arbeitsausschuß um seine Meinung zu diesem Normungsantrag befragt. Bereits hier ist zu prüfen, ob das Thema überhaupt noch auf nationaler Ebene oder nicht zweckmäßigerweise gleich auf europäischer Ebene behandelt werden soll.

Der nächste Schritt ist dann, den Normungsantrag – gegebenenfalls mit einem Votum des Arbeitsausschusses versehen – dem Lenkungsgremium des zuständigen Fachbereichs zur Entscheidung vorzulegen.

Unter der Voraussetzung, daß dort dem Normungsantrag stattgegeben worden ist, wird ein bestehender Arbeitsausschuß mit der Bearbeitung dieses Themas beauftragt. Sofern kein entsprechender Arbeitsausschuß besteht, wird ein neuer Arbeitsausschuß eingesetzt. Bei der Zusammensetzung der Arbeitsausschüsse ist

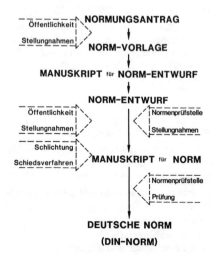

Abb. 2 Deutsche Norm (DIN-Norm)

darauf zu achten, daß alle interessierten Kreise an dieser Arbeit ausgewogen beteiligt sind.

Bei der Beurteilung des Normungsantrages wird zugrunde gelegt, ob für eine derartige Norm ein Bedarf besteht und ob der Gegenstand, dessen Normung beantragt wird, normungsfähig ist.

Die Fachöffentlichkeit hat zuvor – vor Aufnahme der Arbeiten im Arbeitsausschuß – die Möglichkeit, sich über die Aufnahmen der Arbeiten im „DIN-Anzeiger für technische Regeln" zu informieren, der eine Beilage der „DIN-Mitteilungen" ist, die monatlich erscheinen.

Der nächste Schritt in der Normungsarbeit ist die Veröffentlichung des Norm-Entwurfs. Dieses Ergebnis der Arbeiten des Arbeitsausschusses steht jedermann zur Stellungnahme zur Verfügung. Im allgemeinen beträgt die Einspruchsfrist für Norm-Entwürfe 4 Monate; in einzelnen Fällen kann eine verkürzte oder eine verlängerte Einspruchsfrist vereinbart werden.

Nach Ablauf der Einspruchsfrist werden die Einsprüche dem zuständigen Arbeitsausschuß zur weiteren Bearbeitung vorgelegt; in der Regel werden die Einsprecher zur Beratung ihrer Einsprüche durch den zuständigen Arbeitsausschuß eingeladen. Auf diesen Sitzungen haben die Einsprecher die Möglichkeit, ihren Einspruch noch einmal direkt gegenüber dem Arbeitsausschuß zu vertreten.

Über das Ergebnis der Einspruchsberatungen sind dann die Einsprecher, d.h. auch die nicht auf der Sitzung Anwesenden, zu informieren.

Ergeben sich jedoch gegenüber dem Norm-Entwurf erhebliche Änderungen, so kann es erforderlich sein, einen 2. Norm-Entwurf der Fachöffentlichkeit zur Stellungnahme vorzulegen.

Nach Beratung der Einsprüche und unter Voraussetzung, daß Konsens erreicht worden ist, wird die Norm veröffentlicht.

Nun kann es vorkommen, daß ein Stellungnehmender mit der Entscheidung des zuständigen Arbeitsausschusses nicht einverstanden ist. In diesem Fall hat er bei der nationalen Normung die Möglichkeit, innerhalb eines Monats nach Erhalt der Entscheidung des Arbeitsausschusses Schlichtung zu beantragen, der – sofern keine Einigung erreicht wird – unter Umständen eine zweite Schlichtung und – wenn auch dabei kein Konsens erreicht wurde – eventuell ein Schiedsverfahren folgen kann.

CEN – Allgemeines

Von den im CEN derzeit arbeitenden Technischen Komitees (CEN/TC) sind etwa 80 CEN/TC auf dem Gebiet des Bauwesens tätig, wobei die Arbeitsausschüsse des NABau im DIN die Arbeit der Mehrheit dieser CEN/TC fachlich begleiten – „spiegeln".

Beispiele für CEN/TC, die den NABau betreffen, sind:

– CEN/TC 51 „Zement und Baukalk",
– CEN/TC 127 „Baulicher Brandschutz",
– CEN/TC 241 „Gips und Gipsprodukte"
sowie
– CEN/TC 250 „Eurocodes für den konstruktiven Ingenieurbau".

Durch Einrichtung von Unterkomitees, Arbeits- sowie ad hoc-Gruppen in den CEN/TC sind derzeit vom NABau mehr als 200 Gremien des CEN entsprechend zu begleiten.

Zur Zeit werden ca. 700 baubezogene Europäische Norm-Vorhaben im CEN bearbeitet. Bisher sind etwa 100 baubezogene Europäische Vornormen, Norm-Entwürfe bzw. Europäische Normen in dem NABau-Bereich in das Normenwerk des DIN übernommen worden (Stand 31. 12. 1991). Abb. 3 zeigt eine allgemeine Tendenz, wonach Ende 1992 voraussichtlich ca.

– 40 % der Normungsarbeit des DIN insgesamt rein nationale Normen,
– 30 % der Normungsarbeit des DIN Europäische Normen und
– 30 % der Normungsarbeit des DIN internationale Normen betreffen.

Betrachtet man die Arbeitsergebnisse des NABau im Jahr 1991, so beträgt – gemessen an veröffentlichten Norm-Entwürfen und Normen – der Anteil der europäischen Normung bereits mehr als 30 %.

Das Bild zeigt auch (rechts), daß für das Jahr 1992 ein großer Zuwachs an Europäischen Normen (EN) erwartet wird.

Rahmenbedingungen der europäischen Normungsarbeit

Im Weißbuch [4] der EG vom Sommer 1985 ist das Bauwesen als eines der Gebiete genannt, in dem vorrangig Handelshemmnisse als Grundvoraussetzung zur Schaffung des europäischen Binnenmarktes bis Ende 1992 abzubauen sind. Ein wesentliches Handelshemmnis

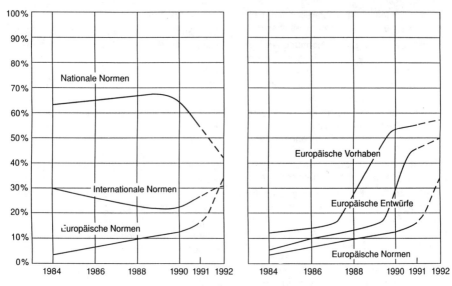

Abb. 3 Allgemeine Tendenz der Normungsarbeit

stellen fehlende harmonisierte Europäische Normen dar.

Wie auch in anderen Bereichen, will man die Handelshemmnisse auch nach bereits 1985 vorgestellten „neuen" Verfahren beseitigen. Eines dieser Verfahren ist die sogenannte „Neue Konzeption", das neue Herangehen bzw. das „new approach", mit der das Ziel der „Vollendung des Binnenmarktes" schneller erreicht werden soll. Danach werden in EG-Richtlinien „neuer Art" seit ca. 1986 nur noch „wesentliche Anforderungen" an Anlagen oder Produkte festgelegt, während frühere EG-Richtlinien meist sehr ins Detail gehende technische Angaben enthalten.

Eine dieser neuen Richtlinien ist die sogenannte „Bauproduktenrichtlinie", in der wesentliche Anforderungen an Bauwerke genannt sind.

Die 6 wesentlichen Anforderungen der „Bauproduktenrichtlinie" sind:

1. Mechanische Festigkeit und Standsicherheit,
2. Brandschutz,
3. Hygiene, Gesundheit, Umweltschutz,
4. Nutzungssicherheit,
5. Schallschutz sowie
6. Energieeinsparung, Wärmeschutz.

Während noch vor einigen Jahren die Erarbeitung Europäischer Normen meist auf einzelne

Anträge zur entsprechenden Normung zurückging, hat jetzt die Erteilung von Mandaten (Aufträgen) durch die Komission der Europäischen Gemeinschaften (KEG) (und gleichzeitig auch durch das EFTA-Sekretariat) an CEN bzw. CENELEC zur europäischen Normung eine besondere Bedeutung erlangt.

Diese Mandate werden für die Normung im Bauwesen auf der Grundlage der Bauproduktenrichtlinie erteilt und sind Voraussetzung dafür, daß eine danach erarbeitete und angenommene Europäische Norm als Harmonisierte Europäische Norm gilt.

Zu den wesentlichen Anforderungen werden von Gremien der KEG sogenannte Grundlagendokumente erarbeitet, die als „Bindeglieder" zwischen der „Bauproduktenrichtlinie" und den Mandaten der KEG an CEN anzusehen sind.

In den Grundlagendokumenten werden z. B. die Schutzziele umfassender als in der „Bauproduktenrichtlinie" dargestellt und soweit wie möglich für Bauprodukte, z. B. Klassen, angegeben, die in der entsprechenden europäischen Bauprodukt-Normung vorzusehen sind.

Als Beispiel kann die Festlegung von Klassen für den Raumabschluß (E) (integrity) für „Nichtlasttragende Abschlüsse", z. B. Trennwände, im Grundlagendokument „Brandschutz" mit E 20,

E 30, E 60, E 90, E 120 genannt werden. (Die Zahlenwerte geben die Dauer in Minuten an, während der der Raumabschluß gesichert ist.)

Die große Zahl der Klassen ermöglicht es den einzelnen CEN-Mitgliedsstaaten, die bisher bestehenden nationalen behördlichen (bei uns: „bauaufsichtlichen") Festlegungen – voraussichtlich mit nur geringfügigen Änderungen – weiter zu verwenden (Abb. 4).

Klassen werden aber auch unabhängig von den wesentlichen Anforderungen der Bauproduktenrichtlinie für die Kennzeichnung von Bauprodukten vorgesehen, um alle im CEN-Bereich bewährten und traditionell hergestellten Bauprodukte, soweit sie unter die „Bauproduktenrichtlinie" fallen, mit den jeweiligen Europäischen Normen erfassen zu können.

Beispiele werden sein:

Für Zement (nach der zukünftigen ENV 197-1 „Zement – Zusammensetzung, Anforderungen und Konformitätskriterien – Teil 1: Allgemein gebräuchlicher Zement") z. B.

„Zement ENV 197-1 CEM I 42,5 R" oder „Zement ENV 197-1 CEM II/A-S 42,5 R" (Dabei stehen „I" für „Portlandzement" und „II/A-S" für „Portlandhüttenzement")

sowie 23 andere Zementarten, die nach ihrer Zusammensetzung gekennzeichnet werden.

Für Baukalk nach der zukünftigen EN 459-1 „Baukalk – Teil 1: Definitionen, Anforderungen und Konformitätskriterien" wird es 7 Baukalkarten geben, zu denen z. B.

Calciumkalk 90   (CL 90),
Dolomitkalk 85   (DL 85) und
Hydraulischer Kalk 5   (HL 5)

gehören.

- **EG-Rahmenrichtlinie Bauprodukte**

- **Grundlagendokumente**

- **Europäische Normen**

Abb. 4 Ebenen der europäischen Harmonisierung im Bauwesen

Diese Abweichungen von den derzeit in Deutschland gebräuchlichen Bauteil- bzw. Baustoffbezeichnungen vermitteln bereits einen Eindruck von dem Informationsbedarf, der zur Vermeidung von Fehlern bei der Anwendung dieser Baustoffe besteht.

Die Kenntnis der zukünftigen Baustoffklassen bzw. -typen ist auch insofern erforderlich, als im gemeinsamen Markt leichter die Möglichkeit besteht, daß Bauprodukte auf den deutschen Markt gelangen, die den Europäischen Normen entsprechen, aber hier bisher nicht in DIN-Normen erfaßt waren.

Entsprechend den wesentlichen Anforderungen werden die Inhalte von sogenannten *technischen Spezifikationen* durch die Grundlagendokumente grob vorgegeben.

Die technischen Spezifikationen im Sinne der Bauproduktenrichtlinie sind in der Hauptsache

– harmonisierte Europäische Normen und
– europäische technische Zulassungen.

Für die Erteilung europäischer technischer Zulassungen (ETA, European Technical Approval) ist die European Organisation for Technical Approvals (EOTA) zuständig.

Seit kurzem haben Beratungen begonnen, die ergeben sollen, wo europäisch zu normen und wo europäisch technisch zuzulassen ist.

Entstehen einer Europäischen Norm

Wie entsteht nun eine Europäische Norm?

Dazu gibt es einige Parallelen zu dem Verfahren, das im nationalen Bereich festgelegt ist, und das ich daher zuvor so ausführlich schilderte.

Abb. 5 stellt dar, wie im CEN ein neues Normungsthema entstehen kann.

Dabei beginnt die europäische Normung z. B. durch einen Normungsantrag eines Mitgliedes von CEN, z. B. DIN, AFNOR, BSI, einer europäischen Organisation

oder

durch ein Mandat der KEG oder des EFTA-Sekretariats.

Wie bereits ausgeführt, kann das Ergebnis der CEN-Arbeit an einem Normungsthema eine EN, ein HD oder eine ENV sein.

Nach der positiven Entscheidung durch das CEN/BT über einen europäischen Normungsantrag wird dieses Thema einem bestehenden

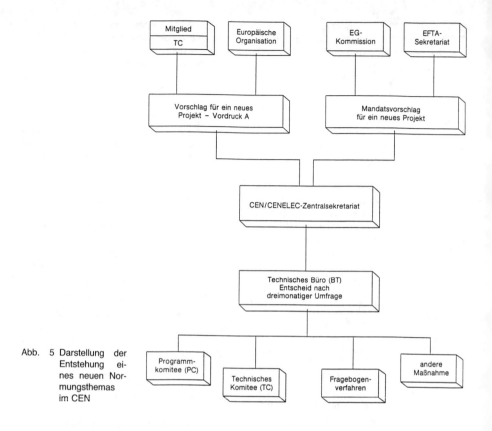

Abb. 5 Darstellung der Entstehung eines neuen Normungsthemas im CEN

Technischen Komitee zugeordnet oder es wird ein neues CEN/TC für das neue Normungsvorhaben eingerichtet.

Mit der Festlegung eines Zieldatums (z.B. für die Vorlage des entsprechenden Norm-Entwurfs) zu dem Normungsvorhaben wird durch das CEN/BT in der Regel auch die sogenannte Stillhalteverpflichtung ausgelöst, wonach zu dem bei CEN bearbeiteten Normungsthema keine nationalen Normen mehr herausgegeben werden dürfen. Jedoch dürfen als Beitrag zur europäischen Normungsarbeit nationale Norm-Entwürfe zum entsprechenden Thema herausgegeben werden.

Im weiteren Verlauf wird

– ein Arbeitsentwurf des CEN/TC (unter Umständen von einer Arbeitsgruppe des TC) vorgelegt,
– über das CEN/CS eine 6 Monats-CEN/CENELEC-Umfrage zur prEN (Europäischer Norm-Entwurf) in den drei offiziellen CEN-Sprachen (Englisch, Französisch, Deutsch) durchgeführt, wobei möglichst einmütige (zumindest aber ausreichende) Zustimmung angestrebt wird und Stellungnahmen abgegeben werden können.

Ist erkennbar, daß der Norm-Entwurf bei der späteren „formellen" Abstimmung genehmigt werden dürfte, erfolgt die Einarbeitung der Stellungnahmen, soweit dazu im Arbeitsgremium Konsens besteht und anschließend die formelle (gewichtete) Abstimmung mit einer 2-Monatsfrist.

Dabei haben die CEN-Mitglieder unterschiedliche Stimmengewichte, wie sie in Abb. 6 dargestellt sind.

Die gleichzeitig geltenden Mindestbedingungen für die Annahme eines Vorschlags für eine Norm sind:

1. Einfache Mehrheit an Ja-Stimmen,
2. Mindestens 25 gewichtete Ja-Stimmen,

Land des Mitgliedes

Deutschland	10
Frankreich	10
Italien	10
Großbritannien	10
Spanien	8
Belgien	5
Griechenland	5
Niederlande	5
Portugal	5
Schweden	5
Schweiz	5
Dänemark	3
Finnland	3
Irland	3
Norwegen	3
Österreich	5
Luxemburg	2
Island	1

98

(davon EG-Länder: 76)

Abb. 6 Stimmgewichte bei gewichteten CEN/CE-NELEC-Abstimmungen

3. Höchstens 22 gewichtete Nein-Stimmen und
4. Höchstens 3 ablehnende Mitglieder.

Die Meinungsbildung im DIN bei der Erarbeitung der Europäischen Norm-Vorlagen und zu den Abstimmungen darüber erfolgt in den bereits beschriebenen Arbeits- und Spiegelausschüssen des DIN.

Dabei werden während der 6 Monats-Umfrage den Europäischen Norm-Entwürfen entsprechende „Norm-Entwürfe zu DIN EN-Normen" herausgegeben (Farbe: rosa), zu denen die nationale Öffentlichkeit um Stellungnahme gebeten wird. Die Stellungnahmen werden wie bei nationalen Normen in dem zuständigen Arbeits-/Spiegelausschuß beraten.

Nach der Annahme einer Europäischen Norm durch das CEN werden die 3 offiziellen (CEN-) Sprachfassungen der Norm (Englisch, Französisch, Deutsch) vom Zentralsekretariat des CEN (CEN/CS) an die 18 Normungsorganisationen des CEN zur Veröffentlichung versandt.

Die CEN/CENELEC Geschäftsordnung legt fest, daß die Europäischen Normen in die nationalen Normenwerke zu übernehmen sind. Diese Übernahme hat in der Regel nach spätestens 6 Monaten zu erfolgen. Gleichzeitig sind die nationalen Normen zu diesem Thema, soweit nationale normative Festlegungen den Europäischen Normen entgegenstehen, zurückzuziehen. Die Europäischen Normen erscheinen dann in Deutschland als DIN EN-Normen und z.B. im Vereinigten Königreich als BS EN-Normen.

Die Übersicht (Abb. 7) zeigt die jeweiligen Verpflichtungen der nationalen Normungsorganisationen in Bezug auf die CEN/CENELEC-Regelarten, die bereits genannt wurden.

Anmerkung: HD werden erstellt, wenn die Überführung in identische nationale Normen unnötig oder unpraktisch ist und insbesondere, wenn eine Einigung (auf eine EN) nur durch Zulassen von nationalen Abweichungen möglich wäre.

Abb. 8 zeigt die Stufen der Entwicklung der derzeit gültigen DIN EN 196 Teil 6 (prEN 196 Teil 6, Entwurf zu DIN EN 196 Teil 6, EN 196 Teil 6 und DIN EN 196 Teil 6).

Verbindungen der europäischen (CEN) mit der weltweiten (ISO) Normungsarbeit

Auch um dem durch das Ziel „Vollendung des Binnenmarktes" bis Ende 1992 gesetzten „Leistungsdruck" in der Normung zu entsprechen, verwendet man bei der europäischen Normung – soweit es möglich ist – die Ergebnisse der Internationalen-, das heißt ISO/IEC-Normung. Dabei werden gleichzeitig Doppel-Arbeiten vermieden. Die Zusammenarbeit von CEN und ISO bei der europäischen und internationalen Normung wird in Zukunft weitergehend sein als bisher, nachdem die

„Vereinbarung über die technische Zusammenarbeit zwischen ISO und CEN" („Wiener Vereinbarung")

im Juni 1991 unterzeichnet wurde.

Dadurch bestehen nunmehr verbesserte Möglichkeiten zur gemeinsamen Arbeit. Dazu gehören:

– die Zusammenarbeit durch wechselseitige Teilnahme an den Sitzungen,

– die Übertragung neuer Arbeitsthemen von CEN auf ISO unter Berücksichtigung der von CEN vorgegebenen Fertigstellungsdaten,

15

Dokumentart	Abkürzung	Verpflichtungen	
		zur Übernahme	zur Zurückziehung der entgegenstehenden nationalen Normen
Europäische Norm	EN	Ja, durch Übernahme in das nationale Normenwerk	Ja
Harmonisierungs- dokument	HD	Ja, mindestens Ankün- digung der HD-Num- mer und des Titels	Ja
Europäische Vornorm	ENV	Ja, in geeigneter Weise verfügbar machen, z. B. als Deutsche Vornorm, auf natio- naler Ebene und An- kündigung wie HD	Nein
CEN/CENELEC-Bericht (enthält Fachinfor- mationen)	—	Nein, in geeigneter Weise verfügbar machen	Nein

Abb. 7 Übersicht über Veröffentlichs- formen von tech- nischen Regeln durch CEN/CE- NELEC

– die Übernahme von bestehenden Internatio- nalen-, das heißt ISO-Normen, als Europä- ische Normen, entweder

– unverändert oder
– mit Änderungen,

– eine parallele Abstimmung über Norm-Ent- würfe und Normen in CEN und ISO

sowie

– das Berücksichtigen von Stellungnahmen von ISO-Mitgliedsorganisationen außerhalb von CEN zu Europäischen Norm-Entwürfen und Entwürfen von Harmonisierungsdoku- menten.

Dies als Einblick in das Geschehen um die europäische Normung.

Die internationale Normungsarbeit im Rahmen der ISO ist langfristig als der Schwerpunkt der

Arbeit des DIN anzusehen, da es gilt – über die Beseitigung von Handelshemmnissen im CEN- Bereich hinaus – den Welthandel durch mög- lichst übereinstimmende technische Regeln (hier: Normen) zu erleichtern und zu fördern.

Verbindlichkeit der Europäischen Normen

Ich möchte nun auf die Verbindlichkeit der Europäischen Normen eingehen.

Wie bereits ausgeführt, werden die Europä- ischen Normen nicht als solche veröffentlicht, sondern in die jeweiligen nationalen Normen- werke unverändert übernommen (z.B. als DIN EN). Damit entspricht die Verbindlichkeit auch der, die die DIN-Normen haben.

Diese Normen sind Empfehlungen und, für den Fall, daß die betreffenden DIN EN-Normen als

16

ENTWURF

EUROPÄISCHE NORM

EUROPEAN STANDARD

NORME EUROPÉENNE

pr **EN** 196

Teil 6

September 1986

DK

Deskriptoren:

Deutsche Fassung
Prüfverfahren für Zement.
Bestimmung der Mahlfeinheit

Methods of testing cement.
Determination of fineness

Méthodes d'essai des ciments.
Détermination de la finesse

| DK 666.94 : 691.54 : 620.1 : 539.25 | DEUTSCHE NORM | *Entwurf* | Januar 1987 |

| Prüfverfahren für Zement | **DIN** |
| Bestimmung der Mahlfeinheit | **EN 196** Teil 6 |

| Methods for testing cement; Determination of fineness | Einsprüche bis 28. Feb 1987 | Vorgesehen als Ersatz für |
| Méthodes d'essai des ciments; Détermination de la finesse | Anwendungswarnvermerk auf der letzten Seite beachten! | DIN 1164 T 4/11.78 |

EUROPÄISCHE NORM

EUROPEAN STANDARD

NORME EUROPEENNE

EN 196
Teil 6

Dezember 1989

DK 666.94:691.54:620.1:539.215

Deskriptoren: Zement, Bestimmung, Feinheit, Prüfverfahren, Siebverfahren, Luftdurchlässigkeit

Deutsche Fassung

Prüfverfahren für Zement; Bestimmung der Mahlfeinheit.

Methods of testing cement; Determination of fineness.

Méthodes d'essai des ciments; Détermination de la finesse.

| DK 666.94 : 691.54 : 620.1 : 539.215 | DEUTSCHE NORM | März 1990 |

Prüfverfahren für Zement	**DIN**
Bestimmung der Mahlfeinheit	**EN 196**
Deutsche Fassung EN 196-6 : 1989	Teil 6

Methods of testing cement; Determination of fineness;
German version EN 196-6 : 1989

Méthodes d'essais des ciments; Détermination de la finesse;
Version Allemande EN 196-6 : 1989

Ersatz für DIN 1164 T 4/11.78

Die Europäische Norm EN 196-6 : 1989 hat den Status einer Deutschen Norm.

Nationales Vorwort

Diese Europäische Norm wurde vom CEN/TC 51 „Zement und Baukalk" (Sekretariat: Belgien) ausgearbeitet. Im DIN Deutsches Institut für Normung e.V. war hierfür der Arbeitsausschuß 06.04 „Zement" des Normenausschusses Bauwesen (NABau) zuständig.

Normen über Zement und Prüfverfahren für Zement:

DIN 1164 Teil 1 — Portland-, Eisenportland-, Hochofen- und Traßzement; Begriffe, Bestandteile, Anforderungen, Lieferung

Abb. 8 Stufen zur DIN EN-Norm

technische Baubestimmungen bauaufsichtlich eingeführt sind, gelten diese Normen als allgemein anerkannte Regeln der Technik (siehe z. B. Musterbauordnung [8]).

Dieses Verfahren der Verwendung technischer Regeln wird auch „Generalklauselmethode" genannt. Mit diesem Verfahren werden die Rechtsvorschriften von Detailregelungen weitgehend freigehalten [3].

Hier ist jedoch auf die zukünftig geänderte Bedeutung der ins nationale Normenwerk übernommenen *harmonisierten* Europäischen Normen gegenüber den früheren DIN-Normen hinzuweisen.

Bisher hatten die einzelnen Bundesländer in Deutschland die Möglichkeit, im Rahmen von „Ausführungsvorschriften über die Einführung technischer Baubestimmungen" bei der Einführung bauaufsichtlich relevanter Normen (technische Regeln) als Technische Baubestimmungen (allgemein anerkannte Regeln der Baukunst, hier ist auf die §§ 3, Absatz 3 der Landesbauordnungen hinzuweisen), Änderungen bzw. Ergänzungen zu den DIN-Normen festzulegen.

Diese Möglichkeit besteht bei den harmonisierten Europäischen Normen nicht mehr, da durch eine derart festgelegte Veränderung ein neues „Handelshemmnis" entstehen könnte.

Im Zusammenhang mit dem Hinweis auf die bauaufsichtliche Verwendung der Europäischen Normen möchte ich einen kleinen Abschnitt meiner Ausführungen zwei – für das Bauen mit Stahlbeton – besonders wichtigen Vornormen widmen.

Dazu gehört die der Europäischen Vornorm ENV 206 entsprechende Vornorm

DIN V ENV 206 „Beton; Eigenschaften, Herstellung, Verarbeitung und Gütenachweis", Ausgabe Oktober 1990,

und die Vornorm

DIN V 18 932 Teil 1 „Eurocode 2; Planung von Stahlbeton- und Spannbetontragwerken; Teil 1: Grundlagen und Anwendungsregeln für den Hochbau", Ausgabe Oktober 1991, die auf der englischsprachigen Vorlage zur Eurocode 2 Teil 1 in der Fassung Oktober 1990 basiert.

Diese Europäischen Vornormen bilden als deutsche Vornormen keinen Teil des Deutschen Normenwerkes.

In der europäischen Normungsarbeit bilden Europäische Vornormen (ENV) oft die Form von Festlegungen, auf die sich die CEN-Mitglieder einigen können, weil mit der Annahme einer Europäischen Vornorm im CEN keine Verpflichtung zur Übernahme bei gleichzeitiger Zurückziehung entsprechender nationaler Normen verbunden ist. Damit besteht die Möglichkeit, in einer 3- bis 5-jährigen Übergangszeit europaweit Erfahrungen mit diesen Vornormen bei ihrer probeweisen Anwendung zu sammeln, aus denen sich dann Festlegungen für die entsprechenden Europäischen Normen (EN) ergeben.

Es ist verständlich, daß die Anwendung der genannten Vornormen von der Fachöffentlichkeit in Deutschland nicht ohne weiteres erwartet werden kann, wenn gleichzeitig die als „allgemein anerkannte Regeln der Technik" (das sind als Technische Baubestimmungen eingeführte technische Regeln) geltenden Normen

– DIN 1045 „Beton und Stahlbeton; Bemessung und Ausführung", Ausgabe Juli 1988 und

– DIN 4227 Teil 1 „Spannbeton"; Ausgabe Juli 1988

vorliegen.

Derzeit liegt daher der Vorschlag vor, die Vornorm DIN V 18 932 Teil 1 als „Technische Baubestimmung" bekannt zu machen, bei deren Anwendung bei der Bemessung von Stahlbeton- und Spannbetonbauteilen gleichwertige Lösungen mit den Lösungen nach

– DIN 1045 und
– DIN 4227 Teil 1

erzielt werden.

Die Anwendung dieser Vornorm würde danach unter Berücksichtigung von DIN V ENV 206 „Beton; Eigenschaften, Herstellung, Verarbeitung und Gütenachweis", Ausgabe Oktober 1990, und den sogenannten „Anpassungs-Richtlinien", „Richtlinien für die Anwendung Europäischer Normen im Betonbau", November 1991 (herausgegeben vom Deutschen Ausschuß für Stahlbeton, Fachbereich 7 des NA-Bau im DIN Deutsches Institut für Normung e. V.) zu erfolgen haben und könnte alternativ zu den geltenden Normen DIN 1045 und DIN 4227 Teil 1 erfolgen.

Damit würde auch auf diesem wesentlichen Gebiet die Verwendung der Ergebnisse der europäischen Normungsarbeit bei Ausschreibungen von Bauleistungen der öffentlichen Hand erleichtert.

Verwendung der harmonisierten Europäischen Normen bei Bauleistungsbeschreibungen der öffentlichen Hand

Bezüglich der Verwendung der harmonisierten Europäischen Normen als Bezugsdokumente für die Leistungsbeschreibungen im Rahmen der Ausschreibung von Bauleistungen, z. B. durch die öffentliche Hand, ist auf die

- Baukoordinierungsrichtlinie [6] und auf die
- Sektorenrichtlinie [7]

zu verweisen.

Durch diese Richtlinien wird die öffentliche Hand verpflichtet, Bauleistungen mit einem Umfang oberhalb des Schwellenwertes von 5 Millionen ECU (ca. 10 Millionen DM) unter Verweis auf harmonisierte technische Spezifikationen zu beschreiben.

Die Umsetzung der Baukoordinierungsrichtlinie erfolgte in Deutschland durch die Herausgabe der VOB Teil A „Allgemeine Bestimmungen für die Vergabe von Bauleistungen – DIN 1960 –, Ausgabe Juli 1990".

Die Festlegungen der Sektorenrichtlinie werden in einer weiteren Überarbeitung der VOB/A zu berücksichtigen sein.

Schlußbemerkung

Abschließend weise ich auf die zu erwartende Umsetzung der Bauproduktenrichtlinie in deutsches Recht hin. Diese EG-Richtlinie wird in Deutschland durch das Bauproduktengesetz des Bundes umgesetzt werden. Die Umsetzung wird noch für 1992 erwartet. Der Vollzug des Gesetzes wird den Ländern obliegen.

Literatur:

[1] DIN-Mitteilungen 70.1991, Nr. 10, Beuth Verlag GmbH, Berlin.

[2] Europäische Normung – Ein Leitfaden des DIN, DIN Deutsches Institut für Normung e. V., Berlin.

[3] Technische Normen und Bauen. Kooperationsprinzip und staatliche Verantwortung. EG Binnenmarkt und eine umweltverträgliche Stadtentwicklung als Herausforderung für die Baunormung. Schuchardt, Wilgart. 1991, Beuth Verlag GmbH, Berlin.

[4] „Weißbuch": Vollendung des Binnenmarktes. Weißbuch der Kommission an den Europäischen Rat. Mailand, den 28./29. Juni 1985.

[5] „Bauproduktenrichtlinie": Richtlinie des Rates vom 21. Dezember 1988 zur Angleichung der Rechts- und Verwaltungsvorschriften der Mitgliedsstaaten über Bauprodukte (89/106/EWG).

[6] „Baukoordinierungsrichtlinie": Richtlinie des Rates vom 26. Juli 1971 über die Koordinierung der Verfahren zur Vergabe öffentlicher Bauaufträge (71/305/EWG),
geändert durch:
Richtlinie des Rates vom 18. Juli 1989 zur Änderung der Richtlinie 71/305/EWG über die Koordination der Verfahren zur Vergabe öffentlicher Bauaufträge (89/440/EWG).

[7] „Sektorenrichtlinie": Richtlinie des Rates vom 17. September 1990 betreffend die Auftragsvergabe durch Auftraggeber im Bereich der Wasser-, Energie- und Verkehrsversorgung sowie im Telekommunikationssektor (90/531/EWG).

[8] Musterbauordnung: Fassung vom 14. Januar 1991, beschlossen auf der Ministerkonferenz der ARGEBAU vom 21./22. Februar 1991.

Aktuelle Probleme aus dem Gesetz über die Entschädigung von Zeugen und Sachverständigen (ZSEG)

Dr. Peter Bleutge, Deutscher Industrie- und Handelstag, Bonn

1. Problemstellung

Das Gesetz über die Entschädigung von Zeugen und Sachverständigen (ZSEG) verlangt von jedem Sachverständigen, der für Gerichte Gutachten erstattet, Vermögensopfer zugunsten der Rechtspflege und der Prozeßparteien zu erbringen. Die Tätigkeit des Gerichtssachverständigen wird vom Gesetzgeber als staatsbürgerliche Ehrenpflicht angesehen; in Wirklichkeit sollen aber die Prozesse bei Einschaltung von Sachverständigen nicht zu teuer werden. Die Übernahme von Gerichtsgutachten bedeutet daher in der Mehrzahl der Fälle ein Verlustgeschäft. Aus diesem Grunde wollen immer weniger Sachverständige für Gerichte tätig werden, ein Umstand, der einer schnellen und qualifizierten Prozeßerledigung nicht gerade förderlich ist.

Das ZSEG wird aus verschiedenen Gründen für verfassungswidrig gehalten. Zum einen widerspricht es dem Gleichheitsgrundsatz, einer einzelnen Berufsgruppe in Gerichtsverfahren Vermögensopfer aufzuerlegen, während alle anderen Personen, die in der Rechtspflege beschäftigt sind, wie beispielsweise Richter, Rechtspfleger und Rechtsanwälte, keine derartigen Vermögensopfer erbringen müssen. Zum anderen ist es verfassungsrechtlich bedenklich, nur die Gerichtssachverständigen 10 Jahre lang unverändert an Stundensätzen und Auslagenpauschalen festzuhalten (solange dauern regelmäßig die Novellierungsintervalle), während alle anderen Berufsgruppen einschließlich den Abgeordneten der Bundes- und Landesparlamente jährlich eine Anpassung ihrer Einkommen an die allgemeine Kosten- und Einkommensentwicklung erfahren. Zum dritten sind die einzelnen Gebührentatbestände mit derart vielen unbestimmten und damit auslegungsbedürftigen Rechtsbegriffen und Rahmensätzen ausgestattet, daß eine bundeseinheitliche Rechtsprechung nicht erreicht werden kann. Richter, Kostenbeamte und Sachverständige sind verunsichert; überflüssige Kostenstreitigkeiten, oft wegen Pfennigbeträgen, sind vorprogrammiert.

Eine Novellierung tut not. Klare und eindeutige Gebührentatbestände mit festen Stundensätzen und fest umrissenen Auslagenpauschalen und Prozentsätzen könnten Wunder wirken und dazu beitragen, das überall getrübte Verhältnis zwischen den Sachverständigen auf der einen und den Richtern und Kostenbeamten auf der anderen Seite zu entspannen. Unsinnige und überflüssige Rechtsstreitigkeiten wegen Rechnungskürzungen würden vermieden und die dadurch freiwerdenden Arbeitskapazitäten der Richter, Kostenbeamten und Sachverständigen könnten nützlicher, beispielsweise zum Abbau des Überhangs von Zivilprozessen, eingesetzt werden.

Mit dieser kritischen Vorbemerkung sollen die allgemeinen Äußerungen zum ZSEG abgeschlossen sein. Die nachstehenden Ausführungen befassen sich ausschließlich mit praktischen Anwendungsfragen. Schwerpunktmäßig sollen die Fälle abgehandelt werden, in denen der Sachverständige den Grundstundensatz des § 3 Abs. 2 ZSEG erhöhen und gar völlig von ihm abweichen kann. Und in einem zweiten Teil soll aufgezeigt werden, auf welche Weise der Sachverständige Vermögensnachteile vermeiden kann, wenn er wegen Besorgnis der Befangenheit abgelehnt oder als sachverständiger Zeuge mißbraucht wird.

2. Erhöhungsmöglichkeiten nach § 3 Abs. 3 ZSEG

Hat der vom Gericht beauftragte Sachverständige zur Berechnung seiner Zeitentschädigung einen für alle Zeitabschnitte einheitlichen Stundensatz nach § 3 Abs. 2 ermittelt, stellt sich für ihn die Frage, ob er diesen Stundensatz nach § 3 Abs. 3 erhöhen kann. Nach dieser Bestimmung kann der Grundstundensatz des Abs. 2 unter bestimmten Voraussetzungen um bis zu 50% erhöht werden, so daß im Extremfall ein

Stundensatz von 105,– DM erreicht werden kann. Das Gesetz stellt in § 3 Abs. 3 drei Erhöhungsmöglichkeiten zur Verfügung:

- Der Sachverständige hat sich im konkreten Einzelfall eingehend mit der wissenschaftlichen Lehre auseinandergesetzt (Buchst. a).
- Der Sachverständige erzielt seine Berufseinkünfte im wesentlichen als gerichtlicher oder außergerichtlicher Sachverständiger (Buchst. b, 2. Alternative).
- Der Sachverständige erleidet durch die Dauer oder Häufigkeit seiner Heranziehung einen nicht zumutbaren Erwerbsverlust (Buchst. b, 1. Alternative).

Unabhängig von den Voraussetzungen der einzelnen Erhöhungstatbestände gelten folgende Grundsätze für alle drei Gebührentatbestände:

- Da das Gesetz die Regelungen als „Kann-Bestimmung" ausgestaltet hat und die Worte „bis zu" gebraucht, kann der Erhöhungssatz im Einzelfall auch weniger als 50 % betragen, ja sogar bei Null liegen.
- Der Zuschlag wird nur einmal gewährt, selbst wenn der Sachverständige im Einzelfall das Vorliegen mehrerer Gebührentatbestände nachweisen kann.

3. Wissenschafts-Zuschlag

Der Sachverständige kann einen Zuschlag von bis zu 50 % auf den ihm nach § 3 Abs. 2 zustehenden Grund-Stundensatz verlangen, wenn er sich im Einzelfall eingehend mit der wissenschaftlichen Lehre auseinandergesetzt hat (§ 3 Abs. 3 Buchst. a). Die Betonung liegt dabei auf dem Begriff der „Auseinandersetzung". Mithin ist Voraussetzung, daß er sich tatsächlich mit anderen Lehrmeinungen befaßt hat, die für den konkreten Gutachtenfall ausschlaggebend waren und daß er nach wissenschaftlicher Abwägung des Für und Wider zu einer eingehend begründeten eigenen Auffassung gelangt ist. Das Anführen einiger Zitate aus der Wissenschaft zur Bekräftigung und Untermauerung der eigenen Meinung oder das kommentarlose Gegenüberstellen verschiedener Lehrmeinungen erfüllt nicht den Tatbestand der „Auseinandersetzung" mit der wissenschaftlichen Lehre[1]. Der Sachverständige muß vielmehr mit eingehender und selbständiger Begründung in einem wissenschaftlichen Meinungsstreit kritisch Stellung nehmen; er muß im Widerstreit dieser Meinungen eine wissenschaftliche Leistung erbringen, die eine sach-

gerechte Behandlung im konkreten Gutachtenfall erfordert[2]).

Folgende Entscheidungen haben das Vorliegen einer wissenschaftlichen Auseinandersetzung im Einzelfall bejaht:

- BGH, 14. 3. 1967, DB 67, 1762 und 9. 2. 1984, JurBüro 84, 1177
  Der Sachverständige hat sich eingehend mit dem Stand der Technik im Anmeldezeitpunkt eines Patents auseinandergesetzt.
- OLG Zweibrücken, 9. 12. 1969, NJW 70, 531
  Der Sachverständige hat Lücken in der wissenschaftlichen Lehre durch eigene Überlegungen sachgerecht ausgefüllt.
- OLG Koblenz, 20. 8. 1974, NJW 74, 2056 und 22. 6. 1979, KostR § 3 Nr. 243
  Der Sachverständige hat zu in der Wissenschaft wenig geklärten Fragen eigene Forschungen angestellt und die Ergebnisse im Gutachten verwertet.

Folgende Entscheidungen haben das Vorliegen einer wissenschaftlichen Auseinandersetzung im Einzelfall verneint:

- OLG Hamm, 31. 3. 1967, NJW 67, 1519
  Der Sachverständige hat sich lediglich mit Ansichten von Vorgutachtern zum konkreten Fall auseinandergesetzt.
- KG, 27. 7. 1970, NJW 70, 1241
  Der Sachverständige hat sich lediglich auf im Schrifttum vertretene Auffassungen gestützt und angegeben, nach welcher Methode er die Beweisfrage beantwortet hat.
- OLG Düsseldorf, 25. 1. 1983, JurBüro 83, 1362
  Der Sachverständige hat sich zwar auf eigene Forschungstätigkeit und -ergebnisse gestützt, die er aber nicht aus Anlaß des konkreten Gutachtenauftrages durchgeführt hatte.
- OLG Düsseldorf, 29. 10. 1990, Rpfleger 91, 128
  Der Sachverständige verfügte über eingehende Kenntnisse und Erfahrungen in einem wissenschaftlichen Bereich, die erforderlich sind, um das von ihm verlangte Gutachten sachgerecht erstatten zu können.

---

[1]) Bleutge, § 3 Rdnr. 29

[2]) LSG Stuttgart, 11. 3. 67, NJW 68, 423; OLG Düsseldorf, 10. 2. 87, JurBüro 87, 1585 u. 18. 2. 88, JurBüro 88, 924 u. 29. 10. 90, Rpfleger 91, 128; BayObLG, 22. 10. 70, NJW 71, 252 = Rpfleger 70, 449.

Aus den dargestellten zustimmenden und ablehnenden Entscheidungen lassen sich folgende Regeln ableiten:

- Wissenschaftliche Betätigung, Einbringung von Erfahrungen und eigene Forschungen des Sachverständigen reichen für sich alleine nicht aus, um den Wissenschaftszuschlag zu erhalten. Diese Eigenschaften können nur dann die Gewährung des Zuschlags begründen, wenn sie aus Anlaß eines konkreten Gutachtenauftrags erfolgt sind und wenn sie aufgrund der gestellten Beweisfragen erforderlich waren.
- Auseinandersetzung bedeutet dabei kritische Abwägung unterschiedlicher Meinungen zu einem bestimmten Problem, wozu auch der Stand der Technik, die DIN-Normen u.ä. gehören. Einfaches Zitieren fremder Forschungsergebnisse oder von Fachliteratur zur wissenschaftlichen Begründung oder Bekräftigung der eigenen Auffassung reicht ebenso wenig aus wie die Angabe, nach welcher wissenschaftlichen Methode der Sachverständige gearbeitet hat. Auch die kritische Auseinandersetzung mit einem vorliegenden Vorgutachten ist nicht als Auseinandersetzung mit der wissenschaftlichen Lehre zu qualifizieren.

Umstritten ist die Frage, ob die Auseinandersetzung mit der wissenschaftlichen Lehre im Gutachten selbst erfolgen muß oder ob es ausreicht, wenn diese Auseinandersetzung rein gedanklich bei den Vorarbeiten zum Gutachten stattgefunden hat. Die herrschende Auffassung verlangt, daß die Auseinandersetzung im Gutachten selbst erfolgen müsse[3]. Dieser Auffassung ist zuzustimmen, weil andernfalls eine Nachprüfbarkeit nicht möglich ist. Bei mündlicher Gutachtenerstattung genügt es, daß sich der Sachverständige in seinem Vortrag mit der wissenschaftlichen Lehre auseinandersetzt.

4. Berufszuschlag

In § 3 Abs. 3 Buchst. b), 2. Alternative, wird vorgesehen, daß die dem Sachverständigen nach § 3 Abs. 2 zu gewährende Grundentschädigung um bis zu 50% überschritten werden kann, wenn er seine Berufseinkünfte im wesentlichen als gerichtlicher oder außergerichtlicher Sachverständiger erzielt. Ausschlaggebendes Kriterium soll das „billige Ermessen" im Einzelfall sein. Die Zahl der zu diesem Gebührentatbestand ergangenen Entscheidungen ist hoch, kaum mehr überschaubar und teilweise widersprüchlich. Zum einen wird man sich nicht darüber einig, wie der Begriff „im wesentlichen" auszulegen und zu konkretisieren ist; zum anderen streitet man sich über das Tatbestandsmerkmal des „billigen Ermessens", so daß der Rahmensatz von „0 bis zu 50%" in vergleichbaren Fällen von einigen Gerichten mit 20%, von anderen mit 30% von wieder anderen mit vollen 50% ausgefüllt wird.

Wenn ein Sachverständiger den Berufszuschlag erhalten will, muß er zunächst einmal darlegen, daß er mindestens ⅔ seiner Berufseinkünfte aus gutachterlicher Tätigkeit erzielt. So jedenfalls definiert die überwiegende Auffassung[4] in Literatur und Rechtsprechung die Gesetzesformulierung „im wesentlichen". Dabei spielt es keine Rolle, ob diese Einkünfte aus gerichtlicher oder aus privater Gutachtertätigkeit stammen. Beide Einkünfte werden bei dieser Berechnung zusammengezählt und müssen zusammen ⅔ der jährlichen Berufseinkünfte ausmachen. Einkünfte aus Kapitalerträgen bleiben außer Betracht. Der Sachverständige muß also allgemein die Erstattung von Gutachten zur Grundlage seiner Erwerbstätigkeit gemacht haben, wobei die Berufseinkünfte aus sonstiger Tätigkeit nur unwesentlich sein und im Rahmen der Gesamteinkünfte nicht ins Gewicht fallen dürfen.

Falls der Kostenbeamte einen konkreten Nachweis verlangt, wozu er im Zweifelsfall berechtigt ist, muß sich der Sachverständige von seinem Steuerberater eine entsprechende Bescheinigung ausstellen lassen. Da nirgendwo geregelt ist, welcher Zeitraum für die Berechnung des Prozentsatzes in Frage kommt, wird man wohl auf das vergangene Geschäftsjahr abstellen müssen.

Hat der Sachverständige diese erste Hürde der hauptberuflichen Sachverständigentätigkeit überwunden, geht es nunmehr um die Berechnung des Prozentsatzes des Berufszuschlags; denn in § 3 Abs. 3 wird ein Rahmensatz „bis zu 50%" vorgegeben. Dies bedeutet, daß der

---

[3] LSG Stuttgart, 11. 3. 67, NJW 68, 423; OLG München, 10. 2. 78, KostRsp. § 3 Nr. 222; Meyer/Höver, Rdnr. 155.

[4] KG, 24. 10. 80, JurBüro 81, 1866; Meyer/Höver, Rdnr. 158.2; Bleutge, § 3 Nr. 41; das OLG Düsseldorf, 26. 5.83, KostRsp. § 3 Nr. 297, verlangt sogar 75%.

Kostenbeamte einen Prozentsatz zwischen 0 und 50 festlegen kann. Eine Vorgabe des Gesetzgebers zur eindeutigen und streitfreien Berechnung des Prozentsatzes im Einzelfall gibt es leider nicht; der Gebührentatbestand enthält lediglich den auslegungsbedürftigen Begriff des „billigen Ermessens". Billig heißt dabei nicht, so niedrig wie möglich, sondern ist im Sinne von „sachgerecht" zu verstehen.

Was haben nun die Gerichte aus diesem Tatbestandsmerkmal gemacht? Man kann hier zwei unterschiedliche Auffassungen feststellen. Die eine Meinung geht dahin, daß ein Sachverständiger nur dann die vollen 50% erhält, wenn er mindestens zu 90% Gerichtsgutachten macht. Das OLG Frankfurt hat dazu in seinem Beschluß vom 3. 8. 1988 (Rpfleger 89, 304) sogar eine mathematische Formel angegeben: „Bei der Berechnung des Berufszuschlags erhält der Sachverständige ⅔ der möglichen Erhöhung von 50%, wenn er ⅔ seiner Einkünfte aus gerichtlicher Gutachtentätigkeit erzielt". Diese Entscheidung würde in letzter Konsequenz bedeuten, daß ein Sachverständiger, der nur zwei oder drei Gutachten im Jahr für die Gerichte erstattet, niemals einen prozentualen Zuschlag erhält, obwohl er aufgrund der hohen Zahl von Privatgutachten Berufssachverständiger ist.

Es gibt jedoch Sachverständige, die überwiegend Gerichtsgutachten erstatten, und diese Sachverständige sollten sich auf die vorgenannte Rechtsprechung berufen, um den 50%igen Zuschlag zu erhalten. Für diese Gruppe von Sachverständigen sind zusätzlich folgende drei Gerichtsentscheidungen von Bedeutung:

– OLG München, 22. 4. 1988, JurBüro 88, 1245
  Leitsatz: Es entspricht billigem Ermessen, einem Sachverständigen, der seine Berufseinkünfte ausschließlich als Sachverständiger erzielt und etwa 90% seiner aufgewendeten Zeit für gerichtliche Gutachten einsetzt, den Höchstsatz von 50% zuzubilligen.
– OLG Bamberg, 10. 12. 1987, JurBüro 88, 522
  Leitsatz: Bezieht der Sachverständige seine Berufseinkünfte mindestens zu 75% als gerichtlicher oder außergerichtlicher Sachverständiger, so ist es nicht ermessensfehlerhaft,

zum Grundstundensatz einen Zuschlag von 50% zu gewähren.
– OLG Bamberg, 22. 10. 1987, JurBüro 88, 124 = Rpfleger 87, 521
  Leitsatz: Stellt der Sachverständige nahezu seine gesamte Arbeitszeit für Aufgaben der Rechtspflege zur Verfügung, so ist die Zubilligung des höchstmöglichen Zuschlags nach § 3 Abs. 3 Buchst. b) ZSEG gerechtfertigt.
– OLG Bamberg, 23. 10. 1989, JurBüro 90, 255
  Leitsatz: Bei der Bemessung des Zuschlags nach § 3 Abs. 3 Buchst. b) ZSEG zur Grundvergütung des Sachverständigen kommt es darauf an, in welchem Verhältnis der Anteil der gerichtlichen Sachverständigen-Tätigkeit zur vergleichbaren außergerichtlichen Tätigkeit des Sachverständigen steht.

Die Berufssachverständigen, die diese hohe Quote von Gerichtsgutachten nicht erreichen, sollten sich eher auf die Gerichtsentscheidungen berufen, die darauf abstellen, welches Entgelt der vom Gericht beauftragte Sachverständige für eine vergleichbare Leistung bei einer außergerichtlichen Tätigkeit erzielt hätte und diese Vergütung mit der Gerichtsentschädigung in Beziehung setzen. Ist diese Differenz groß, erhält der Sachverständige 50%; gibt es keine Differenz, gibt es auch keinen Berufszuschlag. Nach Auffassung des OLG Saarbrücken (vgl. nachstehende Fundstellen) ist der Zuschlag in der Regel so zu bemessen, daß die Vergütung des Sachverständigen einschließlich der Stundengrundentschädigung nicht weniger als 75% des für ein vergleichbares Privatgutachten erzielbaren Stundensatzes beträgt. Nachstehend werden die Beschlüsse zitierfähig angegeben, die diese Differenztheorie vertreten:

– BayOLG, 08. 12. 1988, Rpfleger 89, 344 = JurBüro 89, 700
– OLG Koblenz, 16. 09. 1988, Rpfleger 88, 509
– OLG Düsseldorf, 24. 03. 1988, JurBüro 88, 1082
– OLG Saarbrücken, 22. 10. 1987, Rpfleger 88, 165
– OLG München, 25. 06. 1987, JurBüro 88, 520
– OLG Bamberg, 22. 10. 1987, Rpfleger 87, 521 = JurBüro 88, 122

– OLG München, 22. 04. 1988, JurBüro 88, 1245
– OLG Hamm, 03. 06. 1991, JurBüro 91, 1260.

Nach der oben angegebenen Definition des Berufs-Sachverständigen kann auch ein *Pensionär oder Rentner* Berufs-Sachverständiger sein. Voraussetzung dafür ist, daß er die Erstattung von Gutachten zum wesentlichen Inhalt seiner Altersbetätigung gemacht hat und nicht nur gelegentlich einmal ein Gutachten erstattet[5]). Nach Auffassung des OLG Köln[6]) hat der Berufszuschlag nicht nur den Sinn, die zusätzlichen Kosten des freien Sachverständigen wie z. B. die Krankenversicherung und Altersversorgung abzufangen, sondern dient in gleicher Weise dazu, einen Ausgleich für Einkommensminderungen zu gewähren. Einkommensminderungen hat aber auch der Pensionär oder Rentner, weil er während der Zeit der Gutachtenerstattung für Gerichte auf besser dotierte Aufträge aus der freien Wirtschaft verzichten muß.

Die Pensionen oder Renteneinkünfte werden übrigens nicht in Relation zu den Einkünften aus Gutachtentätigkeit gesetzt, weil sie keine Berufseinkünfte im engeren Sinne darstellen[7]). Mithin braucht ein Pensionär oder Rentner nicht darzutun, daß er ⅔ seiner Einkünfte aus Gutachtentätigkeit erzielt; er hat ja keine sonstigen Einkünfte, die er in Relation setzen könnte. Geht aber die Gutachtentätigkeit in ihrem Umfang nicht über eine Nebenbeschäftigung hinaus, erhält der Rentner oder Pensionär keinen Berufszuschlag.

Nicht unter die vorgenannte Definition des hauptberuflichen Sachverständigen fallen *Beamte, Hochschullehrer und Dozenten*, die nebenberuflich Gutachten erstatten[8]). Die Angehörigen dieser Berufsgruppen haben die Sachverständigentätigkeit nicht zur eigentlichen Grundlage ihrer Erwerbstätigkeit gemacht. Daher hat beispielsweise ein Hochschuldozent, der nebenberuflich Gutachten erstattet, auch dann keinen Anspruch auf den 50%igen Zuschlag, wenn der wesentliche Teil seiner Gesamteinkünfte aus der Nebentätigkeit als Gutachter stammt. Es kommt in diesen Fällen nicht darauf an, welchen Anteil der Gesamteinkünfte auf die Sachverständigentätigkeit entfällt, sondern entscheidend darauf, welche Tätigkeit der Hauptberuf, d. h. die feste, nach ihrer Bedeutung für seine Existenz ausschlaggebende Grundlage seines Berufslebens bildet. Die Stellung als Beamter ist aber gekennzeichnet durch die Anstellung auf Lebenszeit, die feste Besoldung, den Ruhegehaltsanspruch und die wechselseitige Treue- und Fürsorgepflicht, die in ihrer Bedeutung als Existenzgrundlagen die Sachverständigentätigkeit bei weitem überwiegt und deshalb als Hauptberuf anzusehen ist.

Nicht automatisch Berufssachverständiger ist ein Sachverständiger, der die Prüftätigkeit zur hauptberuflichen Tätigkeit gemacht hat, wie z. B. der Wirtschaftsprüfer[9]). Der Wirtschaftsprüfer ist nicht schon wegen seines Berufs „Berufssachverständiger". Diese Aussage dürfte wohl auch für Prüfingenieure für Baustatik und TÜV-Prüfer gelten.

Bei einer Sachverständigen-Sozietät gibt es nur dann einen Berufszuschlag, wenn der einzelne, vom Gericht beauftragte Gutachter – nicht die Sozietät – seine Berufseinkünfte im wesentlichen als Sachverständiger erzielt[10]).

5. Erwerbsverlust infolge langer oder häufiger Heranziehung

Auch wenn der Sachverständige den Berufszuschlag nicht beanspruchen kann, weil er nicht ⅔, sondern nur ⅓ seiner Einkünfte aus Gutachtertätigkeit erzielt, kann er vielleicht einen Zuschlag nach § 3 Abs. 3 Buchst. b 1. Alternative geltend machen. Danach kann der Grundstundensatz nach § 3 Abs. 2 bis zu 50% überschritten werden, wenn der Sachverständige durch die Dauer oder die Häufigkeit seiner Heranziehung einen nicht zumutbaren Erwerbsverlust erleiden würde. Von dieser Erhöhungsmöglichkeit machen die Sachverständigen nur wenig

---

5) Bleutge, § 3 Rdnr. 42; Meyer/Höver, Rdnr. 161; LG Waldshut, 27. 2. 68, KostRsp. § 3 Nr. 87; OLG Hamm, 19. 1. 70, KostRsp. § 3 Nr. 111.

6) OLG Köln, 28. 9. 90, Rpfleger 91, 177.

7) OLG Köln, 14. 6. 68, KostRsp. § 3 Nr. 102; OLG Düsseldorf, 15. 4. 71, KostRsp. § 3 Nr. 152; OLG Schleswig, 7. 10. 82, KostRsp. § 3 Nr. 279.

8) LG Krefeld, 8. 3. 82, KostRsp. § 3 Nr. 266; OLG Düsseldorf, 4. 11. 82, KostRsp. § 3 Nr. 274; OLG Nürnberg, 27. 11. 84, KostRsp. § 3 Nr. 318; Bleutge, § 3 Rdnr. 40; Meyer/Höver, Rdnr. 158.3.

9) Meyer/Höver, Rdnr. 159; OLG Koblenz, 16. 9. 76, KostRsp. § 3 Nr. 203; KG, 3. 11. 81, KostRsp. § 3 Nr. 257.

10) LG Offenburg, 28. 2. 72, KostRsp. § 3 Nr. 159.

Gebrauch, was sich daran zeigt, daß es nur vier veröffentlichte Kostenbeschlüsse zu diesem Gebührentatbestand gibt. Der Grund dafür liegt entweder darin, daß die Sachverständigen diese Regelung nicht kennen oder aber darin, daß die einzelnen Voraussetzungen so restriktiv sind, daß diese Erhöhungsmöglichkeit nur für wenige Sachverständigentätigkeiten in Betracht kommt.

Erste Voraussetzung ist, daß der Sachverständige entweder über einen längeren Zeitraum hinweg oder aber häufig zur gerichtlichen Gutachtentätigkeit herangezogen wird. Weder Dauer noch Häufigkeit einer Gutachtentätigkeit sind exakt zu definieren. Die früher einmal in diesem Gebührentatbestand enthaltene Angabe von 30 Tagen ist ersatzlos entfallen, so daß es mithin auch weniger als 30 Tage für einen einzelnen Gutachtenauftrag sein können. In den Kommentierungen wird gefordert, daß die Heranziehung im Einzelfall über das übliche Maß hinaus gehen müsse[11]. Meiner Auffassung nach erfüllt ein Gutachtenauftrag diese Voraussetzung, der den Sachverständigen mindestens 20 Arbeitstage in Anspruch nimmt. Auch der Begriff der Häufigkeit wird nirgendwo definiert. In der einzigen Entscheidung[12] zu dieser Problematik wird einem Rechtsanwalt, der häufig in Konkursverfahren als Gutachter eingesetzt wird, der Zuschlag nach § 3 Abs. 3 Buchst. b 1. Alternative gewährt; der Begriff der Häufigkeit wird aber auch hier leider nicht konkretisiert. Meiner Auffassung nach ist ein Sachverständiger dann häufig für Gerichte tätig, wenn er mindestens ⅓ seiner Einkünfte aus gerichtlicher Gutachtertätigkeit erzielt.

Als zweite Voraussetzung für die Gewährung der Erhöhung wird die „Erleidung eines nicht zumutbaren Erwerbsverlustes" gefordert. Ein derartiger Erwerbsverlust ist immer dann gegeben, wenn zwischen der Entschädigung nach dem ZSEG (Grundstundensatz plus 50%iger Erhöhung) und der Vergütung für eine vergleichbare Leistung im außergerichtlichen Bereich eine Differenz besteht. Sinn und Zweck der Erhöhungsmöglichkeiten nach § 3 Abs. 3 gehen dahin, diese Differenz zwischen der Entschädigung nach § 3 und der entsprechen-

den Vergütung im privaten Bereich auf ein annehmbares Maß zu reduzieren[13]. Die anderslautende Entscheidung des OLG Hamburg[14]), die leider immer noch vom Opfergedanken und der staatsbürgerlichen Ehrenpflicht in Bezug auf den Gerichtssachverständigen ausgeht, wird als antiquiert abgelehnt. Eine Erhöhung wird beispielsweise dann vertretbar sein, wenn die durch die Beschäftigung weiterer Mitarbeiter entstandenen Kosten nicht aus den Einkünften als gerichtlich tätiger Sachverständiger gedeckt werden können[15]).

6. Besondere Entschädigung nach § 7 ZSEG

Will ein Sachverständiger zu einer höheren Zeitentschädigung gelangen als in § 3 vorgesehen, muß er bei Gericht die Anwendung des § 7 anregen. Mit Hilfe dieser Vorschrift kann der Sachverständige erreichen, daß seine Vorstellungen über eine sachgerechte Vergütung realisiert werden. Die Gewährung einer derart höheren Vergütung hängt allerdings davon ab, daß entweder beide Prozeßparteien oder eine Prozeßpartei und das Gericht den Honorarvorstellungen des Sachverständigen zustimmen.

Die Voraussetzungen sehen im einzelnen wie folgt aus:

a) Der Sachverständige muß bei Gericht den *Antrag* stellen, bei den Prozeßparteien das Einverständnis zu einer von ihm vorgeschlagenen Vergütung einzuholen. Eine unmittelbare Kontaktaufnahme des Sachverständigen mit den Prozeßparteien empfiehlt sich nicht, weil damit allenfalls ein privater Vergütungsanspruch begründet werden könnte[16]).

b) *Beide Prozeßparteien* müssen sich mit einer bestimmten Leistungsvergütung *einverstanden* erklärt haben. Diese Erklärungen müssen deutlich und nachweisbar geäußert worden sein. Das bloße Stillschweigen der Parteien auf eine entsprechende Anfrage des Gerichts stellt keine Vereinbarung nach § 7 dar[17]). An die einmal abgegebenen Erklärungen sind beide Parteien gebunden; die von beiden Parteien abgegebenen Er-

---

[11]) Meyer/Höver, Rdnr. 156.

[12]) LG Freiburg, 4. 8. 86, JurBüro 86, 1687.

[13]) OLG München, 9. 11. 72, KostRsp. § 3 Nr. 166; Meyer/Höver, Rdnr. 157.

[14]) OLG Hamburg, 6. 6. 89, JurBüro 90, 254.

[15]) OLG Köln, 25. 9. 86, KostRsp. § 8 Nr. 331.

[16]) Meyer/Höver, Rdnr. 211.

[17]) OLG Hamm, 26. 8. 71, JVBl. 72, 43; OLG Nürnberg, 23. 6. 69, JVBl. 70, 69; Bleutge, § 7 Rdnr. 5.

klärungen sind unwiderruflich. Das fehlende Einverständnis beider oder einer Prozeßpartei kann der Sachverständige nicht klageweise erzwingen. Er kann die Übernahme des Gutachtenauftrags auch nicht davon abhängig machen, daß sich die Parteien mit seiner Vergütungsvorstellung einverstanden erklären.

c) Die vorgenannte Voraussetzung der Zustimmung beider Parteien zum Vergütungsvorschlag des Sachverständigen kann alternativ auch dadurch erfüllt werden, daß *nur eine Prozeßpartei* ihr Einverständnis erklärt *und das Gericht* dieser Erklärung zustimmt. Das Gericht ersetzt dann das „Nein" der einen Partei durch sein eigenes „Ja". Vor seiner Zustimmung hat das Gericht jedoch die ablehnende Partei zu hören. Das Gericht muß bei seiner Entscheidung in allen Fällen das wohlverstandene Interesse der anderen Partei beachten[18]. Es muß also prüfen, ob die ablehnende Partei durch die erhöhte Vergütung des Sachverständigen nicht unzumutbar belastet wird, falls sie im Rechtsstreit unterliegt und dann die gesamten Kosten tragen müßte. Das Gericht kann also ebenfalls den Antrag des Sachverständigen zurückweisen. Die Entscheidung des Gerichts, ob nun ablehnend oder zustimmend, ist unanfechtbar. Der Sachverständige kann also auch hier die Zustimmung des Gerichts nicht durch eine Entscheidung der nächsthöheren Instanz erzwingen.

d) Neben der Zustimmung beider Parteien oder aber einer Partei und des Gerichts zu einer vom Sachverständigen vorgeschlagenen Sondervergütung verlangt § 7 Abs. 1 als zweite Voraussetzung die Zahlung eines *ausreichenden Betrages an die Staatskasse*. Die bestimmte Entschädigung nach § 7 kann nur dann gewährt werden, wenn ein entsprechender Betrag von der kostenpflichtigen Partei an die Staatskasse bezahlt wird. Wird ein ausreichender Betrag nicht eingezahlt, so erhält der Sachverständige nur die gesetzliche Vergütung nach § 3 ZSEG[19]. Dies gilt auch dann, wenn sich

zuvor beide Parteien mit einer höheren Vergütung einverstanden erklärt haben. Der Zeitpunkt der Einzahlung des ausreichenden Betrages wird in § 7 nicht festgelegt. Dem Sinn und Zweck der gesetzlichen Regelung läßt sich jedoch entnehmen, daß das besondere Kostendeckungsinteresse der Staatskasse regelmäßig dann relevant wird, wenn der Sachverständige seine Rechnung einreicht. Eine ausreichende Kostendeckung braucht daher frühestens zu diesem Zeitpunkt und nicht schon etwa bei Erteilung des Gutachtenauftrags oder bei Gutachtenablieferung vorzuliegen[20].

e) Besonderheiten

Für den Sachverständigen, der von § 7 Gebrauch machen möchte, sind folgende Besonderheiten von Interesse:

– In Literatur und Rechtsprechung herrscht Streit darüber, ob der Sachverständige einen bestimmten Stundensatz oder eine Gesamtentschädigung (Endsumme) nennen muß, um den § 7 in Gang zu setzen[21]. Auf diesen Streit, der unentschieden steht, soll hier nicht weiter eingegangen werden, weil er unfruchtbar ist. Er ist letztlich auch überflüssig, weil der Sachverständige in beiden Fällen einen bestimmten Endbetrag angeben muß, um dem Gericht zu ermöglichen, einen Kostenvorschuß in ausreichender Höhe von der vorschußpflichtigen Partei einzufordern.

– In Literatur und Rechtsprechung ist umstritten, ob eine Entschädigungsvereinbarung lediglich mit dem Gericht ebenfalls unter § 7 fällt und damit rechtsverbindlich ist, also den Kostenbeamten bindet[22]. Dies ist nicht der Fall, auch wenn bei vielen Gerichten eine solche Absprache-Praxis üblich ist. Allenfalls könnte man darin eine vorweggenommene richterliche Festsetzung nach § 16 Abs. 1 sehen, die dann aber nur die in § 3 vorgegebenen Stundensätze zum Gegenstand haben darf. So haben denn auch mehrere Gerichte diese Praxis als nicht im Gesetz geregelt und damit als unzulässig abgelehnt[23]. Allenfalls kann sich der einzelne

---

[18]) Meyer/Höver, Rdnr. 214.
[19]) OLG München, 20. 3. 84, KostRsp. § 7 Nr. 17; Bleutge, § 7 Rdnr. 14.
[20]) OLG Stuttgart, 23. 7. 84, KostRsp. § 7 Nr. 18.
[21]) Vgl. dazu Bleutge, § 7 Rdnr. 11 und Meyer/Höver, Rdnr. 213.

[22]) Bleutge, § 7 Rdnr. 7; Meyer/Höver, Rdnr. 223 a.
[23]) OLG Köln, 6. 7. 78, ZSW 83, 176; OLG Hamburg, 29. 12. 82, JurBüro 83, 743; OLG Koblenz, 24. 9. 82, JurBüro 83, 741; LG Frankenthal, 17. 9. 87, JurBüro 87, 1722; KG, 15. 11. 88, KostRsp. § 7 Nr. 31.

Sachverständige auf den Gesichtspunkt des Vertrauensschutzes wegen der Zusage des Richters berufen. Ein solcher Fall ist beispielsweise dann gegeben, wenn das Gericht dem Sachverständigen auf seinen Antrag, die Zustimmung der Parteien nach § 7 einzuholen, mitteilt, er könne sein Honorar nach dem von ihm vorgeschlagenen erhöhten Stundensatz abrechnen[24]). Der Sachverständige genießt in diesem Fall Vertrauensschutz auch dann, wenn das Gericht die Zustimmung der beiden Prozeßparteien gar nicht eingeholt hatte.

7. Verlust des Entschädigungsanspruches

Der vom Gericht beauftragte Sachverständige kann seinen Entschädigungsanspruch aus verschiedenen Gründen verlieren oder gekürzt bekommen. Die entsprechenden Sachverhalte sind nicht im ZSEG geregelt, sondern von der Rechtsprechung entwickelt worden. Die häufigste Ursache für einen Verlust des Entschädigungsanspruchs ist die Ablehnung des Sachverständigen wegen Besorgnis der Befangenheit. Allerdings führt nicht jede erfolgreiche Ablehnung eines Sachverständigen sofort und automatisch zum Verlust des Entschädigungsanspruchs. Nur wenn der Sachverständige grob fahrlässig einen Ablehnungsgrund setzt, tritt eine derartige Folge ein.

Die nachstehenden Ausführungen sollen dem Sachverständigen die Gefahrenquellen aufzeigen, damit er selbst durch entsprechendes Verhalten Vorsorge trifft, daß er, sollte er nun einmal erfolgreich abgelehnt werden, nicht auch noch den Entschädigungsanspruch verliert. Wenn ihm nämlich nur leichte Fahrlässigkeit vorgeworfen werden kann, behält er sowohl den Anspruch auf Zeitentschädigung als auch auf Auslagenersatz der bis zum Zeitpunkt der Ablehnung aufgelaufenen Kosten.

a) Ablehnungsgründe

Eine Ablehnung wegen Besorgnis der Befangenheit findet gem. §§ 406 Abs. 1 und 42 Abs. 2 ZPO dann statt, wenn ein Grund vorliegt, der geeignet ist, Mißtrauen gegen die Unparteilichkeit des Sachverständigen

zu rechtfertigen. Für die Besorgnis der Befangenheit kommt es nicht darauf an, ob der vom Gericht beauftragte Sachverständige parteiisch ist oder ob das Gericht Zweifel an seiner Unparteilichkeit hat. Vielmehr rechtfertigt bereits der bei der ablehnenden Partei erweckte Anschein der Parteilichkeit die Ablehnung wegen Besorgnis der Befangenheit, wenn vom Standpunkt der ablehnenden Partei aus genügend objektive Gründe vorliegen, die in den Augen einer verständigen Partei geeignet sind, Zweifel an der Unparteilichkeit eines Sachverständigen zu erregen. Entscheidend ist also, ob objektive Gründe vorliegen, die bei verständiger Würdigung ein subjektives Mißtrauen gegen die Unparteilichkeit und Unvoreingenommenheit des Sachverständigen bei einer vernünftig denkenden Partei zu begründen geeignet sind. Mit einem Wort: Es kommt entscheidend auf den Blickwinkel der betroffenen Partei und nicht auf den Eindruck des Richters oder gar die Meinung des Sachverständigen an. Deshalb hat die Mehrzahl der Ablehnungsanträge Erfolg, auch wenn der Sachverständige in Wirklichkeit nicht befangen ist oder sich selbst als unparteiisch betrachtet.

Der Sachverständige, der zwischen den Parteien mit ihren widerstreitenden Interessen steht, muß zur Erfüllung seiner Aufgaben eindeutig Stellung beziehen. Dadurch gerät er in der Regel in Widerspruch zu den Interessen einer Partei, deren Kritik und deren Angriffen er dann ausgesetzt ist. Auch bei noch so ernsthaftem Bemühen um objektive Sachlichkeit und unvoreingenommene Beurteilung kann er nicht immer vermeiden, bei einer Partei in den Verdacht der Parteilichkeit zu geraten[25]). Da für die Ablehnung wegen Besorgnis der Befangenheit schon die begründete Befürchtung einer Partei ausreicht, kann schon ein unbedachtes Wort, eine ungeschickte Formulierung oder die Ablehnung eines Wunsches oder einer Anregung einer Partei zur erfolgreichen Ablehnung des Sachverständigen führen.

Als solche objektive Gründe, die ein subjektives Mißtrauen rechtfertigen, können folgende Umstände in Betracht kommen:

---

[24]) OLG Hamm, 25. 2. 88, JurBüro 89, 546 = Rpfleger 88, 550.

[25]) Meyer/Höver, Rdnr. 125.

- Freundschaft, Bekanntschaft, Verwandtschaft, laufende Geschäftsbeziehungen zu einer Partei.
- Feindschaft, geschäftliche Konkurrenz zu einer Partei.
- Wirtschaftliche Abhängigkeit zu einer Partei oder privatgutachterliche Tätigkeit für eine Partei.

Keine Ablehnungsgründe sind mangelnde Qualifikation des Sachverständigen, fehlerhafte Gutachten oder überzogene Gebührenrechnungen.

Selbstgeschaffene Ablehnungsgründe können sein:

- Mündliche oder telefonische Kontakte zu einer Partei im Vorfeld der Gutachtenerstattung, ohne die andere Partei darüber zu informieren.
- Durchführung einer Orts- oder Objektbesichtigung mit nur einer Partei, ohne die andere Partei dazu zu laden oder ihr Gelegenheit zur Anwesenheit zu geben.
- Geschickte Formulierungen, abfällige Bemerkungen oder beleidigende Äußerungen über eine Partei oder das von ihr geschaffene Werk oder die von ihr erbrachte Leistung.

b) *Rechtsfolgen der Ablehnung*

Mit der erfolgreichen Ablehnung des Sachverständigen erlischt sein Gutachtenauftrag. Sein Gutachten darf nicht mehr verwertet werden. Vorbereitende Tätigkeiten dürfen nicht zu Ende geführt werden. Für die Leistungen, die er bis zum Zeitpunkt der erfolgreichen Ablehnung erbracht hat, erhält er die dafür anzusetzende Zeitentschädigung; für die bis dahin erbrachten Aufwendungen erhält er den in §§ 8 bis 11 vorgesehenen Auslagenersatz.

Wird der Sachverständige jedoch aus einem Grund abgelehnt, den er selbst entweder bei der Vorbereitung des Gutachtens oder aber während der mündlichen Verhandlung bei der Erläuterung seines Gutachtens grob fahrlässig verursacht hat, entfällt der gesamte Entschädigungsanspruch ersatzlos. Die entscheidende Frage lautet also: Wann liegt ein Fall grober Fahrlässigkeit vor?

Die von der Rechtsprechung hierauf gegebenen Antworten sind vielfältig, zum Teil widersprüchlich und lassen von vornherein keine eindeutige Aussage zu. Grobe Fahr-

lässigkeit liegt dann vor, wenn der Sachverständige einen Ablehnungsgrund in besonders krasser Weise gesetzt hat oder bei seinem Verhalten im Prozeß die Pflicht zur Neutralität in ungewöhnlich großem Maße verletzt und nicht das beachtet hat, was jedem ordentlichen Sachverständigen hätte einleuchten müssen[26]). Wenn man also ein Fehlverhalten des Sachverständigen wie folgt definieren kann: „ . . . das ist ja unglaublich; das darf einem ordentlichen Sachverständigen einfach nicht passieren", dann ist der Tatbestand der groben Fahrlässigkeit erfüllt und der Sachverständige verliert seine Entschädigung.

c) *Fälle grober Fahrlässigkeit*

Die Rechtsprechung hat folgendes Fehlverhalten des Sachverständigen mit dem Urteil der groben Fahrlässigkeit belegt:

- LG Bielefeld, 19. 9. 74, MDR 75, 238

  Der Sachverständige hatte das Gutachten aufgrund einer einseitigen und eingehenden persönlichen Befragung von zwei Angestellten des Klägers erstattet und dem Beklagten keine Gelegenheit zur Teilnahme gegeben.

- LG Offenburg, 13. 12. 73, KostRsp. § 3 Nr. 175

  Der Sachverständige hatte mit dem Beklagten persönlich Kontakt aufgenommen, um Unterlagen für die Erstattung des Gutachtens zu sammeln. Den Kläger hatte er von diesem Termin nicht verständigt.

- LG Düsseldorf, 13. 9. 79, JurBüro 80, 111

  Der Sachverständige hatte trotz ausführlicher Hinweise im Beweisbeschluß die Ortsbesichtigung ohne Zuziehung des Beklagten durchgeführt.

- OLG Köln, 22. 12. 81, JurBüro 82, 890

  Der Sachverständige hatte das Gutachten vorab nur dem einen Verfahrensbeteiligten gegeben und der anderen Partei gegenüber bestritten, es bereits versandt zu haben. Außerdem hatte er den Ehe-

---

[26]) BGH, 15. 12. 75, NJW 76, 1154; OLG Frankfurt, 10. 5. 78, NJW 77, 1502; OLG Hamm, 22. 5. 79, JurBüro 79, 1687; OLG Hamburg, 17. 10. 77, MDR 78, 237; Bleutge, § 3 Nr. 48; Meyer/Höver, Rdnr. 125.

mann einer Verfahrensbeteiligten einen Trinker genannt, ohne darüber eigene Feststellungen getroffen zu haben.

– LG Tübingen, 17. 4. 86, JurBüro 87, 82

Der Sachverständige hatte keinen Ortstermin durchgeführt bzw. sein Gutachten auf einen Ortstermin gestützt, der bereits vor Erteilung des Auftrags durch das Gericht und damit notwendigerweise ohne Teilnahme der Parteien stattgefunden hatte.

– OLG Hamburg, 5. 11. 86, MDR 87, 333

Das Gutachten des Sachverständigen enthielt eine Reihe von Äußerungen, welche der Beklagte als verletzend empfinden konnte, wie beispielsweise: „ ... kann sich auch nicht hinter diversen DIN-Normen entschuldigend verstecken", „ ... sei der Beklagten ins Firmenstammbuch geschrieben", „ ... die Beklagte sollte ihre mißratene Heizungsanlage instandsetzen".

d) *Rechtsfolge bei Verwertung des Gutachtens*

Wird der Sachverständige wegen grob fahrlässiger Pflichtverletzung erfolgreich abgelehnt, kann er in einem von der Rechtsprechung entschiedenen Ausnahmefall dennoch seinen Entschädigungsanspruch behalten. Wenn das Gutachten von beiden Parteien ganz oder teilweise verwertet wird, beispielsweise im Rahmen eines Vergleichs, behält der Sachverständige insoweit seinen Entschädigungsanspruch[27]).

8. Der sachverständige Zeuge

Bei Gerichten und Rechtsanwälten ist eine zunehmende Tendenz dahingehend zu beobachten, den Sachverständigen, der im vorprozessualen Raum oder Vorverfahren ein Gutachten erstattet hat, im gerichtlichen Hauptverfahren als sachverständigen Zeugen zu laden und anzuhören. Gleiches gilt für die Fälle der Ablehnung wegen Besorgnis der Befangenheit;

auch dort kann der Sachverständige anschließend als sachverständiger Zeuge vernommen werden. Auf diese Weise spart man sich eine Menge Geld, weil der sachverständige Zeuge nur Zeugengeld nach § 2 ZSEG erhält, gleichzeitig aber auf Fragen Antworten geben muß, die in Wirklichkeit keine Zeugenaussagen, sondern gutachterliche Leistungen darstellen. Um hier Vermögensnachteile zu vermeiden, sollte jeder betroffene Sachverständige aufmerksam die einzelnen Fragen dahingehend abklopfen, ob sie tatsächlich nur Zeugenfragen sind, oder ob von ihm eine gutachterliche Leistung abverlangt wird. Im letzteren Fall sollte er nur antworten, wenn zuvor im Protokoll seine Eigenschaft als Sachverständiger für die Beantwortung der Frage vermerkt worden ist.

a) *Ladung als sachverständiger Zeuge*

Zunächst einmal ist wichtig zu wissen, daß es für die Frage, ob ein Sachverständiger Zeuge oder Sachverständiger ist, nicht auf die Bezeichnung in der Ladung, sondern allein auf den sachlichen Gehalt seiner Aussage ankommt[28]). Der Kostenbeamte kann dem Sachverständigen bei der Abrechnung den Anspruch auf Entschädigung nach § 3 ZSEG nicht mit dem Hinweis ablehnen, in der Ladung stehe nur die Bezeichnung „sachverständiger Zeuge". Deshalb ist es so wichtig, daß der Sachverständige seine Gutachtereigenschaft durch eine entsprechende Protokollnotiz nachweisen kann.

b) *Inhalt der Aussage*

Der sachverständige Zeuge ist rechtlich ein Zeuge. Er bekundet, was er wahrgenommen hat. Er schildert aufgrund seiner Erinnerung frühere Wahrnehmungen, also Tatsachen und Zustände. Sofern er dies nur deshalb vermag, weil er über besondere Fachkenntnisse verfügt, ist er sachverständiger Zeuge.

Der Sachverständige begutachtet als Gehilfe des Richters einen grundsätzlich vom Gericht festzustellenden Sachverhalt auf-

[27]) OLG Celle, 18. 2. 69, KostRsp. § 3 Nr. 100 = JurBüro 69, 752; OLG Hamm, 9. 6. 69, KostRsp. § 3 Nr. 104 = MDR 70, 167; LG Nürnberg-Fürth, 31. 1. 80, ZSW 81, 246; LG Bayreuth, 24. 1. 90, JurBüro 91, 437.

[28]) OLG Hamm, 28. 9. 87, JurBüro 88, 792; OLG München, 29. 4. 88, JurBüro 88, 1242; OLG Hamm, 10. 6. 91, JurBüro 91, 1259; Bleutge, § 2 Rdnr. 9; Meyer/Höver, Rdnr. 112.

grund seiner besonderen Sachkunde auf einem bestimmten Sachgebiet. Aufgabe des Sachverständigen ist es, dem Gericht besondere Erfahrungssätze oder Kenntnisse des in Frage kommenden Sachgebiets zu vermitteln und/oder aufgrund von Erfahrungssätzen und Fachwissen Schlußfolgerungen aus einem feststehenden Sachverhalt zu ziehen.

Aus den beiden vorgenannten Definitionen lassen sich folgende Abgrenzungsmerkmale ableiten:

– Kennzeichnend für den Zeugen und den sachverständigen Zeugen ist, daß beide unersetzbar, nicht auswechselbar sind, weil sie nur persönlich wahrgenommene Tatsachen bekunden. Der Sachverständige beurteilt dagegen einen feststehenden Sachverhalt, der ebensogut auch von einem anderen Sachverständigen begutachtet werden kann, so daß er in aller Regel jederzeit durch einen gleichermaßen Sachkundigen ausgetauscht werden kann[29]).

– Der Zeuge oder sachverständige Zeuge schildert aufgrund seiner Erinnerung frühere Wahrnehmungen, also Tatsachen, während ein Sachverständiger aus vorgegebenen Tatsachen Schlußfolgerungen zieht[30]).

c) *Rechtsfolgen*

Ist der Sachverständige nur als sachverständiger Zeuge einzustufen, hat er lediglich Anspruch auf Zeugengeld nach § 2 ZSEG, was zur Zeit 2,– bis 20,– DM pro Stunde beträgt; hinzu kommt ein Auslagenersatz nach §§ 9 bis 11 ZSEG. Ist der Sachverständige aber aufgrund des Gehalts seiner Aussage als Sachverständiger zu qualifizieren, erhält er für die gesamte Dauer seiner Inanspruchnahme eine Entschädigung nach § 3 ZSEG zuzüglich eines Auslagenersatzes nach §§ 8 bis 11 ZSEG[31]). Eine getrennte Entschädigung jeweils für die Zeit, in der er als Zeuge und für die Zeit, in der er als Sachverständiger ausgesagt hat, ist

nicht nur praktisch undurchführbar, sondern auch sachlich nicht gerechtfertigt. Als Sachverständiger werden dann auch die Hin- und Rückreise zum bzw. vom Terminort sowie die Vorbereitungszeit mit dem vollen Stundensatz nach § 3 berechnet.

d) *Beispiele aus der Rechtsprechung*

– *OLG Hamm, 26. 4. 72, NJW 72, 2003*

Sachverhalt: Sachverständiger, der im vorangegangenen Beweissicherungsverfahren eine Gipsplattengußanlage begutachtet hatte, wurde als sachverständiger Zeuge darüber vernommen, ob die Hebevorrichtung der zu der Anlage gelieferten Rührvorrichtung funktionstüchtig gewesen war.

Bewertung: Es liegt eine Zeugenaussage und keine gutachterliche Bekundung vor. Bei seiner Vernehmung hat der Sachverständige über Tatsachen berichtet, die er anläßlich der früheren Besichtigung festgestellt hatte. Er hat dem Gericht die Beweisfrage dahin beantwortet, daß die Hebevorrichtung des Rührgeräts damals nicht funktionstüchtig war. Diese Aussage enthält keine Schlußfolgerung, die der Sachverständige erst aus anderen Tatsachen mittels seiner Fachkenntnisse hätte ziehen müssen. Sie beinhaltet vielmehr eine rein tatsächliche Wahrnehmung. Daß er diese möglicherweise nur auf Grund seiner besonderen fachlichen Kenntnisse treffen konnte, macht ihn noch nicht zum Sachverständigen.

– *OLG Düsseldorf, 26. 9. 74, Rpfleger 75, 71*

Sachverhalt: Der als sachverständiger Zeuge Geladene mußte sich zu der Frage äußern, ob statt der 7000,– DM, die er als gerichtlicher Gutachter zur Beseitigung eines Mangels für erforderlich veranschlagt hatte, nunmehr 9560,– DM angemessen seien, die der Beklagte später aufgewandt hatte, um den Mangel zu beseitigen.

Bewertung: Dies ist eine gutachterliche Tätigkeit und keine Zeugenaussage, weil der

---

[29]) OLG München, 11. 5. 81, JurBüro 81, 1699; OLG Hamm, 26. 4. 72, NJW 72, 2003 u. 28. 9. 87, KostRsp. § 3 Nr. 344.

[30]) OLG Hamm, 12. 12. 79, VersR 80, 855; OLG Bamberg, 21. 5. 80, JurBüro 80, 1221 und 23. 3. 83, JurBüro 84, 260.

[31]) OLG Bamberg, 21. 5. 80, JurBüro 80, 1221; OLG Stuttgart, 30. 6. 78, JurBüro 78, 1727; OLG München, 29. 4. 88, JurBüro 88, 1242; Meyer/Höver, Rdnr. 73.

Sachverständige einen Sachverhalt fachkundig zu beurteilen hatte. Den Sachverhalt konnte er nur aufgrund seiner allgemeinen Erfahrung und Sachkunde auf dem Gebiet des Bauwesens beantworten.

– *OLG Hamm, 12. 12. 79, VersR 80, 855*

Sachverhalt: Der als sachverständiger Zeuge Geladene schilderte zunächst die Schadensfaktoren und kam dann zu der Beurteilung, ob jede einzelne der möglichen Ursachen den Schaden allein ausgelöst haben könnte, sowie daß allein aufgrund einer Überwachung der Kühlmitteltemperatur der eingetretene Schaden nicht hätte vermieden werden können.

Bewertung: Hier liegt eine Sachverständigentätigkeit vor. Diese Ausführungen und die zu einer möglichen Verursachung des Schadens durch lange Lagerung des Motors (sog. Standschaden) stellen keine zeugenschaftliche Bekundungen, sondern Sachverständigentätigkeit dar. Dasselbe gilt für seine Überlegungen hinsichtlich einer Raterteilung an den Kläger sowie hinsichtlich seiner Darlegungen zu der Frage, ein Kühlmittelverlust sich auf dem Thermometer des Kfz. gezeigt hätte.

Schließlich hat der Sachverständige auch Schlußfolgerungen aufgrund seines Fachwissens gezogen, soweit er sich dazu geäußert hat, nach welcher Fahrstrecke aufgrund eines Kühlerdefekts ein Motorschaden eintreten könne, ob und in welchem Umfang bei einem Motoreinbau durch eine Fachwerkstatt üblicherweise der Kühler überprüft werde bzw. ob noch andere dabei nicht von einer solchen Fachwerkstatt festzustellenden Gründe für einen Defekt im Kühlsystem in Betracht kämen.

Lediglich seine Erklärung, der Ölstand des schadhaften Motors habe nach Angaben der Firma E. noch innerhalb der zulässigen Toleranzbreite gelegen, stellt eine zeugenschaftliche Tatsachenbehauptung dar, was aber eine Entschädigung nach § 3 nicht hindert.

– *OLG Bamberg, 21. 5. 80, JurBüro 80, 1221*

Sachverhalt: Der als sachverständiger Zeuge Geladene äußerte sich über den Zustand einer Ware und sein Vorgehen bei der Untersuchung. Danach beurteilte er die Zu-

lässigkeit und Handelsüblichkeit von der Zusetzung kleiner Bestandteile und Schalen im Karton.

Bewertung: Zunächst war er ausschließlich über tatsächliche Wahrnehmungen vernommen worden. Er äußerte sich über den Zustand der umstrittenen und der zum Vergleich vorgelegten Ware sowie über sein Vorgehen bei der Untersuchung. Auch die Erläuterung, was er unter „grießig" verstehe, enthält noch keine Sachverständigen-Äußerung; denn insoweit verdeutlicht er lediglich seine Darstellung tatsächlicher Verhältnisse.

Als er jedoch sagte: „Ich halte es für zulässig, wenn gewürfelte Ware etwa 10 v. H. kleine Bestandteile enthält", gab er eine Wertung ab, zu der er durch sein Fachwissen befähigt ist. Das gleiche gilt für seine Bekundung, es könne als handelsüblich hingenommen werden, wenn sich ab und zu ein Stückchen Schale in einem Karton befinde. Auch das ist eine Wertung, an die sich noch die Schlußfolgerung anschloß, daß Schalen in solcher Menge (etwa 5 %) mitzuliefern, nicht angängig sei. Mithin liegt in diesem Fall insgesamt Sachverständigentätigkeit vor.

– *OLG Stuttgart, 10. 1. 83, JurBüro 83, 1356*

Sachverhalt: Sachverständiger war vorprozessual als Privatgutachter tätig. Er war mit dem Ladungsformular für Sachverständige geladen worden. Er wurde aber lediglich darüber vernommen, welche Feststellungen er bei der Besichtigung des Streitobjekts aufgrund seiner besonderen Sachkunde getroffen hat.

Bewertung: Sachverständiger ist trotz anderslautender Ladung als sachverständiger Zeuge zu entschädigen. Die Frage, ob eine Auskunftsperson als Zeuge oder als Sachverständiger anzusehen und zu entschädigen ist, ist nicht davon abhängig, ob sie als Sachverständiger oder Zeuge geladen ist, vielmehr ist entscheidend der sachliche Gehalt der Vernehmung. Dieser war hier rein tatsächlicher Natur, weil die Auskunftsperson lediglich ihre eigenen Wahrnehmungen wiedergeben mußte.

– *OLG Bamberg, 25. 3. 83, JurBüro 84, 260*
Sachverhalt: Auskunftsperson hat aus dem

Zustand einer Bodenplatte und deren Ausbesserung geschlossen, daß die Beschädigung der Bodenplatte nicht im kausalen Zusammenhang mit dem Schadensereignis gestanden habe. Sie bezog sich dabei ausdrücklich auf ihre Ausführungen in ihrem zuvor (privat) erstatteten Gutachten. Ferner hatte die Auskunftsperson durch Ziehen entsprechender sachverständiger Schlüsse aus dem vorgefundenen Zustand und Anstellen einer Kalkulation festgestellt, daß der beschädigte Torflügel noch zu richten gewesen wäre und eine Neuerstellung unnötig war.

Bewertung: Auskunftsperson ist als Sachverständiger zu entschädigen, weil sie aufgrund ihres Fachwissens aus Tatsachen Schlußfolgerungen gezogen hat. Dies ist insbesondere dann der Fall, wenn der sachverständige Zeuge eine Schadensursache beurteilt oder sich zur Erneuerungsbedürftigkeit einer beschädigten Sache äußert.

– *BVerwG, 6. 2 . 85, NJW 86, 2268*

Sachverhalt: Der den Kläger behandelnde Arzt sollte darüber vernommen werden, ob der Kläger am 10. 11. 81 wehrdienstfähig gewesen sei.

Bewertung: Dieser Beweisantrag beinhaltet nicht eine Zeugenaussage, sondern ein Sachverständigengutachten. Der Arzt sollte nicht als sachkundige Person zum Beweis vergangener Tatsachen oder Zustände vernommen werden, sondern einen als festgestellte Tatsache vorausgesetzten Krankheitszustand werten.

10. Literatur

Bleutge, Peter
Kommentar zum ZSEG
Verlag Wingen, Essen, 2. Aufl. 1992

Meyer/Höver
Gesetz über die Entschädigung von Zeugen und Sachverständigen
Heymanns Verlag Köln, 17. Aufl. 1990

Zur Grundsituation des Sachverständigen bei der Beurteilung von Schimmelpilzschäden

Prof. Dr.-Ing. Erich Schild, RWTH Aachen

In diesem Referat soll als Schwerpunkt die Besonderheit der Aufgaben des Sachverständigen bei der Beurteilung von Schimmelpilzschäden dargestellt und zugleich Schwierigkeiten und Grenzen bei seiner Tätigkeit aufgezeigt werden.

Als zweites Problem sollen die Auswirkungen von Änderungen an Regelwerken sowie Einführung von neuen Verordnungen verdeutlicht werden, die einen Einfluß auf Schäden durch Oberflächentauwasser und Schimmelpilzbildung hatten.

Schließlich sollen geltende Regelwerke kritisch angesprochen und zu Änderungen bzw. Ergänzungen Anregungen gebracht werden.

In den letzten 15 Jahren sind Schimmelpilzschäden im Wohnungsbau in erheblichem Umfang aufgetreten. Allein die Schadensgruppe „Auftreten von Schimmelpilzen nach dem Einbau neuer Fenster" war der Gegenstand von etwa 13 % aller in den letzten Jahren bearbeiteten Sachverständigengutachten."*

Die Schäden sind vielfältig in Veröffentlichungen und Diskussionen angesprochen worden und haben sowohl betroffene Bewohner, Vermieter, Architekten und Bauherren als auch Sachverständige und zugleich auch Gerichte beschäftigt.

Nach meinen Beobachtungen haben die Schäden ihrer Zahl nach in den ersten Jahren nach 1975 kontinuierlich zugenommen, sich aber danach über die Jahre hinweg in etwa gleicher Höhe gehalten.

Dabei war festzustellen, daß sich vor einigen Jahren der Schwerpunkt der Mängel von Neubauten auf Altbauten (im Zusammenhang mit dem Einbau neuer Fenster) verlagerte.

Die sich dabei ergebenden Schadensbilder waren wiederkehrend ähnlich. Nachdem die Fenster ausgewechselt, neue dichte mit Isolierglas versehene Fenster eingebaut waren, reduzierten sich zwar die Heizkosten in der Winterperiode merklich, was aber nicht erwartet und zunächst auch nicht ursächlich erkannt wurde, trat ein: Die Innenseiten der Außenwände wurden feucht. Es zeigte sich Schimmel an den Wänden und Decken; insbesondere in den Raumecken, an konstruktiven und geometrischen Wärmebrücken, hinter Möbeln und Vorhängen (Abb. 1/2). Grauschwarze Verfärbungen stellten sich an diesen Stellen ein, selbst Heizkör-

Abb. 1 Schimmelpilzbildung an einer Wärmebrücke am Anschluß Dach/Wand

* Aus: Abel, R.; Dahmen, G.; Oswald, R.; Schnapauff, V.; Wilmes, K.: „Bauschadensschwerpunkte bei Sanierungs- und Instandhaltungsmaßnahmen" 1991 Bundesminister für Raumordnung, Bauwesen und Städtebau

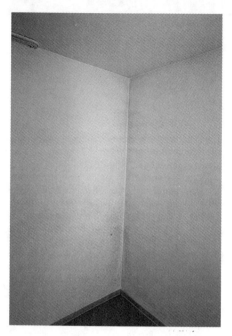

Abb. 2 Schimmelpilz an einer geometrischen Wärmebrücke

Abb. 3 Durchfeuchtete Fensterbrüstung und Schimmelpilzbildung am Anschluß Blendrahmen/
Wand

pernischen waren betroffen. Im Schlafzimmer
beschlugen die Fenster, wobei doch die Isolier-
verglasungen bessere Dämmwerte bringen
sollten. Brüstungen wurden dabei gelegentlich
als Folge durchfeuchtet (Abb. 3). Abtropfende
Nässe ließ Parkettböden sich aufwerfen. Dies
alles versetzte die Wohnung in einen unhygieni-
schen Zustand. Allein die Vorstellung von
Schimmelpilz in der Wohnung machte die Mieter krank. Aus ihrer Sicht hatten die neuen
Fenster nicht die zugesagten Eigenschaften.
Der Wohnwert wurde erheblich gemindert. Der
Mieter rechnete sich kein Verschulden oder
Mitverschulden an dem Zustand an. Er hatte
sein Wohnverhalten nicht geändert. Es konnte
also – so meinte er – nur an den durchgeführten
Sanierungsmaßnahmen liegen.

Der Mieter stellte teilweise die Mietzahlung ein,
in anderen Fällen machte er Mietminderung
geltend.

Der Bauherr war empört. In guter Absicht ließ er
neue, dichte Fenster einbauen, um Heizkosten
zu mindern, aber auch um dem Haus ein
besseres Aussehen zu geben.

Durch seine Maßnahmen sollten zugleich Undichtigkeiten und Zugerscheinungen beseitigt
werden. Anstelle einer gerechtfertigten Mieter-
höhung für seine erbrachten Investitionen zur
Verbesserung des Wohnwertes stellte nun der
Mieter Gegenforderungen bzw. wollte die Miete
mindern. In vielen Fällen sah er sich zusätzlich
Forderungen für Kosten einer Schadensbeseiti-
gung gegenüber.

Es entstand so eine emotional aufgeheizte
Situation. Der Mieter fühlte sich durch den
Vorhalt unzureichenden Lüftens und Heizens
zu Unrecht gerügt. Der Bauherr reagierte auf
Forderungen nach besserer Wärmedämmung
der Außenwände ebenfalls sauer, da dieser
Zustand über mehr als Jahrzehnte bereits bestand und keinen Anlaß zur Diskussion gegeben hatte. Beide Parteien sahen sich im Recht
und waren „kampfentschlossen" bis zur Austra-
gung der Meinungsverschiedenheiten vor Gericht.

Es wird teilweise behauptet, die den Schäden
zugrundeliegenden Ursachen seien schon damals leicht zu erkennen gewesen. Dies war

allenfalls bei einer kleineren Gruppe von Fachleuten zutreffend. Tatsächlich war das in den ersten Jahren des Auftretens durchaus nicht allgemein der Fall. Die bauphysikalischen und konstruktiven Zusammenhänge wurden erst schrittweise klar. Einsichten und Erkenntnisse erfolgten langsam. Falsche Positionen verhärteten sich über längere Zeit und blieben strittig. Dies alles förderte eine emotionale Form bei der Klärung strittiger Fragen.

Erst in den achtziger Jahren wurden der Öffentlichkeit Urteile von Gerichten bekannt, die sich mit den Ursachen von Schimmelpilzbildung befassen. In der Zeitschrift „Hörzu", Heft 16 vom 23. 04. 1988, sind den technischen Laien unter der Überschrift „Wer haftet bei Schäden durch Iso-fenster" eine Reihe von Urteilen aufgeführt, von denen ich nachfolgend einige wenige auszugsweise zitiere:

- Wie muß der Mieter lüften?
  „Ausreichend lüften heißt drei- bis viermal täglich je zehn Minuten Fenster öffnen." (AG Bremerhaven, Az.: 53 C 208/82).
- Bei wem liegt die Beweislast?
  „Der Vermieter muß nachweisen, daß sein Mieter falsch lüftet." (LG Göttingen, Az.: 5 S 106/85).
  Ausnahme: „Hatten die Vormieter mit denselben Fenstern keine Probleme, trägt der neue Mieter die Beweislast." (LG Lüneburg, Az.: 1 S 263/83).
- Muß der Mieter die Luftfeuchtigkeit messen?
  „Eine Klimapflege des Mieters mit Hilfe eines Hygrometers – wie von einem Hausbesitzer gefordert – lehnte das Landgericht Hamburg als unzumutbar ab (Az.: 11 S 341/86).
- Wie müssen die Möbel stehen?
  „Ursache von Schimmel kann auch fehlender Luftaustausch zwischen Wänden und Möbeln sein. Ohne besondere Absprache kann jeder Mieter seine Möbel aufstellen, wo und wie er will" (AG Neuss, Az.: 30 C 303/85).

Die Zitate aus Gerichtsurteilen sollen kein Beitrag zu einer juristischen Wertung der Streitfrage sein. Ich will hiermit nur verdeutlichen, wie verwirrend noch 1988 sich die strittigen Probleme für den Laien darstellten.

An dieser Stelle möchte ich in einem Rückblick auf Normen und Richtlinien eingehen, die sich mit ihren Inhalten sicherlich indirekt schadensfördernd auswirkten:

- Oktober 1974 wurden die ergänzenden Bestimmungen zur DIN 4108 „Wärmeschutz im Hochbau" verbindlich eingeführt. Dabei erfolgte eine Begrenzung der Fugendurchlässigkeit von Fenstern a = < 1 bis 2. Zugleich wurde Isolierverglasung vorgeschrieben.
- In den Wärmeschutzverordnungen 1977 bis 1982 wurden diese Werte der Begrenzung der Fugendurchlässigkeit festgeschrieben.

Die Fenstertechnik hat diesen Trend aufgegriffen und besonders dichte Fenster mit Fugendurchlässigkeitswerten nahe Null hergestellt.

Bei den alten Holzfenstern vor 1974 betrugen die Werte zwischen 5 – 10 und mehr.

Bei dieser neuen Situation stieg die relative Luftfeuchtigkeit im Rauminneren von selbst an. Sie sättigte sich dank ihres Aufnahmevermögens mit Feuchtigkeit. In dieser zunehmenden Feuchtigkeit der Raumluft lag die Ursache für die zuvor beschriebenen Bauschäden.

Kommt die warme Raumluft mit hoher Luftfeuchtigkeit mit kalten Bauteilen im Rauminneren in Berührung, kühlt sie sich ab. Mit der Abkühlung vermindert sich die Fähigkeit, Wasser festzuhalten (Abb. 4).

Diese Abbildung verdeutlicht die Temperaturabhängigkeit zur Aufnahme von Feuchtigkeit. Bei ± 0° C sind es nur 4,5 g, bei + 20° C bereits 17,3 g. Wenn die Innenoberfläche der Außenwand eine niedrige Temperatur aufweist, ist sie wesentlich gefährdeter im Hinblick auf Tauwasserbildung als bei höherer Temperatur. Es ist einleuchtend, daß eine stärker gedämmte Wand dann auch erst später den Taupunkt

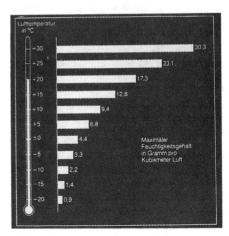

Abb. 4 Maximaler Feuchtigkeitsgehalt in Gramm pro Kubikmeter Luft

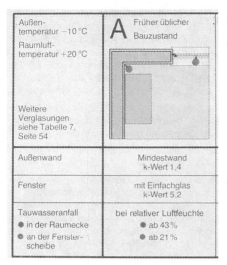

Außentemperatur −10 °C Raumlufttemperatur +20 °C	**A** Früher üblicher Bauzustand
Weitere Verglasungen siehe Tabelle 7, Seite 54	
Außenwand	Mindestwand k-Wert 1,4
Fenster	mit Einfachglas k-Wert 5,2
Tauwasseranfall ● in der Raumecke ● an der Fensterscheibe	bei relativer Luftfeuchte ● ab 43 % ● ab 21 %

Abb. 5a Zusammenwirken von Fenster und Außenwand – früher üblicher Zustand

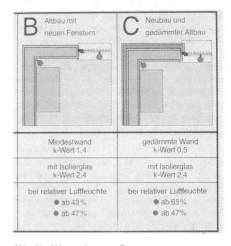

B Altbau mit neuen Fenstern	**C** Neubau und gedämmter Altbau
Mindestwand k-Wert 1,4	gedämmte Wand k-Wert 0,5
mit Isolierglas k-Wert 2,4	mit Isolierglas k-Wert 2,4
bei relativer Luftfeuchte ● ab 43 % ● ab 47 %	bei relativer Luftfeuchte ● ab 65 % ● ab 47 %

Abb. 5b Altbau mit neuen Fenstern
Neue Fenster mit gleichzeitiger Zusatzdämmung der Außenwand

erreicht. Dabei ist zu berücksichtigen, daß die Raumheizung gleichfalls einen Einfluß auf die konstante Oberflächentemperatur der Innenseite der Außenwand hat.

Die Abbildung zeigt das Zusammenwirken von Fenster und Außenwand beim Entstehen von Tauwasser jeweils in der Wandecke und an der Fensteroberfläche.

Im ersten Fall handelt es sich um eine Wand mit Mindestwärmedämmschutz und Fenster mit Einfachverglasung. Bei rund 21 % Luftfeuchte tritt Oberflächentauwasser zuerst an der Scheibe auf.

Im Fall B bei gleichem Dämmwert der Wand sind Isoliergläser eingebaut worden. Jetzt tritt das Tauwasser bei relativer Feuchte von 43 % zuerst in der Raumecke auf. Das Fenster hat seine Signalwirkung verloren.

Erst im Fall C mit einer verstärkt gedämmten Außenwand (k-Wert 0,5) zeigt die Isolierglasscheibe bei einer relativen Luftfeuchtigkeit von 47 % als erstes Tauwasserbildung. Erst wesentlich später, ab 65 % relativer Luftfeuchtigkeit tritt Tauwasser auch auf der Wand auf.

An diesem Beispiel wird deutlich, daß bei einem Einbau neuer Fenster mit gleichzeitiger Erhöhung der Dämmung der Außenwand Schäden weitgehend vermieden werden können.

Die gleichzeitige Sanierung von Fenster und Außenwand scheitert jedoch häufig an den Kosten. Eine Rentabilitätsberechnung für Altbausanierung ist dabei ohne Mietsteigerung schwerlich zu einem positiven Ergebnis zu bringen.

Klammert man aber tatsächlich den gleichzeitig einzubringenden Wärmeschutz aus der Betrachtung aus, ist die Vermeidung von Bauschäden durch Oberflächentauwasser ausschließlich eine Frage des Lüftens, des Heizens und des Wohnverhaltens der Nutzer.

Das „Weglüften" des Wasserdampfes ist nicht problemlos, wenn zugleich die Behaglichkeit konstanter Raumtemperatur und eine möglichst große Energieeinsparung beachtet werden soll. Die allseitig empfohlene „Stoßlüftung" weist verschiedene Probleme auf. In nicht wenigen Fällen läßt die Lage der Fenster eine Querlüftung gar nicht zu. Darüber hinaus sind die Luftverhältnisse und Lüftungsantriebe großen Schwankungen unterworfen (Abb. 6).

Die tabellarischen Werte über den Luftwechsel können nur als Anhalt angesehen werden. Das Weglüften von Feuchtigkeit mit dem Austausch von warmer Raumluft mit kalter Außenluft wird in den Übergangszeiten mit relativ hohen Außentemperaturen schwierig.

Bei Außentemperaturen oberhalb von + 5° C steigt der Lüftungsbedarf stark an. Weiter kritisch sind Situationen mit Außentemperaturen in Gefrierpunktnähe und gleichzeitiger Innenraumfeuchte von über 65 %.

36

Luftwechselzahlen in Abhängigkeit von der Fensterstellung	
Fensterstellung	Luftwechsel-zahl (h^{-1})
Fenster zu, Türen zu	0–0,5
Fenster gekippt, Rolladen zu	0,3–1,5
Fenster gekippt Kein Rolladen	0,8–4,0
Fenster halb offen	5–10
Fenster ganz offen	9–15
Fenster und Fenster-türen ganz offen (gegenüberliegend)	40

Abb. 6 Luftwechselzahlen in Abhängigkeit von der Fensterstellung

Eine weitere indirekte Beeinflussung des Raumklimas haben:

- die 10/78 herausgekommene Heizungsanlagenverordnung mit den Bestimmungen über selbsttätig wirkende raumweise Temperaturregulierung mit Thermostatventilen und
- die 3/89 erschienene Heizkostenverordnung mit verbrauchsabhängiger Abrechnung der Heiz- und Warmwasserkosten

verursacht.

Es wurde damit ein finanzieller Anreiz zur Heizkostendrosselung gegeben. Dies wirkte sich insbesondere bei der Bevölkerungsgruppe aus, deren finanzieller Spielraum gering war, die dazu meist auch in schlechten Wohnungen mit knapp bemessenen Wärmeschutzmaßnahmen untergebracht waren.

Trotz des inzwischen vergangenen längeren Zeitraumes werden Ursachen, Verantwortung und rechtliche Bewertung der Schäden noch immer unterschiedlich eingeschätzt. Auch die Beurteilung durch Bausachverständige fiel selbst bei völlig gleichgelagerten Schadensfällen oftmals unterschiedlich aus. Sachverständige stritten untereinander.

Nach meiner Beobachtung ging bei den Verfahrensbeteiligten strittiger Auseinandersetzungen bestimmten Sachverständigen der Ruf voraus, ein besonderes Verhältnis für die Probleme der betroffenen Mieter, anderen umgekehrt der Ruf grundsätzlicher kritischer Wertung des Nutzerverhaltens.

In diesen beiden Richtungen einseitiger Betrachtungen wurden mir offensichtlich falsche Gutachten bekannt, die gelegentlich erst in der Berufungsinstanz eine Richtigstellung erfuhren.

Über die Ursache des Eintritts von Oberflächentauwasser wird offensichtlich auch deshalb sehr oft gestritten, weil ein Bündel von unterschiedlichen Einflüssen, oft gemeinsam wirkend und sich teilweise überlagernd vorhanden sind.

Dem Sachverständigen wird im Rahmen seiner Tätigkeit oft die Standardfrage gestellt, ob sich um einen bauseitigen (Planungs- oder Ausführungs-) Mangel handele oder um einen Mangel der durch Bewohnerverhalten (soziales Fehlverhalten) verursacht wird.

Bei der Prüfung der gestellten Fragen soll der Bausachverständige für Schäden an Gebäuden oder für Bauphysik auch eine Beurteilung über das soziale Verhalten der Bewohner abgeben. Dabei habe ich mich oft gewundert, mit welchem Mut Sachverständige zu wissen vorgaben, was unter „normalem Verhalten" von Bewohnern zu verstehen sei und wann Abweichungen von diesem Normalverhalten schadenswirksam wurden.

Der Sachverständige muß sich darüber im klaren sein, daß er nicht nur technische Feststellungen über Baukonstruktion und Bauphysik zu treffen, sondern daß er das soziale Verhalten der Nutzer direkt oder indirekt einzubeziehen hat. Das bedeutet, daß er sich damit in den Bereich der wenigen gesellschaftlichen Freiräume des Menschen begibt.

Wenn ein Bewohner die Tür seiner Wohnung schließt, sieht er diese Wohnung als geschützten Bereich an, in dem er nach seinen individuellen Vorstellungen leben möchte. Es verbleibt die Frage, was dabei unter „normal" und zulässig zu verstehen ist und wann eine Grenze unzulässig überschritten wird.

Als gängigste Punkte eines solchen Fehlverhaltens werden dabei mangelhaftes Lüften und/oder Heizen angesprochen. Dem Sachverständigen sind dabei zur konkreten Beurteilung allenfalls Verbrauchsunterlagen bezahlter Heizungskosten zugängig, die auch nur sehr begrenzt verwertbar sind. Der Sachverständige kann sich nicht darauf beschränken, zu überprüfen, ob im Einzelfall der zur Erstellungszeit des Gebäudes zu fordernde bauliche Mindestwärmeschutz erfüllt war und die damals gültige DIN 4108 eingehalten wurde, um dann den

Umkehrschluß zu ziehen: Wenn die Norm eingehalten wurde, verbleibt als Schadensursache nur noch ein Fehlverhalten beim Lüften und/oder beim Heizen.

Vielmehr verlangt die Beantwortung der Frage nach möglichem sozialen Fehlverhalten von Sachverständigen eine Auseinandersetzung mit einer Reihe von zusätzlichen technischen Fragen, die ggf. umfängliche Untersuchungen notwendig machen. Erst nachdem alle anderen Ursachen und Mitursachen ausgeschlossen werden können, kann er die Frage abschließend beantworten. Der Sachverständige muß sich weiter darüber klar sein, daß er hier nicht dem sonst zu fordernden Prinzip der eigenen persönlichen Feststellung des Fehlers (das Fehlverhalten bei der Wohnungsnutzung) vorgehen kann. Er vermag nicht aus eigenem Wissen das Fehlverhalten zu bestätigen; es sei denn, ein Nutzer gibt es ihm gegenüber aus eigenem Antrieb selbst zu. In allen anderen Fällen kann er es nicht überprüfen; er hat es nicht selbst gesehen. So verbleibt – nach Überprüfung aller anderen denkbaren Ursachen – nur im Umkehrschluß die Feststellung: „. . . dann kann es nur mangelhaftes Lüften und/oder mangelhafte Beheizung gewesen sein".

Hierzu ist zu bedenken:

Die zu geringe Oberflächentemperatur kann ihre Ursachen haben:

- in einem zu geringen Wärmeschutz des Regelquerschnitts und ggf. auch in Wärmebrücken an Detailpunkten bzw. Anschlüssen;
- ggf. auch in ausführungsbedingten Fehlern in Abweichungen von der Planung;
- ggf. in anderen mitwirkenden Fehlerquellen (wie Durchfeuchtungen des Wandquerschnitts durch aufsteigende Nässe, Schlagregen, fehlende oder funktionsunfähige Vertikal- oder Horizontalabdichtung).

Besondere Aufmerksamkeit hat der Sachverständige auf das mögliche Vorhandensein von konstruktionsbedingten und/oder geometrisch bedingten Wärmebrücken zu legen und diese im Gutachten aufzuzeigen und zu bewerten.

Abweichungen von der Planung sind oft nicht ohne Freilegungen von Wandteilen zu ermitteln. Dies kann ggf. relativ aufwendig werden und die Kosten stehen dann häufig nicht im rechten Verhältnis zum Streitwert (oder aber manchmal auch nicht zu dem zu erwartenden Erfolg). Hier ist es zu empfehlen, sich vor umfangreichen Freilegungsmaßnahmen mit dem Auftraggeber in Verbindung zu setzen.

Eindringende und aufsteigende Feuchtigkeit im Wandquerschnitt kann eine Minderung der Wärmedämmung und ggf. eine deutliche Herabsenkung der Oberflächentemperatur herbeiführen (Abb. 7).

Eine weitere Möglichkeit einer lüftungstechnisch bedingten Wärmebrücke kann durch eine Umleitung der aufsteigenden Wärme über dem Heizkörper an einer Fensterbank entstehen (Abb. 8).

Ungleichmäßige oder unzureichende Beheizung erfolgt entweder aus reinen Überlegungen der Kosteneinsparung, oft aber auch im Zusammenhang von Berufstätigkeit der Bewohner, die in der Zeit ganztägiger Abwesenheit ihre Heizung abstellen.

Es gibt darüber hinaus auch heute noch Wohnungen, in denen einzelne Räume keine eigene Heizmöglichkeit haben. Dabei ist es besonders bedenklich, wenn diese Räume nur durch geöffnete Türen mitbeheizt werden.

Zu den umstrittenen Fragen gehört die der Verantwortlichkeit für das Verstellen von Außenwänden mit Möbeln, Vorhängen oder ähnlichem.

Typische Schäden:
eindringende und aufsteigende Feuchtigkeit

Abb. 7 Typische Schäden: eindringende und aufsteigende Feuchtigkeit

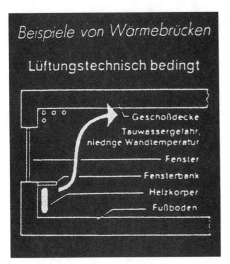

Abb. 8 Beispiele von Wärmebrücken, lüftungstechnisch bedingt

In der Grundrißplanung muß eine Möglichkeit ausgewiesen sein, daß z. B. Betten und/oder Kleiderschränke an Innenwänden oder frei aufgestellt werden können.

Umgekehrt muß vom Bewohner erwartet werden, daß er Schränke, Betten und Vorhänge nicht so dicht an eine Außenwand stellt bzw. anbringt, daß jeglicher Luftzugang unterbunden wird.

Zu hohe Luftfeuchtigkeit kann verschiedene Ursachen haben:

• Häufigste Ursache ist der Einbau von dicht schließenden Fenstern mit Fugendurchlaßkoeffizienten a = O und dabei unzureichend ausgeführter Lüftung.

Abb. 9 Starke Tauwasserbildung an der Glasfassade

Abb. 10 Starke Tauwasserbildung an der Glasfassarde

Dem Bauherrn und ausführenden Firmen oder Gesellschaften kommt beim Einbau solcher Fenster die Aufgabe zu, eine erschöpfende Aufklärung über die veränderten raumklimatischen Bedingungen zu geben. Allgemein geschieht das durch ein Merkblatt mit möglichst konkreten Handlungsweisungen über Heizen und Lüften.

Es gibt – gar nicht so selten – Grundrißanordnungen, die eine Querlüftung (Stoßlüftung) gar nicht zulassen. Als ein Beispiel möchte ich Ihnen eine Siedlung mit dort befindlichen Einraumwohnungen mit vorgeschalteten Wintergärten zeigen, in denen es zu erheblichen Tauwasserschäden kam (Abb. 9, 10 und 11).

Die unbeheizten oder ganz schwach, teilweise beheizten Wintergärten wurden zur Möglichkeit der Lüftung der dahinterliegenden fensterlosen Wohnschlafräume durch das Öffnen der Lüftungsklappen der Wintergartenfenster über geöffnete Türen der Trennwand zwischen Wintergarten und Wohnschlafteil gelüftet. Als Folge des Luftaustausches – warme feuchte Luft im Wohnschlafteil und kalte Luft im Wintergarten –

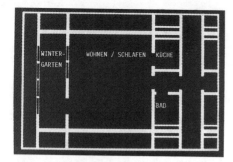

WINTER-GARTEN | WOHNEN / SCHLAFEN | KÜCHE | BAD

Abb. 11 Grundriß der Einzimmerwohnung mit davorliegendem Wintergarten

schlug sich in der zweiten Nachthälfte Oberflächentauwasser in erheblichen Mengen an den Glasflächen nieder, lief von dort nach unten ab und durchfeuchtete zusätzlich den Bodenbelag (Abb. 12 und 13).

Die Scheiben erreichten eine kaum vorstellbare Menge anfallender Kondensfeuchte. Hierdurch wurden die Glasflächen völlig beschlagen und erlaubten zeitweise keine Sicht mehr nach draußen.

In der dargestellten Situation war ein sinnvolles Lüften nicht zu erreichen.

Im Rahmen einer Nachbesserung durch Einbau mechanischer Lüfter mit Zeitschaltuhren im zurückliegenden Teil der Einraumwohnungen wurde die Luft zum Wintergarten angesogen und durch Nachströmung eine kontinuierliche Luftbewegung erreicht. Ohne weitere sonstige Maßnahme konnte so das Grundübel behoben werden. Dem Wintergarten kam dann die Aufgabe eines kühlen Luftpolsters vor den beheiz-

ten Wohnschlafräumen zu. Die Frischluft wurde sozusagen über die Undichtigkeit von Glasfront und Türen der Zwischenwand in den hinteren Einraumteil herangeholt.

An diesem Fallbeispiel wird deutlich, daß es Aufgabe des Planers ist, sich Gedanken über das Prinzip der Heizung und Belüftung zu machen. Darüber hinaus wäre hier unerläßlich ein entsprechender Hinweis an die Nutzer notwendig gewesen.

In jeder Stadt gibt es Wohnungen und Situationen, die eine Stoßlüftung unmöglich machen. Die zur Straße liegenden Fenster an einer hoch verkehrsbelasteten Straße können nicht geöffnet werden, da neben starkem Lärm schadstoffangereicherte Luft (durch Abgase) zum Luftaustausch völlig ungeeignet ist. Eine solche Situation hat der Sachverständige zu prüfen und in seinem Gutachten darzustellen und zu werten.

Als weitere Ursache für eine zu hohe Luftfeuchtigkeit sind anzusprechen:

- Feuchtigkeitsproduktion in den Räumen der Wohnung (durch Kochen, Spülen, Waschen, Baden und das Halten von Topfpflanzen) (Abb. 14).

Im Fall von überbelegten Wohnungen können die dann anfallenden Feuchtigkeitsmengen in Extremfällen zu Schäden führen.

Bei normaler Belegung einer Wohnung von 75 m^2 mit 4 Personen sind solche Belastungen, die für sich allein gesehen zu Schäden führen können, nicht zu erwarten.

Bei Überlegungen zur Notwendigkeit und Häufigkeit der Lüftung ist diese Feuchtigkeitsbelastung aber unbedingt mit zu berücksichtigen.

Abb. 12 Auf dem Teppich abgetropftes Oberflächentauwasser mit Schimmelpilzbildung auf dem Teppichbelag

Abb. 13 Eingetrübte, beschlagene Scheibe an der Fenstertür

Abgabe von Feuchtigkeit in Wohnungen	
Topfpflanzen	7–15 g/Stunde
Mittelgroßer Gummibaum	10–20 g/Stunde
Trocknende Wäsche 4,5-kg-Trommel geschleudert	50–200 g/Stunde
Wannenbad	ca. 1100 g/Bad
Duschbad	ca. 1700 g/Bad
Kurzzeitgericht	400–500 g/Stunde Kochzeit
Langzeitgericht	450–900 g/Stunde Kochzeit
Braten	ca. 600 g/Stunde Garzeit
Geschirrspülmaschine	ca. 200 g/Spülgang
Waschmaschine	200–350 g/Waschgang
Menschen – Schlafen – Haushaltsarbeit – anstrengende Tätigkeit	40–50 g/Stunde ca. 90 g/Stunde ca. 175 g/Stunde

Abb. 14 Abgabe von Feuchtigkeit in Wohnungen

Ein weiterer Grund zu erhöhter Luftfeuchtigkeit kann sich daraus ergeben, daß die Nutzer nachts einen Luftaustausch zwischen erwärmtem Wohnzimmer und kaltem Schlafzimmer über eine geöffnete Verbindungstür vornehmen.

Die feuchtigkeitsangereicherte warme Luft des Wohnzimmers wird erheblich abgekühlt und kann aufgenommene Feuchte nicht mehr halten. Sie schlägt sich an den kalten Außenoberflächen des Schlafzimmers nieder und es kommt zu Tauwasserausfall.

Bei all diesen Beispielen der für den Sachverständigen zu bedenkenden Feststellungen, Prüfungen und ggf. anzutreffenden Sondersituationen einer bestimmten Wohnung wird deutlich, daß es ggf. umfänglicher Arbeit bedarf, ehe die Antwort auf die Alternativfrage des Auftraggebers gegeben werden kann, ob bauliche Fehler oder Fehlverhalten der Nutzer vorliegen.

Wenn man der Frage nachgeht, welchen Einfluß Veränderungen bestehender Wohnungsnutzungsbedingungen, insbesondere als Folge von Fenstermodernisierungen auf das Entstehen der von mir zuvor beschriebenen Feuchteschäden ausübt, ist festzustellen, daß hierdurch zugleich eine Veränderung des technischen Risikos (im Sinne einer Prognose von Schäden) eintritt.

Es stellt sich die Frage, ob der bloße Einbau neuer, fugendichter Fenster allein, d.h. ohne weitere technische Maßnahmen wie zusätzliche Wärmedämmung der Hülle des Gebäudes, insbesondere der Außenwände oder Einbau einer Zwangslüftung, technisch vertretbar ist.

Die veränderten Gebäudenutzungsbedingungen nötigen eigentlich zu einer entsprechenden Anpassung der Regelwerke mit dem Ziel, eine sonst im Bauwesen auch geforderte „praktische Sicherheit" dauerhaft zu gewährleisten.

Bei Tauwasserschäden handelt es sich um relativ große Risiken. Zur praktischen Sicherheit sollte die Norm festlegen, daß zusammen mit der Maßnahme des Einbaus neuer, dichter Fenster

- der Mindestwärmedämmschutz von Außenwänden erhöht
- und eine praktisch anwendbare quantifizierbare Luftaustauschmenge festgelegt wird.

Literatur:

Casselmann, H. u. Pohlenz, R.: „Tauwasser und Schimmelpilz", Deutsches Architektenblatt, 12/90, S. 1867 ff;

Gertis, K.: „Fensterlüftung. Worauf beruht natürliche Lüftung" Docu-Bulletin, 11/1971, Heft 4, Seite 4.

Grün, I.: „Schwitzwasser im Wohnungsbau", Deutsche Bauzeitung, 4/82, S. 585 ff;

Hebgen, H.: „Wohnen ohne Feuchteschaden", Energieverlag Heidelberg, 1986, Abb. 24 S. 35; (im vorliegenden Referat Abb. 5);

Kamphausen, P.A.: „Risikoanalyse bei Feuchtigkeitsschäden in Wohngebäuden", Der Sachverständige, Heft 4, S. 86 ff;

Ministerium für Bauen und Wohnen des Landes NRW: „Energiesparen in Mietwohnungen", Neues Bauen, Neues Wohnen, Heft 2, 1991

Ministerium für Bauen und Wohnen des Landes NRW: „Lüftung in Wohngebäuden", Neues Bauen, Neues Wohnen, Heft 3, 1991

Oswald, R.: Schwachstellen, „Erscheinungsbilder und Ursachen häufiger Bauschäden", Deutsche Bauzeitung, 11/91, S. 84 ff;

Die zukünftigen Anforderungen an die Energieeinsparung bei Gebäuden; Neufassung der Wärmeschutzverordnung

Prof. Dr.-Ing. Herbert Ehm

I. Energieeinsparung und Emissionsreduzierung im Gebäudebereich

1. Wenn wir heute über Maßnahmen zur Energieeinsparung und Emissionsreduzierung sprechen, so besteht der entscheidende Anstoß in den sich abzeichnenden Klimaproblemen. Die entscheidende Emission ist das CO_2. In der Bundesrepublik Deutschland werden unter Einschluß der neuen Länder jährlich rd. 1 100 Mio Tonnen CO_2 emittiert. Die Haushalte und Kleinverbraucher beteiligen sich hierbei mit 25%.

Wir müssen darüber hinaus nach wir vor die Ressourcenschonung im Auge behalten. Wenn heute neue Gebäude errichtet werden, die eine Lebensdauer von 50 bis 100 Jahren aufweisen, dann werden in diesen Zeiträumen bereits bedenkliche Verknappungen der Energieressourcen eintreten.

2. Diese Zusammenhänge waren Anlaß, daß das Bundeskabinett in seinen Beschlüssen vom 5. November 1990 eine nationale Einsparquote von 25 bzw. 30% (für die neuen Länder) bis zum Jahre 2005 in Anlehnung an die Empfehlungen der Weltklimakonferenz von Toronto festgelegt hat. Das Bundeskabinett hat die Ziele einer CO_2-Reduktion mit seinen Beschlüssen von Dezember 1991 bestätigt. Diese Beschlüsse legen auch die Novellierung der energiesparrechtlichen Vorschriften (Wärmeschutzverordnung, Heizungsanlagenverordnung) fest.

Die Empfehlungen der Enquete-Kommission des Deutschen Bundestages „Maßnahmen zum Schutz der Erdatmosphäre" weisen sogar dem Gebäudebereich eine überproportional hohe Einsparquote von rd. 40% zu. Tatsächlich müssen Kraftwerke und große Feuerungsanlagen sowie der Gebäudebereich einen erheblichen Anteil der erforderlichen Reduktionen tragen.

3. Welche Möglichkeiten bestehen für Reduktionen der Emissionen und des Energieverbrauches?

Technisch handelt es sich um Maßnahmen der rationellen Energieverwendung sowie der Substitution emissionsreicher Energieträger durch emissionsärmere.

Die Einschätzungen des technischen Einsparpotentials im Gebäudebereich belaufen sich auf 70 bis 90%. Diese hohen Werte geben allerdings noch keinen Hinweis auf die wirtschaftlichen Möglichkeiten der Erschließung solcher Potentiale.

Im Bereich der Substitution der Energieträger muß man feststellen, daß in den nächsten 15 Jahren nur beschränkt Reduktionen über diesen Weg erreicht werden können. Ein weiterer Ausbau der Kernenergie stößt derzeit auf politisch nicht überwindbare Hindernisse. Aber auch ein konsequenter weiterer Ausbau der Erdgasversorgung stößt aus wirtschaftlichen Gründen auf Grenzen. Bei den erneuerbaren Energien muß man feststellen, daß die Beiträge zur CO_2-Reduzierung bis zum Jahre 2005 lediglich bei etwa 5 bis 10% liegen könnten.

Wenn wir mit den heutigen Instrumenten die CO_2-Reduzierung betreiben, dann wird nach vorliegenden Analysen bis zum Jahre 2005 eine Reduktion von etwa 10 bis 12% erreicht werden können. Dies ist im Hinblick auf die gesetzte Einsparquote zu gering. Hier bedarf es insbesondere weiterer Maßnahmen im Rahmen des vorhandenen politischen Handlungsspielraumes.

Eine weitere Feststellung ist von entscheidender Bedeutung:

Die Reduktionen müssen in erster Linie im Gebäudebestand erbracht werden; neue Gebäude führen in der Regel zu einer Vergrößerung der Wohnfläche und damit der beheizten Fläche, d.h. einer Zunahme der Emissionen. Durch geeignete Maßnahmen im Neubaubereich muß erreicht werden, daß der Zuwachs an Emissionen und Energieverbrauch gedämpft wird.

4. Der Staat kann folgende Instrumente einsetzen:

Er kann unter bestimmten Voraussetzungen durch öffentlich-rechtliche Anforderungen entsprechende Maßnahmen durchsetzen. Er kann aber auch durch finanzielle Förderanreize entsprechende Möglichkeiten initiieren.

In der Bundesrepublik Deutschland bestehen bereits umfängliche Vorschriften mit Anforderungen an das energiesparende Bauen und die Emissionsbegrenzungen.

Die Wärmeschutzverordnung greift sowohl auf neue, als auch – in einem beschränkten Umfang – auf bestehende Gebäude. Die Anforderungen an bestehende Gebäude sind bedingt; sie greifen immer dann, wenn ein Eigentümer aus einer „anderen Motivation" heraus bestimmte Maßnahmen durchführt. Hierbei wird er durch den Verordnungsgeber verpflichtet, die Qualität des Wärmeschutzes zu überprüfen und ggf. entsprechende Nachrüstungen vorzunehmen.

Die Heizungsanlagen-Verordnung greift auf neue und bestehende Gebäude. Für den Gebäudebestand sind umfängliche Nachrüstungsvorschriften anzuwenden.

Die erste Durchführungsverordnung zum Bundesemissionsschutzgesetz ist die Grundlage für periodische Überwachungen der Heizungsanlagen; auch diese Vorschrift greift bereits im Gebäudebestand und für neue Gebäude. Eine Nichterfüllung der Anforderungen kann zu Nachrüstungsmaßnahmen oder sogar einem Austausch des Wärmeerzeugers führen.

Maßnahmen im Gebäudebestand unterliegen jedoch bestimmten Grenzen, da ein Eigentümer nicht unzumutbar mit Anforderungen belastet werden kann, die er bei der Errichtung des Gebäudes noch nicht zur Anwendung bringen mußte (Bestandsschutz). In diesem Falle sind insbesondere Fördermaßnahmen einzusetzen.

5. Ein besonderer Schwerpunkt der Maßnahmen liegt künftig in den neuen Bundesländern. Hier stehen in den nächsten Jahrzehnten fast alle Gebäude zur Instandsetzung und Modernisierung an. So beklagenswert der Zustand dieser Gebäude ist, so sehr muß die Chance gesehen werden, daß im Rahmen von Instandsetzungen und Modernisierungen auch eine energetische oder emissionstechnische Aufwertung erfolgen kann. Wir stehen in den neuen Ländern vor der Tatsache, daß rd. 75% aller Wohnungen mit Einzelfeuerstätten mit vorzugsweise festen Brennstoffen versorgt werden. Wir müssen die Energieträger auf flüssige oder gasförmige Brennstoffe umstellen und dies auf einem möglichst geringen Verbrauchsniveau erreichen.

Im Vergleich mit den alten Bundesländern weisen die spezifischen Verbrauchswerte in den neuen Ländern etwa das 2 bis 2 ½fache auf.

II. Novellierung der Wärmeschutzverordnung

1. Auch wenn der Schwerpunkt der Maßnahmen zur CO_2-Reduzierung im Gebäudebestand liegt, bedarf es für neue Gebäude im Sinne der Daseinsvorsorge ausreichender Verbesserungsmaßnahmen. Die heute gestellten öffentlich-rechtlichen Anforderungen an den baulichen Wärmeschutz und die Heizungsanlagentechnik genügen nicht mehr.

Das Bundeskabinett hat mit Beschluß vom 7. November 1990 die Novellierungen der energiesparrechtlichen Vorschriften festgelegt. Der Beschluß sagt, daß für Neubauten ein Niedrigenergiehausstandard bei der Novellierung zugrundezulegen sei. Entsprechende Forderungen nach deutlichen Verminderungen der Emissionen aus Hausbeheizungen und des Energieverbrauches haben der Bundesrat und die Enquete-Kommission „Schutz der Erdatmosphäre" des Deutschen Bundestages gestellt. Des weiteren solle geprüft werden, die Anforderungen bedarfs- oder verbrauchsorientiert festzulegen.

Die Wärmeschutzverordnung wurde erstmalig im August 1977 erlassen und im Februar 1982 novelliert. Die nach dieser Verordnung und der Heizungsanlagen-Verordnung errichteten Gebäude weisen je nach Gebäudetyp einen Heizenergiebedarf zwischen 120 und 180 kWh/$m^2 \cdot a$ auf.

Die heute bestehenden technischen Möglichkeiten erlauben bei Neubauten deutlich geringere Werte. Hand in Hand mit einer Verringerung des Heizwärmebedarfs ergeben sich entsprechende Emissionsreduzierungen.

2. Die energetische Qualität von Neubauten soll an den Standard von Niedrigenergiehäusern herangeführt werden. Niedrigenergiehäuser weisen einen Heizenergiebedarf von unter 100 kWh/$m^2 \cdot a$ auf (vgl. auch Empfehlung des Bundesbauministeriums „Wege zum Niedrigenergiehaus" aus dem Jahre 1989).

In den vergangenen Jahren wurden aufgrund theoretischer und praktischer Untersuchungen die Kenntnisse über die Planung und Errichtung von Gebäuden mit geringem Heizenergiebedarf abgerundet und vertieft. Entscheidend für einen niedrigen Heizwärmebedarf ist

a) die Minimierung der Verluste durch Verbesserung des baulichen Wärmeschutzes (d.h. durch Reduzierung der sog. Transmissionswärmeverluste) und

b) die Reduzierung des Energieeinsatzes für die Be- und Entlüftung (d.h. eine Reduzierung der sog. Lüftungswärmeverluste).

Auch müssen die solaren und internen Wärmegewinne möglichst gut genutzt werden.

3. Die Reduzierung der Transmissionswärmeverluste führt zu einem starken relativen Anwachsen der Lüftungswärmeverluste. Der letztgenannte Verlustanteil liegt bei einem besonders guten Wärmeschutz bereits in der Größe der Transmissionswärmeverluste oder übersteigt diese. Eine entscheidende Reduzierung der Lüftungswärmeverluste ist nur mit Hilfe einer mechanischen Lüftung mit Wärmerückgewinnung erreichbar. Diese Technik steht anwendungsreif zur Verfügung, hat sich aber noch nicht allgemein am Markt durchgesetzt.

4. Wenn man diese Randbedingungen zugrundelegt und die Möglichkeiten eines neuen methodischen Ansatzes prüft, so kann der jährliche spezifische Heizwärmebedarf verhältnismäßig einfach bilanziert werden:

$$Q_a = Q_T + Q_L - \eta * (Q_s + Q_i) \text{ in kWh/m}^2 \cdot a$$

Der jährliche Heizwärmebedarf setzt sich aus dem Transmissionswärmebedarf (Q_T) dem Lüftungswärmebedarf (Q_L) und der nutzbaren Fremdwärme zusammen. Der Koeffizient η beschreibt den Ausnutzungsgrad der Fremdwärme.

Bei der Bilanzierung über das Heizjahr wird eine mittlere Gradtagzahl zugrunde gelegt. Die passiv zu gewinnende Solarenergie kann sachgerecht auch über äquivalente k-Werte der Fenster richtig erfaßt werden.

Untersucht man das Verhältnis der Fremdwärme zu den Gesamtwärmeverlusten, um auf diese Weise einen Nutzungsgrad festzulegen, so erkennt man, daß hierbei eine bestimmte Bandbreite zu berücksichtigen ist. Der Ausnutzungsgrad muß zur sicheren Seite hin festgelegt werden.

Der Lüftungswärmebedarf wird unter Berücksichtigung normierter Luftwechselzahlen berechnet.

Der Transmissionswärmebedarf ist erheblich vom Gebäudekörper sowie der Gestaltung der Fassaden und einzelner Außenbauteile abhängig. Diese Zusammenhänge beschreibt der Gebäudeparameter A/V.

Wenn man den Heizwärmebedarf auf das beheizte Volumen bezieht, ergibt sich für vergleichbar gute Dämmungen der Außenbauteile in Abhängigkeit von den zu berücksichtigenden Gebäudetypen (Verhältnis A/V) eine lineare Abhängigkeit für Q_a. Demzufolge ist es möglich, die Anforderungen hinsichtlich eines Jahreswärmebedarfes künftig linear über den Gebäudeparameter A/V anzugeben.

Ein solcher Ansatz stellt eine Erweiterung der bisherigen Berechnung des baulichen Wärmeschutzes mittels des k_m-Verfahrens dar. Es können die gleichen Berechnungsgrundlagen verwendet werden. Lediglich die Ergänzung des Lüftungswärmebedarfs macht einige zusätzliche Rechenschritte erforderlich. Wichtig ist, daß die Fenster künftig himmelsrichtungsorientiert bewertet und in die Berechnung eingeführt werden müssen. Dies stellt zweifellos eine Erschwerung des Nachweises dar, ist aber im Hinblick auf das zu erreichende Ziel unumgänglich.

5. Zu den wichtigsten Maßnahmen gehört die Reduzierung der Transmissionswärmeverluste durch Verbesserung des baulichen Wärmeschutzes. Diese Verbesserung kann durch keine andere Maßnahme wirtschaftlich ersetzt werden. Durch Verbesserung des baulichen Wärmeschutzes ist es möglich, unter Beachtung des Wirtschaftlichkeitskriteriums nach § 5 Energieeinsparungsgesetz den Jahresheizwärmebedarf um rd. 30 bis 40% zu reduzieren.

6. Einsatz wärmeschutztechnisch hochwertiger Fenster

Wir verfügen über die Möglichkeit, künftig Wärmeschutzverglasungen als Standard-Verglasung einzuführen. Diese Verglasungen haben k-Werte von rd. 1,5 bis 1,7 W/m^2 K. Die g-Werte liegen zwischen 0,7 und 0,75.

Bilanziert man einzelne Fassaden, so erkennt man, daß zu wärmeschutztechnisch guten Außenwänden Fenster mit Wärmeschutzverglasungen gewählt werden sollten. Auf der Südseite führt eine wärmeschutztechnische Verbesserung der Fenster in Verbindung mit guten Wanddämmungen nahezu zu einer Entkopplung des Einflusses des Fensterflächenanteiles auf den Heizenergiebedarf.

7. Wärmerückgewinnungstechnik und Wohnungslüftung

Eine Wärmerückgewinnung, die bestimmten technischen Kriterien genügt, führt zu einer wesentlichen Reduzierung des Heizwärmebedarfs. Für diesen Fall könnte sogar gewisse Erleichterung der Anforderungen an den baulichen Wärmeschutz hingenommen werden, da die erreichte Reduzierung des Heizwärmebedarfes größer als bei alleiniger Verbesserung des baulichen Wärmeschutzes ist. Der Einbau einer Wärmerückgewinnungsanlage führt in der Regel zu Mehrkosten gegenüber einer konventionellen Heizungsanlage. Die Wärmerückgewinnungstechnik ist allerdings für sich allein wirtschaftlich nicht zu begründen.

Auf dem Markt kann auf ein größeres Angebot technischer Lösungen für eine Wärmerückgewinnung zurückgegriffen werden. Besonders günstige Lösungen dürften bei integrierten Wohnungslüftungen/Wohnungsheizungen vorliegen. Von einer obligatorischen Vorschrift zur Einführung der Wärmerückgewinnungstechnik sollte dennoch Abstand genommen werden. In der nächsten Phase sollte zunächst eine Weichenstellung für den Einbau dieser Technik im Sinne alternativer Lösungen vorgesehen werden.

8. Schlußfolgerungen

Alle vorliegenden Erkenntnisse, die insbesondere durch ein breites Feld experimenteller Ergebnisse belegt sind, zeigen, daß Niedrigenergiehäuser mit „normaler" Gestaltung der Gebäude erreicht werden können. Solche Gebäude ermöglichen es, den spezifischen Heizwärmebedarf deutlich unter 100 kWh/m_2 · a zu reduzieren. Allein durch Verbesserung des baulichen Wärmeschutzes bei möglichst guter Nutzung solarer Fremdwärme kann der spezifische Heizwärmebedarf unter Beachtung der Wirtschaftlichkeit je nach Gebäudetyp auf rd. 50 bis 90 kWh/m^2 · a vermindert werden.

Natürlich können auch typische Elemente der Solararchitektur zusätzliche Beiträge zum energiesparenden Bauen leisten. In der Regel sind hierbei zusätzliche Maßnahmen und ein Mitgehen des Nutzers erforderlich, um die erhofften Einsparungen tatsächlich zu aktivieren.

Es können zwei Ansätze unterschieden werden:

Verlustminimierte und gewinnmaximierte Gebäudekonzeptionen

Der erstgenannte Fall beruht auf einer Minimierung der Verluste bei möglichst guter Nutzung des Fremdwärmeangebotes. Im zweiten Falle wird versucht, durch eine Solarhaus-Architektur (großflächige Verglasungen, Glasvorbauten, Wintergärten) möglichst hohe Solargewinne zu aktivieren.

Die heute vorliegenden, abgesicherten Erkenntnisse zeigen, daß die gewinnmaximierten Gebäudekonzeptionen vielfach die erhofften Ergebnisse nicht erbringen und verlustminimierte Lösungen in der Regel überlegen sind.

Dessen ungeachtet können Elemente der Solararchitektur insbesondere mit Vorteil eingesetzt werden, wenn es sich darum handelt, die Wohnfläche zu erweitern oder eine verbesserte Wohnqualität anzubieten. Glasvorbauten und Wintergärten dürfen allerdings nicht beheizt werden.

9. Bestehende Gebäude

Die geltende Fassung der Wärmeschutzverordnung enthält Anforderungen auch an bestehende Gebäude. Diese Anforderungen sind bedingt, indem der Eigentümer nur dann zu Maßnahmen verpflichtet wird, wenn er bestimmte Maßnahmen der Erneuerung oder Instandsetzung durchführt. Es ist sicherlich unter dem Aspekt einer erforderlichen drastischen CO_2-Reduzierung möglich und wirtschaftlich vertretbar, die bislang geregelten Tatbestände auszuweiten.

10. Zusammenfassung; Ausblick

Die Verbesserung des baulichen Wärmeschutzes ist unverzichtbar. Für darüberhinausgehende Einsparungen ist die Wärmerückgewinnungstechnik entscheidend. In der künftigen Verordnung kann hierfür eine Weichenstellung in der Weise vorgenommen werden, daß eine zweite Nachweismöglichkeit unter Berücksichtigung dieser Technik eröffnet wird.

Hierbei könnte sogar wegen der günstigen Heizwärmebedarfsbilanzen ein Bonus für die baulichen Maßnahmen eingeräumt werden.

Die Wirtschaftlichkeitskriterien des Energieeinsparungsgesetzes sollte auch künftig beachtet werden. Dies erscheint insbesondere im Interesse der Investoren und der Mieter erforderlich.

Die Arbeiten zur Novellierung der Wärmeschutzverordnung werden in Kürze abgeschlossen. Die Beratungen mit den Bundesländern, Verbänden und Fachkreisen sollen noch vor der Sommerpause abgeschlossen werden.

Wärmebedarfsberechnung und tatsächlicher Wärmebedarf; die Abschätzung des erhöhten Heizkostenaufwandes bei Wärmeschutzmängeln

Dr.-Ing. Joachim Achtziger, München

1. Einführung

Wärmebrücken in der Gebäudehülle sind typische Wärmeschutzmängel, über die im Vergleich zu den ungestörten benachbarten Bauteilbereichen zusätzlich Wärmeenergie transportiert wird. Die Wärmebrücken können sich geometrisch- oder materialbedingt durch erhöhte Wärmeströme in Bauteilen und Bauteilanschlüssen, sowie bei Undichtheit der Gebäudehülle durch Strömungsvorgänge aufgrund von Luftdruckunterschieden zwischen beheizten Räumen und Außenklima auswirken.

Maßnahmen zur Verhinderung oder Reduzierung von Wärmebrücken sind allein schon zur Vermeidung von Tauwasser auf inneren Bauteiloberflächen erforderlich und werden in der Regel auch getroffen. Die verbleibende energetische Schwachstelle mit erhöhten Wärmeverlusten wird jedoch bei der Beurteilung des Wärmeschutzes und Heizwärmebedarfs von Gebäuden meist nicht berücksichtigt und stellt nach überwiegender Meinung der Planer einen nicht vertretbaren Aufwand dar. Bei der Beurteilung erhöhter Transmissionswärmeverluste durch Außenbauteile kann zwischen zwei grundlegenden Wärmebrückentypen unterschieden werden.

– Materialbedingte Wärmebrücken sind abhängig von der Gebäudekonstruktion durch Anordnung und Kombination von Bauteilen mit Baustoffen unterschiedlicher Wärmeleitfähigkeit. Typische Wärmebrücken dieser Art sind Deckenauflager, Attikaausbildungen, Balkonplatten oder Stützen in Außenwänden. Die durch sie verursachten zusätzlichen Wärmeverluste sind für jeden Einzelfall des geplanten oder ausgeführten Gebäudes zu berechnen.

– Konstruktionsbedingte Wärmebrücken können in Bauteilen durch mechanische Verbindungsteile entstehen, welche die Wärmedämmstoffschicht durchdringen oder umlaufen. Zu diesem Typ gehören z.B. Anker in Beton-Sandwichwänden und mehrschaligen

Wänden sowie alle Konstruktionen des Metall- und Holzbaus. Für derartige Bauteile können in typisierter Form die Wärmebrückeneinflüsse pauschaliert durch einen Zuschlagswert auf den Wärmedurchgangskoeffizienten angegeben werden.

Der erhöhte Heizkostenaufwand gegenüber den wie heute üblich berechneten Werten soll für ausgewählte Bauteile beispielhaft dargestellt und für Einzelräume sowie ein komplettes Gebäude aufgezeigt werden.

2. Anforderungen an Wärmebrücken

In DIN 4108 Teil 2 ist für Wärmebrücken die Einhaltung des Mindestwertes des Wärmedurchlaßwiderstands R von Außenbauteilen gefordert. Das bedeutet mit $R = 0,55 \ m^2 \ K/W$ für Außenwände unter heutigen Gesichtspunkten eine relativ hohe Energiedurchlässigkeit. Kanten von Außenbauteilen mit gleichartigem Aufbau sind nach DIN 4108 nicht als Wärmebrücken zu behandeln. Für übliche Verbindungsmittel in Bauteilen wie z.B. Nägel, Schrauben, Drahtanker sowie für Mörtelfugen von Mauerwerk braucht kein Nachweis geführt zu werden. Der wirkliche Einfluß von Drahtankern liegt bei 2%. Bei Anwendung der Wärmeschutzverordnung werden für kleinflächige Bauteile, also auch für Wärmebrücken, die k-Werte der umgebenden Flächen angesetzt. Ebenso bleiben erhöhte Wärmeverluste durch Fensterlaibungen und Ecken unberücksichtigt. Zur Begrenzung der Wärmeverluste bei Undichtheiten wird in beiden Regelwerken nur pauschal darauf hingewiesen, daß Fugen in der wärmeübertragenden Umfassungsfläche des Gebäudes dauerhaft und entsprechend dem Stand der Technik luftundurchlässig abzudichten sind. In einem zukünftigen Beiblatt zu DIN 4108 sollen übliche und bewährte Abdichtmaßnahmen katalogmäßig dargestellt werden, ohne Grenzwerte für eine unzulässige Undichtheit zu fordern. In der DIN 4701 Teil 1 ist das Problem der

Verluste über Wärmebrücken wie folgt behandelt: „Der zusätzliche Wärmestrom durch eine Wärmebrücke infolge zweidimensionaler Wärmeströmung ist im Rahmen der Wärmebedarfsberechnung nur in Ausnahmefällen zu berücksichtigen. Dieses gilt sowohl für geometrisch bedingte Wärmebrücken mit erhöhtem Wärmestrom, z. B. in Raumecken oder an Fensterlaibungen, als auch für Wärmebrücken, die durch den Einbau von Trägern oder Bewehrungen in Wänden entstehen. Derartige Wärmebrücken sind nach DIN 4108 Teil 2 so zu dämmen, daß an der inneren Oberfläche keine wesentlich niedrigeren Temperaturen auftreten als an der ungestörten Wandfläche. Damit erübrigt sich im Rahmen der sonstigen Genauigkeit der Wärmebedarfsberechnung die Bestimmung der zusätzlichen Wärmeströme durch Wärmebrücken."

3. Berechnungsverfahren

Für ein Bauteil, das aus mehreren nebeneinanderliegenden Bereichen mit verschiedenen Wärmedurchgangskoeffizienten besteht, kann unter vereinfachter Annahme eindimensionaler Wärmeströme der mittlere k-Wert nach DIN 4108 Teil 5 berechnet werden. Dieses Verfahren liefert aber nur eine ausreichende Genauigkeit, wenn sich die Wärmeleitfähigkeiten nebeneinanderliegender Schichten um nicht mehr als den Faktor 5 wie z. B. bei wärmegedämmten Holzrahmenkonstruktionen unterscheiden.

Ein gegenüber der DIN erweitertes Anwendungsgebiet liefert die im Entwurf fertige Europäische Norm „Bauteile und Bauelemente – Berechnung des Wärmedurchgangskoeffizienten" (CEN/TC89 N 160). In dieser Norm werden auch regelmäßig vorkommende Wärmebrücken wie Wandverankerungen und mechanische Befestigungen durch pauschalierte Zuschlagswerte auf den Wärmedurchgangskoeffizienten berücksichtigt.

Baulich bedingte Wärmebrücken wie Kanten, Ecken, Deckenauflager, Balkonplatten u. ä. lassen sich nur mit Hilfe von Computerverfahren genau berechnen. Für die numerische Lösung der Fourierschen Wärmeleitungsgleichung im Falle mehrdimensionaler Wärmestromfelder gibt es als spezielle Lösungsverfahren die Finite-Elemente-Methode und die Finite-Differenzen-Methode. Bei Vorgabe der Geometrie der Bau- und Gebäudeteile, deren Wärmeleitfähig-

keit, der Innen- und Außentemperatur sowie der Wärmeübergangskoeffizienten ergibt die Lösung die räumliche Temperatur- und Wärmestromverteilung. Auf dem Softwaremarkt werden heute zahlreiche zwei- und dreidimensionale Rechenprogramme angeboten. Mit Hilfe des europäischen Normenentwurfs „Wärmebrücken-Berechnung der Oberflächentemperaturen und Wärmeströme" (Dok. CEN/TC 89 N 126) lassen sich dann durch vorgegebene Kriterien und Wärmebrückenbeispiele die Programme testen und in die Klasse entsprechender Genauigkeit einstufen. In der Praxis wird man jedoch nur bei besonderer klimatischer Beanspruchung, ausgefallenen Konstruktionen oder bei der Beurteilung von Baumängeln auf numerische Berechnungen von Wärmebrücken zurückgreifen. Das genaueste und direkte Verfahren ist, das gesamte Gebäude als eine Einheit zu betrachten und vollständig geometrisch und thermisch zu beschreiben. Dieser sehr aufwendige Weg wird durch eine Zerlegung des Bauwerks in ungestörte Flächen und Wärmebrücken vermieden. Die Wärmeströme durch die Einzelflächen und die verschiedenen Wärmebrücken werden ermittelt und zum Gesamtwärmestrom addiert. Für den Gebäudeentwurf und die energetische Beurteilung der Gebäudehülle ist dabei die Anwendung von Wärmebrückenkatalogen ein einfaches Hilfsmittel mit hinreichender Genauigkeit [1] [2]. Die infolge von Wärmebrücken zusätzlich auftretenden Transmissionswärmeverluste werden meist gekennzeichnet durch die Verwendung von Thermen, die die Wärmebrückenverluste bei linienförmigen Wärmebrücken pro laufendem Meter und bei punktförmigen je Wärmebrücke, bezogen auf 1 K Temperaturdifferenz angeben.

Die Bestimmung des Heizwärmebedarfs von Gebäuden erfolgte im hier vorliegenden Fall nach dem aus CEN/TC89/WG4 und ISO 9972 abgeleiteten Entwurf zu einem Beiblatt von DIN 4108 „Berechnung des Jahresheizwärmebedarfs von Gebäuden". Für die Berechnung der Heizkosten wurde der derzeitige mittlere Ölpreis angesetzt.

4. Beurteilung von Wärmebrücken

4.1 Bauteile

Bei der konstruktiven Trennung von wärmedämmenden und statischen Aufgaben in der Außenwand werden in jedem Fall Dämmstoff-

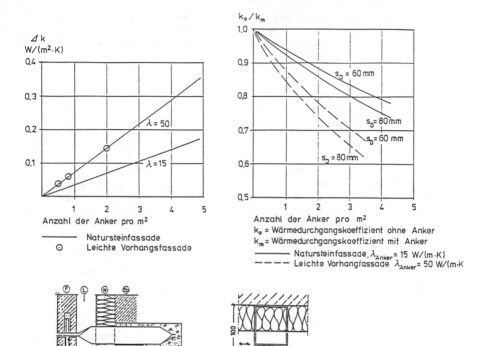

Abb. 1 Hinterlüftete Natursteinfassade und leichte Vorhangfassade; Erhöhung des Wärmedurchgangskoeffizienten der Wand in Abhängigkeit von der Ankerzahl und dem Ankerwerkstoff

schichten von Tragankern durchdrungen oder im Randverbund thermisch kurzgeschlossen.

Edelstahlanker bei Natursteinfassaden und vorgehängten Leichtfassaden (Abb. 1) wirken sich unabhängig von der Dämmstoffdicke als lineare Funktion der Erhöhung des Wärmedurchgangskoeffizienten von der Ankeranzahl aus. Die Erhöhung des k-Wertes für den ungestörten Bereich beträgt bei praxisgerechter Anzahl von Befestigungsmitteln bis zu 25%. Abb. 2 zeigt die Bandbreite des Einflusses von Verbindungsankern bei Betonfertigteilwänden, die sich auch auf Wärmedämm-Verbundsysteme anwenden läßt.

Besonders extrem ist die Wirkung von Wärmebrücken bei Auskleidungen von Metallfassaden. Die meist der Wärmebedarfsberechnung zugrunde gelegten k-Werte des ungestörten Bereichs werden bis zum 4-fachen in der ausgeführten Konstruktion überschritten (Abb. 3). Sogar die Auswirkung von Feuchtigkeitssperren aus Metallfolien an der Stirnseite von Paneelen auf den Wärmeschutz des Paneels stellt sich als so erheblich heraus, daß selbst wärmeschutztechnisch gute Lösungen zunichte gemacht werden, während die ungünstigeren Konstruktionen noch energiedurchlässiger werden.

4.2 Räume und Gebäude

Der absolute Wärmestrom durch Wärmebrücken bleibt bei monolithischen Bauweisen für verschiedene Wanddicken und bei innengedämmten Konstruktionen bei zunehmenden Dämmstoffdicken nahezu konstant. Damit erhöht sich jedoch mit zunehmender Verbesse-

48

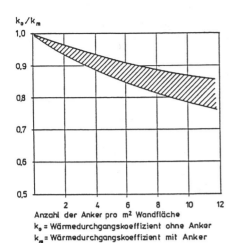

k_e / k_m

Anzahl der Anker pro m² Wandfläche
k_e = Wärmedurchgangskoeffizient ohne Anker
k_m = Wärmedurchgangskoeffizient mit Anker

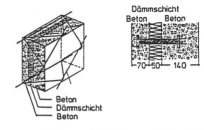

Dämmschicht
Beton   Beton

Beton
Dämmschicht
Beton

Abb. 2 Einfluß von Drahtankern auf den Wärmedurchgangskoeffizienten von dreischaligen, nicht hinterlüfteten Wänden. Ankerdurchmesser 5 bis 8 mm

Paneelaufbau	k-Wert W/(m²K)	Bemerkungen
	0.57	k_{max} DIN 4108
Alu / 92 MF / Alu / 25	0.40	Angabe des Herstellers
	1.17	F.D.Rechnung
	1.90	F.D.Rechnung und Messung
	1.80	mit 80µm Alu-Kantenband
	1.65	F.D.Rechnung mit 50µm Alu-Kantenband
Alu / 90 MF / Glas / 70	0.50	Angabe des Herstellers
	0.77	Messung 80µm Alu-Kantenband
	0.53	Messung mit PVC-Band
	0.53	Messung ohne Band
Faserzement / 60 PUR / Faserzement	0.48	Angabe des Herstellers
	0.89	F.D.Rechnung mit 50µm Kantenband
	0.48	Rechnung
Alu / 50 MF / Alu	0.70	Angabe des Herstellers
	1.99	F.D.Rechnung und Messung
	2.02	mit 80µm Alu-Kantenband
	1.20	F.D.Rechnung ohne Kantenband

Abb. 3 Effektiver Wärmedurchgangskoeffizient von Paneelen in Leichtfassaden

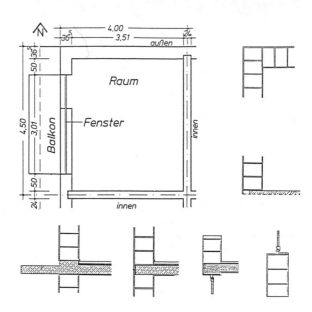

Berechnungsart	Wärmestrom	Transmissionswärmebedarf	Heizkosten
	W/K	kWh/a	DM/a
25,5 m² Außenfläche			
- ohne Wärmebrücken	27,4	2292	183
- mit Balkonplatte	29,2	2442	195
20,7 m² Innenfläche			
- alle Wärmebrücken	30,6	2570	206
- kein Balkon	28,5	2394	192

Abb. 4 Eckraum in einschaliger Mauerwerkskonstruktion und prozentualer Einfluß der Wärmebrücken auf die Transmissionswärmeverluste

rung des Wärmeschutzes in der Gebäudehülle der prozentuale Einfluß der Wärmebrücke. Bei außenseitig gedämmten Konstruktionen verkleinert sich der absolute Wärmebrückenverlust mit zunehmender Dämmstoffdicke, so daß in diesem Fall die prozentuale Verschlechterung nahezu konstant bleibt. Am Beispiel eines Eckraumes (Abb. 4) soll der Unterschied zwischen der konventionellen Berechnung der Transmissionswärmeverluste ohne Berücksichtigung der Wärmebrücken und der Berechnung mit Berücksichtigung der gebäudebedingten Wärmebrücken aufgezeigt werden. Da sich die pro laufenden Meter angegebenen Wärmebrückenverluste im verwendeten Wärmebrückenkatalog auf die Innenansichten beziehen, muß in diesem Fall auch für alle Außenbauteile die

innere Oberfläche für die Berechnung der Wärmeverluste in den ungestörten Bereichen angesetzt werden. Demgegenüber steht der konventionelle Ansatz mit Bezug der Wärmeverluste auf die Gebäudeaußenfläche. Die Außenwände bestehen aus 36,5 cm dickem Ziegel-Mauerwerk mit k = 0,72 W/(m² · K). Vor dem Fenster mit Fenstertür ist wahlweise ein Balkon angebracht. Die Balkonplatte wird als durchbetoniert oder durch eine Leichtbetonschicht unterbrochen angenommen. Die Innenwände bestehen aus 24 cm dicken Kalksandsteinwänden. Die Fenster sind in der Mitte der Wanddicke angebracht. Die Betondecke ist an der Stirnseite mit 2 cm EPS-Hartschaum gedämmt. Die Geschoßhöhe beträgt 3,0 m, die lichte Raumhöhe 2,75 m.

Die Angaben für Wärmestrom, jährlichen Transmissionswärmebedarf und jährliche Heizkosten sind auf folgende Art berechnet worden:

– Bezug auf die Gebäudeaußenfläche ohne Berücksichtigung von Wärmebrücken (konventioneller Ansatz)
– Bezug auf die Gebäudeaußenfläche und Berücksichtigung der Betonplatte als Wärmebrücke, wobei der für innen angegebene Wärmebrückenverlustwert auf Außenflächenbezug umgerechnet wurde
– Bezug auf die Rauminnenfläche und Berücksichtigung aller Wärmebrücken
– Bezug auf die Rauminnenflächen und Berücksichtigung aller Wärmebrücken und der Annahme, daß kein Balkon vorhanden ist.

Berechnungsart		Transmissionswärmebedarf Q_T und Heizkosten bei Dämmschichtdicke		
		2 cm	4 cm	6 cm
mit Außenfläche	kWh/a	1048	857	736
ohne WB	DM/a	84	69	59
mit Innenfläche	kWh/a	1352	1193	1098
und WB	DM/a	108	95	88
Mehrkosten	DM/a	24	26	29
Mehrkosten	%	29	38	49
Transmissionswärmeverlust	W/K	12,1	9,8	8,6
Wärmebrückenverlust	W/K	4,0	4,4	4,5

Die Ergebnisse zeigen, daß bei monolithischer Bauweise für das als ungünstig gewählte Beispiel die Wärmebrücken jährliche Mehrkosten für die Heizung in Höhe von DM 23 oder 12% verursachen. Wird der Wohnraum ohne Balkon ausgeführt, reduzieren sich die Mehrkosten auf lediglich 5%. Die Wärmebrückeneinflüsse bei Außendämmung liegen etwa in der gleichen Größenordnung. Wird die Balkonplatte auf der Deckenunterseite mit einem Dämmstoffstreifen zur Einhaltung der Mindestanforderungen nach DIN 4108 gedämmt, werden zwar die kritischen inneren Ecktemperaturen angehoben, aber die Wärmeverluste über die Balkonplatte bleiben praktisch unverändert.

Den weitaus höheren Einfluß von Wärmebrücken bei innengedämmten Wänden zeigt das Beispiel in Abb. 5. Die Dicken der Dämmschicht (Wärmeleitfähigkeitsgruppe 040) betragen 2,4 und 6 cm. Berücksichtigt werden zwei in die Außenwand einbindende Zwischenwände, die Geschoßdecken und die Fensterlaibungen. Im Vergleich mit den Transmissionswärmeverlusten durch die ebene Außenwand steigen mit zunehmender Dämmstoffdicke die Wärmebrückenverluste und damit die Mehrkosten für Heizung bis auf einen Anteil von 50%. Absolut gesehen halten sich die jährlichen finanziellen Mehraufwendungen für den betrachteten Raum noch in einem bescheidenen Rahmen. Das nächste Beispiel zeigt den Vergleich für die Berechnung des Heizenergiebedarfs eines zweigeschossigen Mehrfamilienhauses (Abb. 6). Der Wärmedurchgangskoeffizient des einschaligen 36,5 cm dicken Mauerwerks beträgt k = 0,51 W/(m² · K). Der berechnete jährliche Heizwärmebedarf ist bei Berücksichtigung der

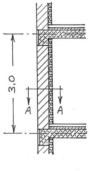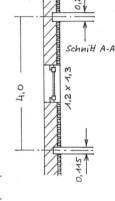

Abb. 5   Raum mit Innendämmung; 30 cm Außenwand (λ = 0,56 W/m · K), Dämmstoffdicke 2,4 und 6 cm

Wärmebrücken durch Außenkanten, Trennwände, Deckenauflager und Fensterlaibungen um 9,8% größer als die Berechnung unter Vernachlässigung aller Wärmebrücken, aber mit Anrechnung der äußeren Gebäudefläche. Zieht man nur die zusätzlichen Wärmeverluste durch eine ungedämmte durchbetonierte Balkonplatte in Betracht, so erhöhen sich die jährlichen Heizkosten für das gesamte Gebäude um lediglich DM 182. Wenn in die Decke eingelegte Dämmstoffstreifen im Sinne des Mindestwärmeschutzes nach DIN 4108 als normgerecht angesehen werden, sollte man sich bei Beanstandungen jedoch darüber im klaren sein, daß bei nicht vorhandener Dämmung die Wärmeverluste über die Balkonplatte fast unverändert

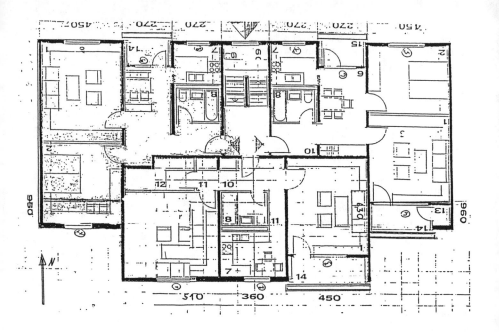

Berechnungsart		Heizwärmebedarf und Heizkosten
mit Außenfläche ohne Wärmebrücken		
Heizwärmebedarf	kWh/a	50 500
Heizkosten	DM/a	4 040
mit Außenfläche und Balkonplatten als Wärmebrücke		
zusätzlicher Transmissionswärmebedarf	kWh/a	2270
zusätzliche Heizkosten	DM/a	182

Abb. 6 Mehrfamilienhaus Heizenergiebedarf ohne und mit Berücksichtigung von Wärmebrücken

bleiben und aus energetischer Sicht keine zusätzlichen Heizkosten reklamiert werden können.

4.3 Konvektive Wärmebrücken

Die Verschlechterung der Wärmedämmung aufgrund von Strömungsverlusten ist in Abb. 7 dargestellt. Durch die 1 mm breite Fuge zwischen zwei Dämmstofflagen wird die Dämmwirkung bereits durch sehr kleine Undichtheiten stark vermindert und stellt damit jede weitere thermische Verbesserung der Konstruktion durch größere Dämmstoffschichtdicken in Frage. Versuche an ausgebauten Dachgeschossen mit Zwischensparrendämmung haben gezeigt, daß bei üblicher Abdichtung Volumenstromdichten um 10 m³/(hm²) auftreten können, welche die Transmissionswärmeverluste um ein Vielfaches überschreiten. Zur Vermeidung hoher Lüftungswärmeverluste und Tauwasserschäden durch Wasserdampfkonvektion ist die Abdichtung von Elementfugen, Bauteilanschlüssen und Durchdringungen in den Außenbauteilen sorgfältig zu planen und auszuführen. Vielfach werden die Auswirkungen von Leckagen unterschätzt oder fahrlässig mißachtet. Zur Vermeidung meist kostspieliger Nachbesserungen bei Mängelbeanstandungen kann eine Baustellenüberwachung beitragen. Für die Messung der Luftdichtheit von Gebäuden steht heute bereits ein ISO-Normverfahren zur Verfügung [3].

Voraussetzung für eine ordnungsgemäße Ausführung von Abdichtungsarbeiten ist jedoch die detaillierte zeichnerische Darstellung. In diesem Sinne sollen im Rahmen der Anpassung von DIN 4108 an erhöhte Energiesparmaßnahmen typische Lösungen in einem Katalog dem Anwender zur Verfügung gestellt werden.

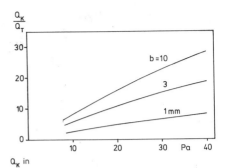

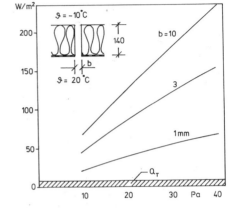

Abb. 7 Wärmeverluste durch Luftströmung (Q_K) und Verhältnis des Wärmetransports durch Luftströmung zum Wärmetransport durch Transmission (Q_T) [Versuchsergebnisse IBP]

Zusammenfassung

Konstruktionsbedingte Wärmebrücken in Bauteilen können einen erheblichen Einfluß auf die Energiedurchlässigkeit von Bauteilen haben und müssen in Zukunft besser berücksichtigt werden. Zur vereinfachten Anwendung durch den Planer und zur Vermeidung aufwendiger Berechnungsverfahren können die Wärmebrückeneinflüsse durch einen additiven oder prozentualen Zuschlag $\triangle k$ auf den Wärmedurchgangskoeffizienten k berücksichtigt werden. Dieses Verfahren wird in der harmonisierten europäischen Normung Anwendung finden.

Gebäudeabhängige geometrische oder materialbedingte Wärmebrücken werden bei kompakten und in der Fassade weniger gegliederten Bauwerken in monolithischer oder außengedämmter Konstruktion dadurch weitgehend ausgeglichen, daß die äußeren Gebäudeflächen und die bei der Ermittlung des Heizwärmebedarfs nicht berücksichtigten solaren Wärmegewinne in der nichttransparenten Gebäudehülle angerechnet werden. In manchen Fällen, insbesondere bei innengedämmten Häusern, können bei der Berechnung des Jahresheizwärmebedarfs die Wärmeverluste von Wärmebrücken im Vergleich zu den übrigen Wärmeverlusten nicht vernachlässigt werden. Besonders auffällige Wärmebrücken sind z. B.

auskragende Balkonplatten, Decken/Wand-Einbindungen ohne flächendeckende Außendämmung, Metallkonstruktionen oder Betonpfeiler in Außenbauteilen.

Auf die Dichtheit der Gebäudehülle ist größte Sorgfalt zu legen, da durch Luftströmungen Wärmeverluste entstehen können, die um ein Vielfaches über den Transmissionswärmeverlusten liegen können.

Literatur

[1] Mainka/Paschen: Wärmebrückenkatalog. B. G. Teubner Verlag, Stuttgart

[2] Hauser/Stiegel: Wärmebrückenatlas. Bauverlag

[3] ISO/DIS 9972: „Thermal insulation – Determination of building airtightness – Fan pressurization method."

Natürliche Lüftung in Wohnungen

Prof. Dipl.-Ing. Heinrich Trümper, Universität Dortmund

Ein Mensch benötigt zur Aufrechterhaltung seiner Körperkreislauffunktion im Ruhezustand eine Atemluftmenge von 500 ltr./h = 0,5 m³/h = 600 g/h in der Qualität der Außenluft.

Bei körperlicher Schwerstarbeit kann der Bedarf bis auf rund 3,0 m³/h ansteigen.

Der in der Außenluft bekannteste Schadstoff „CO$_2$" hat heute je nach Standort eine Größenordnung von 0,02 bis 0,04 Volumenprozent und sollte im Aufenthaltsbereich des Menschen 0,1 bis 0,15 % nicht überschreiten. Durch den körperlichen Grundumsatz des Menschen werden rund 4 % der Atemluft als CO$_2$ an die Umgebung, z. B. an den Aufenthaltsraum abgegeben, und sofern dem Raum nicht durch Luftaustausch Außenluft zugeführt wird, kann es zu einer laufenden Erhöhung des CO$_2$-Wertes kommen.

Aus der Differenz zwischen dem CO$_2$-Außenluftanteil und dem zugehörigen Wert der Raumluft sowie der CO$_2$-Abgabe des Menschen läßt sich ein stündlicher Außenluftwert von rund 20 m³/Person + h berechnen.

Dieser Bedarfswert geht auf den Hygieniker Pettenkover zurück, der um die Jahrhundertwende wirkte und dieser Wert ist auch heute noch gültige Regel.

Eine Gesundheitsgefährdung des Menschen ist erst bei einer CO$_2$-Konzentration von rund 4,0 Volumenprozente der Atemluft zu erwarten und derartig extreme Werte werden z. B. in Taucherglocken, Unterseebooten oder als Rechenansatz für Katastrophenschutzräume für einen zeitlich beschränkten Aufenthalt in Ansatz gebracht.

Ein Mensch benötigt rund 2 kg Wasser/Tag und für Wasser gilt der Satz:

„Wasser ist wichtigstes Lebensmittel und kann durch nichts ersetzt werden."

Ein Mensch benötigt rund 15 kg Atemluft/Tag und für die Qualitätserhaltung der Luft wird nicht annähernd soviel Aufwand getrieben wie für das Trinkwasser.

Ein Auto benötigt im Dauerbetrieb rund den 300fachen Wert der Atemluftmenge des Menschen für den Verbrennungsablauf im Motor.

Aus Erhaltungsgründen wird die benötigte Außenluft für den Automotor jedoch gefiltert, um Partikelverunreinigungen fernzuhalten.

Die Atemluft des Menschen dagegen wird im Normalfall nicht gefiltert.

In unseren Aufenthaltsräumen, insbesondere den Wohnungen, sind in den letzten Jahren Baustoffe und andere Materialien zum Einsatz gekommen, die vielfach aus anorganischen Prozessen entstanden sind und die Raumluft, und damit auch die Atemluft des Menschen, insbesondere durch die Alterungsprozesse, nicht unerheblich belasten können.

Es gibt zwar für Arbeitsplätze nach der Gewerbeordnung die sog. „MAK-Werte" = Materialkonzentrationswerte am Arbeitsplatz, aber leider gibt es keine Werte für die Wohnungen, dem häufigsten Aufenthaltsort der Menschen außerhalb des Arbeitsplatzes.

Den Architekten und Planern ist die Landesbauordnung (LBO) vielfach die ausreichendste oder mindeste Grundlage für die Raumlüftung, und dort wurde bis zur kürzlichen Novellierung ausgesagt:

„Für Wohnungsgrundrisse muß eine Querlüftung nachgewiesen werden."

Nach der Novellierung braucht nur noch eine Durchlüftung möglich sein. Über die Größenordnung der Luftdurchströmung wurde und wird bisher keine Aussage gemacht.

Eine Ausnahme galt und gilt für die fensterlosen Innenbäder und Aborte mit den Forderungen nach einer zusätzlichen Lüftung in Form der Schachtlüftung und dazu wird in den Bauordnungen der Hinweis auf die DIN 18017 gegeben, die aufgrund der bekannten zeitweiligen eingeschränkten Funktion der Schachtlüftung Möglichkeiten der natürlichen Lüftung mit evtl. Ventilatorunterstützung aufgenommen hat.

Der Mensch lebt aber nicht nur von Luft, sondern er erwartet in seinem Aufenthaltsbereich der Wohnung eine ausreichende Luft- und Strahlungstemperatur der Umgebungsflächen sowie einen angenehmen Feuchtebereich der Raumluft, üblicherweise als relative Luftfeuchte bezeichnet.

Abb. 1 zeigt das sog. h-x-Diagramm einer Darstellung über die Temperatur-Feuchte-Wichte- und Enthalpiewerte der Luft.

Leider ist dieses Diagramm weitgehendst nur den Klima- und Lüftungsingenieuren und vielleicht noch den Bauphysikern bekannt und allzuwenig den Architekten und Planern.

Eine kurze Einführung sollte daher den Planern von Nutzen sein können.

Die linke vertikale Skala gibt die Lufttemperaturen von −10°C bis +34°C wieder und die Bezugslinien in das Diagrammbild hinein verlaufen annähernd waagerecht.

Die zweite linke Skala mit den Werten von 1,34 bis 1,16 am Ende der leicht nach rechts ins Diagramm geneigten Linien sind Dichtewerte der Luft in kg/m³.

Am oberen Ende der Bilddarstellung gibt die äußerste waagerechte Skala die Wasserdampfteildrücke in (mbar) an, und zwar 0 bis 35 mbar für den dargestellten Ausschnitt.

Die zweite waagerechte Skala gibt die absoluten Feuchtewerte der Luft in (g/kg) trockener Luft wieder. Für den dargestellten Bereich 0–22 g/kg.

Die Begrenzungskurve des Diagramms, die sog. „Sättigungskurve" der Luft, ist auch mit 100% bezeichnet, d.h. alle auf dieser Kurve liegenden Luftwerte haben 100% relative Feuchte.

Die aus der Sättigungskurve austretenden Linien mit den Skalenwerten geben die Enthalpie oder Wärmeinhaltswerte in $\left(\frac{kJ}{kg}\right)$ trockener Luft wieder und für den Ausschnitt angegeben von 0 bis 75 kJ/kg.

Die im Diagrammbild verlaufenden Kurvenzüge analog der Sättigungskurve sind die relativen Feuchtekurven von 10 bis 90%.

Zu den zusätzlichen Eintragungen ins Diagramm und den Beschriftungen sei folgende Erläuterung gegeben:

Das im Mittelbereich stark umrandete verschobene Rechteck umgrenzt den Wertebereich, der nach der Erfahrung als Behaglichkeitsbereich für die Temperaturen und Feuchten entsprechend dem Jahreskreislauf der Vierjahreszeiten gilt.

Der Temperaturbereich ist mit +26°C im Sommer begrenzt und für den Winter sollen +18°C nicht unterschritten werden.

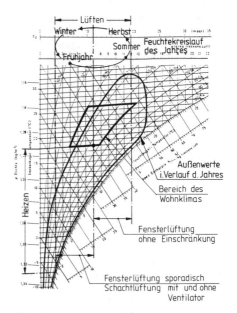

Abb. 1

Die relative Feuchte des Winterbereiches sollte 30% nicht unterschreiten und im Sommer wird eine Begrenzung bei 60% angesetzt.

Die absolute Feuchte im Winter ergibt sich nach dem Behaglichkeitsfeld zu 4 g/kg im Sommer mit max. 13 g/kg.

Das stark umrandete Kurvenbild ähnlich einer Niere stellt die Umgrenzung der Feuchten und der Temperaturen dar, die in unserem Lande im Jahresverlauf bei der Außenluft zu erwarten sind.

Zu den schriftlichen Hinweisen auf die natürliche Lüftung sei anzuführen, daß nach der Erfahrung um 10°C Außentemperatur ein Wechsel im Nutzerverhalten festzustellen ist. Von +10°C abwärts in den kühlen Bereich wird die Fensterlüftung sporadischer vorgenommen mit kürzeren Öffnungszeiten, also mehr eine Stoßlüftung.

In diesem Temperaturbereich zwischen +10°C und -10°C Außentemperatur funktionieren jedoch die Schachtlüftungen mit natürlichem Auftrieb bestens, sofern durch ausreichende Undichtigkeiten bei den Fensterkonstruktionen bzw. sonstigen Durchlässen in der Gebäudehülle Außenluft nachströmen kann.

Von +10 °C aufwärts dagegen erfolgt zunehmend eine Fensterlüftung ohne Einschränkung und die natürliche Schachtlüftung geht in den Auftrieb-Funktionen zurück, evtl. sogar in die Umkehrung, wenn die Außentemperaturen die Raumlufttemperaturen überschreiten.

Abb. 2 zeigt den Grundriß einer Wohnung des sozialen Wohnungsbaues der 50er Jahre, der noch aus den Erfahrungen Ende der 20er Jahre stammt, und hervorzuheben sind Bad mit WC sowie die Küche an der Außenwand liegend.

In der ersten Aufbauphase nach 1945 war die Einzelofenheizung mit festen Brennstoffen in den Wohnungen vorherrschend. Die eingetragenen Pfeile und Strichzüge durch die Wohnung geben die nach Windrichtung zu erwartende natürliche Durchlüftung der einzelnen Räume der Wohnung an.

Daß das Treppenhaus bei einer mehrgeschossigen Wohnanlage sich an der natürlichen Lüftung beteiligt, ist hinreichend bekannt, wenn auch vielfach als unangenehm empfunden.

Abb. 3 zeigt einen Schemaschnitt durch den Grundriß nach Abb. 2.

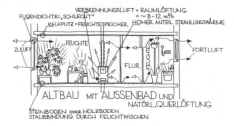

Abb. 3

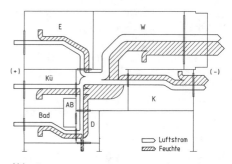

Abb. 4

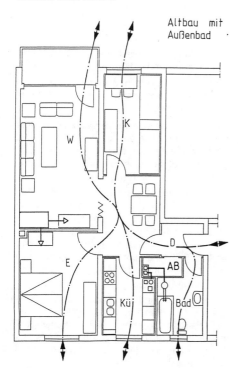

Abb. 2

Die aktive Unterstützung mit Einzelöfen mit Feuerung und der Bedarf an Verbrennungsluft für die natürliche Wohnungslüftung sollte herausgestellt werden, zumal damit Feuchteanfall und Schadstoffe vielfach am Entstehungsort abgeführt wurden und angrenzende Räume weniger belasten.

Die Bauausführung mit feuchtespeicherndem Wand- und Deckenputz ließ kaum eine Raumüberfeuchtung mit entsprechenden Folgeschäden zu. Gegenüber den späteren Teppichböden war der Holz- oder Steinbelag der Fußböden weniger staubbelastend und mind. nicht unhygienischer.

Die wenig behaglichen Zustände im Außenbad im kalten Jahresbereich sollten nicht unerwähnt bleiben, zumal die Raumheizung durch die Wärmeabgabe des Badeofens bzw. der sporadische Einsatz eines Elektrostrahlers unbefriedigend waren.

Mit Abb. 4 wird zum Grundriß Abb. 2 der bei ungünstiger Windanströmung auf die Küchen- und Badfenster zu erwartende Luft- und Feuchtestrom durch die Wohnung dargestellt.

Daß im dargestellten Falle der Wohnraum und das Kinderzimmer mit Feuchte- und Schadstoffen aus Küche und Bad hinreichend unangenehm belastet werden konnten, dürfte der Abb. 4 gut zu entnehmen sein.

Nach der Regel galt daher für erfahrene Architekten und Planer, daß man Küche und Bad bei Außenwandlage an die Hausseite legte, wo nach der Erfahrung mit der geringsten Häufigkeit der Windanströmung zu rechnen war.

Abb. 5 zeigt den Grundriß einer Wohnung des Sozialen Wohnungsbaues der Neuzeit mit Innenlage von Bad und WC sowie einer im Kern der Wohnung angeordneten Küche mit an der Außenwand vorgelagertem Eßplatz.

Die Raumerwärmung erfolgte über Einzelradiatoren einer zentral versorgten Warmwasserheizungsanlage. Die Räume Bad und WC haben mindestens eine Schachtentlüftung entsprechend der Auflage der LBO.

Ein erfahrener Planer ordnet auch in der Küche in der Kernlage eine Entlüftung an, obwohl eine Forderung nach der LBO nicht besteht, jedoch erfahrungsgemäß in dieser Kernlage ein Wärme- und Schadstoffstau zu erwarten ist.

Bei funktionierender Schachtlüftung und nachströmender Außenluft dürfte ein befriedigender Betrieb für die Räume dieser Wohnung zu erwarten sein.

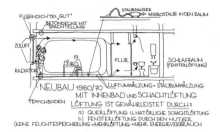

Abb. 6

Abb. 6 zeigt analog zu Abb. 3 den Schemaschnitt, jedoch zum Grundriß Abb. 5.

Der Bodenbelag aus Faserteppichen ist normalerweise gut staubspeichernd und die Luftwälzung, die durch den Heizkörper angeregt wird, stellt bei ungenügender Teppichreinigung eine ausgezeichnete Staubumwälzung dar.

Selbst der Staubsauger unterstützt die Staubumwälzung, denn mit der vom Staubsauger ausgehenden Trägerluft, in den Raum hinein, gelangt der Mikrostaub, der sich vorwiegend in der Schwebe aufhält, wieder in den Raum.

Zentralstaubsauger oder dezentrale Staubsauger mit längeren Schläuchen und einem Trägerluftauslaß durch die Außenwand oder auf dem Balkon wären die geeignete Abhilfe, denn selbst die von vielen Staubsaugerherstellern herausgestellten Filtertüten sind keine gute Staubfilterung, und eine gute Staubfilterung benötigt einen erheblichen Energieaufwand für den Staubsauger.

Moderne Bauausführungen mit Betondecken und Wänden, die kunststoffgespachtelt werden, vermeiden eine Feuchteaufnahme und damit eine Raumfeuchteregulierung.

Das Badezimmer ohne Fenster und die Innenraumlage garantieren nach der Erfahrung sehr gute thermische Behaglichkeit für den Nutzer.

Mit Abb. 7 wird vergleichbar zu Abb. 4 der Luft- und Feuchtestrom bei dem Grundriß der Neuzeit dargestellt. Von der Innenlage Bad und WC wird bei funktionierender Schachtlüftung kaum mehr eine Belastung in Richtung des Elternschlafraumes und des Kinderzimmers zu erwarten sein. Nur von der Küche her könnte mit einer evtl. Belastung bei stärkeren Windangriffen zu rechnen sein.

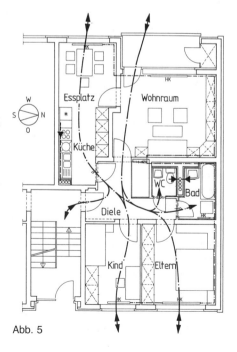

Abb. 5

Die Erfahrung hat gezeigt, daß es angebracht erscheint, die Schachtlüftung durch Einzelventilatoren mit Schaltung nach der Nutzung zu unterstützen. Auch ein derartiges System kann noch der natürlichen Lüftung zugerechnet werden, und man sollte möglichst dafür Sorge tragen, daß bei Stillstand der Ventilatoren eine Grundlüftung durch natürlichen Auftrieb möglich bleibt.

Je nach Ventilatorqualität, verschmutzten Filtern und der Laufzeit muß mit entsprechendem Stromverbrauch und entsprechenden Kosten zum Normalhaushaltstarif gerechnet werden.

Mit der Wärmeschutzverordnung 1984 wurde die bisherige beschriebene **„natürliche Lüftung"** arg gestört. Die Forderung nach einer Fensterfugendichtung, mit noch für die natürliche Lüftung vertretbarer Größenordnung, wurde vom Wettbewerb der Produzenten in einen nicht mehr durchlässigen Bereich getrieben. Die Medien taten in dem genannten Zeitraum mit der Empfehlung nach Reduzierung der Fensterlüftung zur Heizenergieeinsparung ein weiteres dazu und die Misere war da.

Feuchteschäden, Schimmelpilzbildung und mangelnde Verbrennungsluftzufuhr für Einzelfeuerstätten sind aus dem Zeitraum nach 1984 hinreichend bekannt.

Mit Abb. 8 wird der Grundriß Abb. 5 nochmals gezeigt, jedoch wurde zu dem Bad und WC in der Innenlage die ausschließliche Entlüftung nach Grundriß Abb. 5 geändert, indem diesen beiden genannten Räumen über einen Zuluftschacht Zuluft direkt zugeführt wird.

Dieses System wurde bereits in den 50er Jahren in den DIN 18017, Blatt 1, als „Kölner Lüftung" eingeführt, aber in den 70er Jahren wieder herausgenommen.

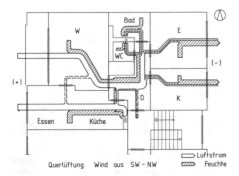

Querlüftung Wind aus SW – NW

⟹ Luftstrom ⟹ Feuchte

Abb. 7

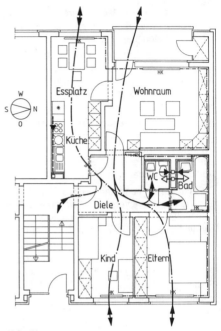

Abb. 8

Anlaß zu dieser Änderung waren die Zuluft-Zugbelästigungen, insbesondere im Winterzeitraum, die dann den Nutzer veranlaßten, die Zuluftöffnung gewaltsam zu schließen. Nicht selten kam es auch durch das Einströmen der nicht vorgeheizten Kaltluft zum Einfrieren von Wasserleitungen.

Als Ersatz für die fehlende Zulufteinrichtung wurde dann in der DIN 18017 die ausschließliche Entlüftung als „Berliner Lüftung" aufgenommen und die nachströmende Zuluft erwartete man über das unverschließbare Gitter in der Badezimmertür aus den angrenzenden Räumen der Wohnung.

Die „Berliner Lüftung" stellte, sofern sie funktionierte, eine gewisse Zwangslüftung der angrenzenden Räume dar, solange noch über die Gebäudehülle Außenluft nachströmen konnte.

Mit Abb. 9 wird das Schema der „Kölner Lüftung" nach DIN 18017, Blatt 1, in der alten Ausführung dargestellt.

Die Schachtlüftung arbeitet bekanntermaßen nach dem natürlichen Auftriebsprinzip aufgrund der Dichteunterschiede der Luft bei verschiedenen Temperaturen, und solange die Temperatur in dem zu entlüftenden Innenraum gegenüber der Außentemperatur höher liegt, kommt es zu diesem Auftrieb und die Zuluft aus dem unteren System kann in den Raum nachströmen. Damit ist für den Innenraum die ausreichende Durchlüftung gesichert und an den wenigen Tagen des Jahres, wo nach der Erfahrung aufgrund der höheren Außentemperatur die Auftriebskraft fehlt, kommt es dann zur Umkehr des Systems, aber diese Durchspülung bleibt dann weitgehendst auf den Innenlageraum, d.h. auf das Badezimmer oder auf den WC-Raum, beschränkt.

Bei der „Berliner Lüftung" dagegen wird bei der Umkehr des Systems die aus dem Schacht austretende Luft vermischt mit der Luft des Sanitärraumes in die Wohnung strömen. Da jedoch zum Zeitpunkt dieser umgekehrten Funktion die Witterungsverhältnisse eine totale Fensterlüftung zulassen, werden die Störungen in der Wohnung kaum oder nur wenig wahrgenommen.

Mit Einsprüchen bei der DIN-Abfassung im Zeitraum 1985 bis 1990 zur Wiedereinführung der „Kölner Lüftung" mit voll abgedichteter Badezimmertür gegenüber den angrenzenden

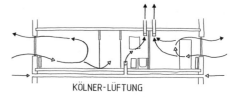

KÖLNER-LÜFTUNG

Abb. 10

Räumen konnte es erreicht werden, daß man auf die Dichtigkeit verzichtete und daß man weiterhin zugestand, daß der Zuluftschacht ggf. auch außerhalb des Innenraumes in einem Vorraum enden kann.

Abb. 10 zeigt einen Funktions-Schemaschnitt dieser „Kölner Lüftung" für ein Geschoß und dabei ist sehr gut zu erkennen, daß die angrenzenden Räume des innenliegenden Badezimmers an einer Durchlüftung nicht beteiligt sind, sondern hinsichtlich der Raumbe- und -entlüftung ein Eigenleben führen, d.h. diese Räume sind auf die Durchlüftung von der Fensteröffnung her angewiesen bzw. es erfolgt auch ein Austausch der Luft mit dem Treppenhaus, und der Austausch ist nach der Erfahrung nicht immer der angenehmste.

Abb. 11 zeigt den Grundriß Abb. 5 bzw. Abb. 8 mit dem Vorschlag einer Zuluftzufuhr über ein Schachtsystem, welches im Verkehrsbereich des Wohnungsgrundrisses der Diele der Wohnung endet.

Dieser Vorschlag kommt aus dem ehemaligen Lehrstuhlbereich des Autors dieses Beitrages und es war daher naheliegend, das System „Dortmunder Lüftung" zu nennen.

Nach der Pfeil-Darstellung ist sehr gut der mögliche Verlauf der Zuluftnachströmung aus dem Schacht zur Küche, zum WC und zum Bad über die Gitter der Türen zu den genannten Räumen zu erkennen. Diese Luftströmung kann als Zwangslüftung gesehen werden, sofern die Schachtlüftungen in den genannten Räumen funktionieren. Der Betrieb ist aber als sicher anzusehen, wenn, wie schon mal erwähnt, Abluftventilatoren zur Unterstützung eingebaut werden.

Die übrigen Räume, Wohnraum, Kinderzimmer und Elternschlafzimmer, können an dem Zuluftstrom der „Dortmunder Lüftung" teilhaben, wenn durch Fensterlüftung oder die Querlüftung entsprechende Druckverhältnisse anstehen.

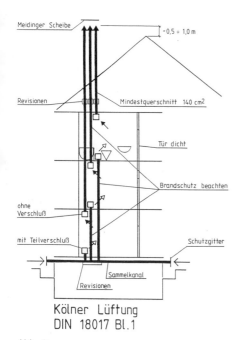

Kölner Lüftung
DIN 18017 Bl.1

Abb. 9

Es muß weiterhin als vorteilhaft herausgestellt werden, daß die in die Diele einströmende kalte Außenluft nach der Vermischung mit der dort anstehenden Raumluft in einem nur begangenen Bereich nicht mehr die Belästigungen durch Zugluft, wie schon beschrieben, darstellt, zumindest bewegen sich die Belästigungen nach der Erfahrung im vertretbaren Rahmen.

Mit Abb. 12 wird das Strangschema der „Dortmunder Lüftung" im Vergleich zu Abb. 9 der „Kölner Lüftung" dargestellt.

Bei der „Kölner Lüftung" war die Außenluftnachströmung nur am Fußpunkt des Gebäudes möglich, und eine derartige Außenluftentnahme wird für Lüftungsanlagen von Gebäuden heute weitgehendst aus Umweltbelastungsgründen durch den Verkehr abgelehnt.

Nach der DIN 1946 wird eine Entnahme mindest 3,00 m über Erdgleiche empfohlen.

Durch die Trennung der Schachtanordnungen bei der „Dortmunder Lüftung" kann, wie in Abb. 12 dargestellt, auch eine Ansaugung vom Dach her oder von der Außenwand im oberen Gebäudebereich erfolgen, und der untere Ansaugepunkt kann voll entfallen.

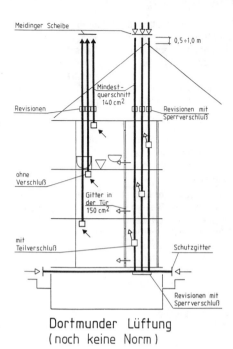

Dortmunder Lüftung
(noch keine Norm)

Abb. 12

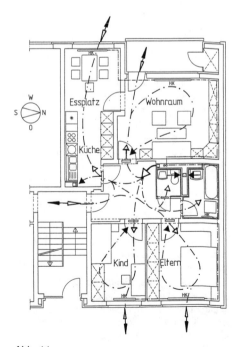

Abb. 11

Auch der Einströmpunkt in den Raum kann in der Höhe vom Boden bis zur Decke variiert werden, ohne daß es zu einem Kurzschluß mit den absaugenden Stellen kommt, was jedoch der Fall wäre bei der „Kölner Lüftung".

Das System der „Dortmunder Lüftung" wurde im Rahmen eines Forschungsauftrages durch den BM-Bau untersucht und dürfte nach den bisherigen Erfahrungen neben der Versorgung der Innenräume über Türgitter auch den übrigen Räumen der Wohnung eine ausreichende Nachströmung garantieren.

Mit Abb. 13 wird ein zu Abb. 10 vergleichbarer Funktions-Schemaschnitt gezeigt. Die zusätzliche Anordnung der Abluftventilatoren im Bad und in der Küche wurden zuvor schon erläutert. Aus diesem Schemaschnitt ist im Vergleich zu Abb. 10 gut ersichtlich, daß die nachströmende Luft im Verkehrsbereich der Wohnung auch die angrenzenden Wohn- und Schlafräume versorgen kann.

Zusammenfassend zu dem bisher behandelten Thema der natürlichen Lüftung einer Wohnung muß sehr eindeutig und ohne Einschränkung die Aussage gemacht werden, daß trotz aller erwähnten Schachtsysteme die Fensterfugenlüftung bzw. die Fensterstoßlüftung unverzichtbar bleibt.

Das System der „Dortmunder Lüftung" mit den Abb. 11 bis 13 bringt zwar einen annehmbaren Ausgleich oder Ersatz, jedoch kann auf die Fensterlüftung als natürliche Durchlüftung mit der Stoßlüftung, wenn auch in sporadischer Form, grundsätzlich nicht verzichtet werden. In der Forschung und Entwicklung ist in den letzten 20 Jahren für den Wohnungsbau, insbesondere in unseren angrenzenden Nachbarländern Frankreich, Dänemark und Schweden, die mechanische Lüftung mit Wärmerückgewinnung mit Wärmepumpeneinsatz Standard geworden, und dazu soll im folgenden in Anlehnung an die gezeigten Grundrisse geschildert werden, welche Möglichkeiten der Wohnungslüftung bestehen.

Mit Abb. 14 wird der schon bekannte Grundriß einer Altbauwohnung des sozialen Wohnungsbaus wie in Abb. 2 wiedergegeben.

Eingetragen ist das System einer mechanischen Belüftung der Wohn- und Schlafräume und einer entsprechenden mechanischen Entlüftung von Küche und Bad.

Alle Türen sind mit Durchströmgittern im unteren Bereich versehen. Es genügt aber auch, wenn ein entsprechender Türabstand vom Boden als Schlitz frei bleibt, damit eine Rückströmung aus den belüfteten Räumen zu den entlüfteten Räumen erfolgen kann.

Auch dieses System benötigt in extremen Verhältnissen des Wärmestaus oder der Schadstoffanreicherung die Fensterlüftung, denn mit diesem gezeigten System erfolgt nur eine Luftdurchspülung von ungefähr 0,3- bis 0,6fach pro Stunde, und damit kann nur der Luftersatz aus hygienischen Gründen erreicht werden.

Mit Abb. 15 wird ein Funktionsschnittschema dargestellt mit einem Zentralgerät mit Wärmerückgewinnung mittels eines Kreuzstromplattentauschers sowie einer weiteren Auskühlung der Abluft durch eine Kleinwärmepumpe und damit verbunden eine zusätzliche Erwärmung der Zuluft.

Eingezeichnet und bezeichnet mit EWT ist ein Erdwärmetauscher, über den im Winterbereich unter 0 °C die Außenluft von der Erdwärme her, besser gesagt von der Solarwärme, vorerwärmt werden kann bis in einen Bereich zwischen +3 °C und +5 °C.

DORTMUNDER - LÜFTUNG

Abb. 13

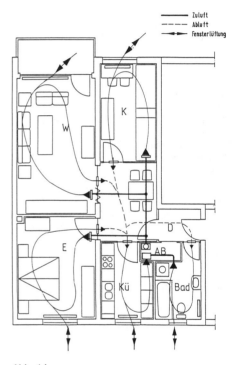

——— Zuluft
- - - - Abluft
◄—► Fensterlüftung

Abb. 14

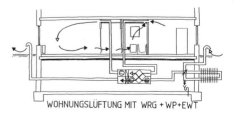

WOHNUNGSLÜFTUNG MIT WRG + WP+EWT

Abb. 15

Dieser Erdwärmetauscher wurde ebenfalls aus dem Lehrstuhlbereich des Autors in Vorschlag gebracht und ist heute bei einigen Einfamilienhäusern in Erprobung und wird zur Zeit auch begleitend durch einen Hygieniker untersucht.

Zu diesem Erdwärmetauscher muß noch angeführt werden, daß er auch mit gutem Erfolg in der Sommerzeit ab 23 °C Außentemperatur eingesetzt wurde, denn dadurch konnte nicht nur die angesaugte Außenluft um rund 5 °C abgekühlt werden, sondern es erfolgte eine Entfeuchtung der angesaugten Luft, so daß der Wohnung trockene angekühlte Luft zugeführt wurde, und gerade diese Tatsache wurde von den Nutzern begeistert als Vorteil herausgestellt.

Hinsichtlich der Entfeuchtung der Außenluft muß daher bei Erdwärmetauschern für einen gut kontrollierbaren Wasserablauf Sorge getragen werden, und die angeführten hygienischen Untersuchungen sollen Auskunft darüber geben, wieweit durch die Anfeuchtung des Wärmetauschers ggf. eine hygienische Belastung erfolgt.

Die Zuluft wird, wie schon zu Abb. 14 erläutert, im oberen Bereich des Raumes eingeblasen, und die Größenordnung des Luftvolumenstroms bewegt sich bei einer 100 m² Wohnung zwischen 100 und 180 m³/h.

Durch den Einsatz der Wärmerückgewinnung und der Wärmepumpe werden in der Übergangszeit Zulufttemperaturen bei der Einströmung in die Räume bis zu 35 °C erreicht, so daß damit bis in den Bereich um +5 °C Außentemperatur eine ausreichende Raumerwärmung erfolgen kann.

Es soll jedoch ausdrücklich darauf hingewiesen werden, daß dieses System nicht als Luftheizung, sondern als ausschließliche Wohnungslüftung mit Grundheizung zu bezeichnen ist.

Mit Abb. 16 wird ein Funktions-Schemaschnitt gezeigt über eine Wohnungslüftung mit Wärmerückgewinnung und Erdwärmetauscher ohne zusätzlichen Einsatz einer Wärmepumpe, denn mit diesen beiden genannten Austauschvorgängen wird eine Zulufttemperatur selbst bei tiefster Außentemperatur von rund 17 °C erreicht, und bei der Ausströmungsanordnung nach der schon beschriebenen „Dortmunder Lüftung" dürfte die Zuluftversorgung der Wohnung ohne zusätzliche Zulufterwärmung möglich sein.

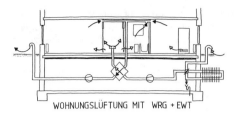

WOHNUNGSLÜFTUNG MIT WRG + EWT

Abb. 16

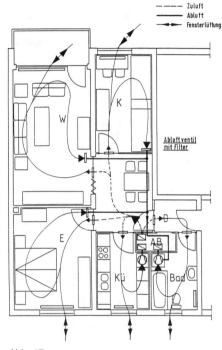

Abb. 17

Abweichend von dem bisherigen System wird in diesem Funktionsschema eine Entlüftung der Wohn- und Aufenthaltsräume dargestellt, d.h. die Abluft wird im oberen Bereich der Räume entnommen und damit werden Schadstoffe und Feuchte im Raum direkt abgesaugt und nicht erst wie in Abb. 14 gezeigt, durch Rückströmung in Küche und Bad zur Absaugung gebracht.

Die Nachströmung erfolgt im unteren Bereich über Türgitter, und damit dürfte man eine Verdrängungslüftung nachweisen können, und bei der braucht man nach der Erfahrung weniger

Außenluftzufuhr gegenüber allen anderen Systemen mit der sogenannten Mischlüftung.

Mit Abb. 17 wird der Grundriß Abb. 14 wiedergegeben, jedoch mit der zuvor geschilderten Luftführung der „Dortmunder Lüftung" für die Zuluft im Verkehrsbereich der Wohnung und einer Nachströmung über Türgitter in die Räume, wo eine Abluftentnahme erfolgt.

Die Entlüftungsventile in den Wohn- und Aufenthaltsräumen sollten nur eine geringe Dauerentnahme haben und über Sensoren, wie beispielsweise CO_2 oder feuchtegesteuert je nach Belastung des Raumes eine höhere Entnahme ermöglichen.

Zusammenfassung:

Die natürliche Lüftung einer Wohnung durch Fensterlüftung muß grundsätzlich erhalten bleiben. Alle geschilderten Systeme der Schachtlüftung und auch der zum Schluß angeführten Wohnungslüftung auf mechanischer Basis können die natürliche Lüftung bei einer Überlastung der Wohnung durch Wärme, Feuchte und Schadstoffe nicht ersetzen. Es sollte jedoch nicht unerwähnt bleiben, daß durch den Einsatz der Wärmepumpe mit Wärmerückgewinnung und Erdwärmenutzung eine nicht unerhebliche Reduzierung der CO_2-Emission aus dem Wohnbereich erreicht wird.

Lüftungsanlagen und Anlagen zur Wärmerückgewinnung in Wohngebäuden

Dr.-Ing. Gerhard Hausladen, Kirchheim

Kurzfassung

1. Einflüsse auf den jährlichen Heizenergiebedarf

Der jährliche Energiebedarf für die Beheizung eines Gebäudes wird im wesentlichen von folgenden Größen beeinflußt:

- Lage und Orientierung des Gebäudes
- Kompaktheit des Gebäudes
- Wärmedämmung der einzelnen Bauteile
- Ausführung, Orientierung und Größe der Fenster
- Art der Wärmeerzeugung und des Heizsystems
- Nutzerverhalten

Man weiß, daß das Nutzerverhalten dabei einen entscheidenden Einfluß hat.

Je besser ein Gebäude in energetischer Hinsicht gebaut ist, umso stärker kann der Energieverbrauch vom Nutzer beeinflußt werden. Dabei spielt das Lüftungsverhalten eine wesentliche Rolle.

2. Möglichkeiten zur Verringerung des Lüftungsanteils am Heizenergiebedarf

In Gebäuden ohne lüftungstechnische Einrichtungen vollzieht sich der Luftaustausch während der Heizperiode im wesentlichen durch das Öffnen von Fenstern.

Die natürliche Durchlüftung infolge von Gebäudeundichtheiten (Fensterfugen) ist dabei gegenüber dem Luftaustausch durch Fensterlüftung fast zu vernachlässigen; zumindest bei Neubauten mit dichten Fenstern.

Der natürliche Luftaustausch liegt bei dichten Gebäuden im Mittel bei einem 0,1 bis 0,2fachen stündlichen Luftwechsel. Aus hygienischer und physiologischer Sicht ist jedoch ein stündlicher Luftwechsel von 0,6 bis 1,0 notwendig. Daraus wird deutlich, daß eine Lüftung über die Fenster unabdingbar ist, falls nicht durch andere lüftungstechnische Einrichtungen ein entsprechender Luftaustausch sichergestellt wird.

Bei heutigen Fensterkonstruktionen ist jedoch ein dosierter Luftaustausch kaum realisierbar. Der Luftaustausch und damit der Energiebedarf hängen entscheidend vom Lüftungsverhalten der Bewohner ab, d.h. davon wie oft und wie lange Fenster zum Lüften geöffnet werden.

Bekommt der Bewohner die Folgen eines unnötig hohen Luftaustausches nicht zu spüren, z.B. durch Abfallen der Raumtemperatur, so wird er sich der energetischen Konsequenzen oft nicht bewußt.

Folgende technische Lösungen stehen für die definierte Lüftung von Wohnungen im wesentlichen zur Verfügung:

- mechanische Entlüftungsanlagen mit Luftnachströmelementen in den Außenwänden
- mechanische Be- und Entlüftungsanlagen mit Wärmerückgewinnung

Beide Systemarten werden bisher nur vereinzelt eingesetzt. Ein großes Hemmnis sind die Investitionskosten.

Für mechanische Entlüftungsanlagen mit Luftnachströmelementen in den Außenwänden muß mit Kosten zwischen 2 500,– und 4 000,– DM pro Wohnung gerechnet werden.

Setzt man voraus, daß bei vorhandener mechanischer Lüftungsanlage die Nutzer die Fenster während der Heizperiode überwiegend geschlossen halten, so läßt sich eine jährliche Energieeinsparung bis zu 30 kWh je m^2 Wohnfläche erreichen. Bei gut wärmegedämmten Gebäuden kann dies ein erheblicher Anteil am gesamten Energiebedarf sein.

Aufgrund bisheriger Erfahrungen mit ausgeführten Anlagen läßt sich feststellen, daß der Nutzer die Möglichkeit haben muß, seine Lüftungsanlage selbst zu beeinflussen. Dezentrale Anlagen werden deshalb viel eher akzeptiert als zentrale Anlagen.

Berechnung der Raumströmung und ihres Einflusses auf die Schwitzwasser- und Schimmelpilzbildung auf Wänden

Prof. Dr.-Ing. M. Zeller, Dipl.-Ing. M. Ewert, Aachen

Einleitung

Das Auftreten von Schwitzwasser an Raumumschließungsflächen ist auf bauphysikalische Mängel, auf unzureichende Lüftung und auf Behinderungen der Raumluftströmung zurückzuführen. Während man über die Wirkung der beiden erstgenannten Ursachen aufgrund zahlreicher Untersuchungen recht gut Bescheid weiß, sind die Aussagen zum Einfluß der Raumluftströmung bisher meist spekulativer Natur. Dies ist in dem hohen Aufwand begründet, den systematische Untersuchungen sowohl bei experimenteller als auch rechnerischer Vorgehensweise erfordern, weil die Strömungsgrößen und Temperaturen mit hoher örtlicher Auflösung gemessen oder berechnet werden müssen. In jüngster Zeit kommen zunehmend numerische Simulationsprogramme zum Einsatz, die künftig sicherlich ein wertvolles Instrument für die Lösung derartiger Strömungsprobleme darstellen.

Möglichkeiten der rechnerischen Simulation

Es existieren inzwischen bereits eine Vielzahl von kommerziellen Simulationsprogrammen, die mehr oder weniger denselben Ursprung haben. Sie beinhalten eine numerische Lösung der Transportgleichungen für Stoff, Impuls, Energie und zweier Größen zur Beschreibung der Turbulenz. Man darf sich jedoch nicht von der meist beeindruckenden Farbgrafikoberfläche dieser Programmcodes blenden und über die Probleme bei ihrer Anwendung hinwegtäuschen lassen. Um Fehlaussagen und -interpretationen zu vermeiden, erfordert die Nutzung solcher Programmsysteme einen auch mit dem Innenleben des Programms vertrauten und strömungstechnisch versierten Spezialisten. Darüber hinaus ergeben sich insbesondere bei thermisch angetriebenen Raumströmungen mit ihren geringen Geschwindigkeiten – wie sie bei der Wohnraumbelüftung vorliegen – exorbitante Rechenzeiten. An einen routinemäßigen Einsatz solcher Rechenprogramme in der Praxis, z. B. in Planungs- oder Sachverständigenbüros, ist daher beim derzeitigen Stand nicht zu denken. Hierzu müssen die Programme noch erheblich weiterentwickelt werden[*]).

Berechnete Fallbeispiele

Zwei Fallbeispiele sollen im folgenden die Leistungsfähigkeit solcher Simulationsprogramme demonstrieren und gleichzeitig einen Eindruck über den Raumströmungseinfluß auf die Schwitzwasserbildung vermitteln. Anlaß zu diesen Berechnungen war die Aachener Bausachverständigen-Tagung 1992, die als Schwerpunkt das Schimmelpilzproblem auf Wandinnenflächen behandelte. Auf eine Schwäche der Berechnungen, die ihre Aussagekraft einschränkt, muß allerdings vorab hingewiesen werden. Das verwendete Rechenprogramm (FLUENT) bildet in der vorhandenen Version nicht die vollständigen Austauschvorgänge nach. Unberücksichtigt bleibt der Strahlungswärmeaustausch, der gerade bei der Kondenswasserausscheidung auf Raumwänden eine maßgebende, u. U. sogar dominierende Rolle spielt[*]). Aufgrund dieser Vereinfachung werden die Verhältnisse quantitativ nicht richtig wiedergegeben. Die Berechnungsergebnisse ermöglichen jedoch einen Einblick in Details der Raumluftströmung und Wandoberflächentemperaturverteilung und lassen Tendenzen hinsichtlich der Schwitzwasserbildung ablesen.

[*]) Die Arbeiten zur Weiterentwicklung der Raumströmungsrechenprogramme werden vom BMFT gefördert (Projektabwicklung durch Projektträger BEO, Jülich).

[*]) Eine Programmversion, die den Strahlungsaustausch miteinschließt, befindet sich in der Erprobung. Durch Einbeziehung der Strahlung werden jedoch die Rechenzeiten deutlich angehoben.

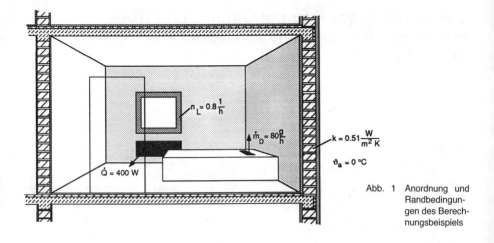

Abb. 1 Anordnung und Randbedingungen des Berechnungsbeispiels

Der betrachtete Raum (3,8x3,5x2,5 m^3) und die für die Berechnung wichtigen Daten sind in Abb. 1 dargestellt. Der Raum hat zwei Außenwände (Porenziegel mit Putz, dunkel angelegt), adiabate Innenwände und wird durch einen unter dem Fenster angeordneten Heizkörper beheizt. Es wird ein Außenluftvolumenstrom entsprechend einem 0,8fachen Luftwechsel angenommen, der gleichmäßig verteilt über die Fensterfugen eintritt. Als Feuchtelast wird die Wasserdampfproduktion von zwei Personen zugrunde gelegt. Unter sonst gleichen Bedingungen wurden Berechnungen für zwei Fälle angestellt.

● Fall 1: Anordnung von einem Doppelbett vor der fensterlosen Außenwand mit der Feuchteproduktion im Kopfbereich (s. Abb. 1).

● Fall 2: Anordnung eines Schrankes vor der fensterlosen Außenwand in einem Abstand von 1,5 cm von der Wand (s. Abb. 6).

Ergebnisse

Fall 1: Um die Auswirkung der Raumluftströmung und der bauphysikalischen Ursachen voneinander trennen zu können, wurden zwei Berechnungalternativen betrachtet:

● Annahme einheitlicher (eindimensionaler) Wärmedurchgangskoeffizienten von der Innenwandoberfläche nach außen.

● Mitberücksichtigung der Wärmebrückenverluste im Wanddeckenbereich und an Wandanschlüssen durch Einführung eines örtlich

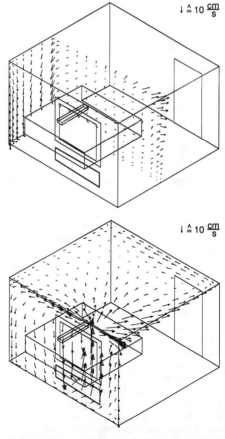

Abb. 2 Strömungsfeld in jeweils zwei Raumebenen

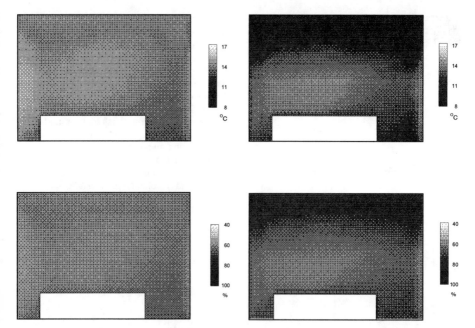

Abb. 3 Verteilung der Temperatur und relativen Luftfeuchtigkeit auf der Außenwand ohne Berücksichtigung von Wärmebrückeneffekten

Abb. 4 Verteilung der Temperatur und relativen Luftfeuchtigkeit auf der Außenwand unter Berücksichtigung der Wärmebrückenwirkung im Wanddeckenbereich und an Wandanschlüssen

veränderlichen Wärmedurchgangskoeffizienten in Anlehnung an den Wärmebrückenatlas von Hauser.

Im Strömungsbild ergaben sich für beide Varianten keine nennenswerten Unterschiede. Wie man aus Abb. 2 erkennen kann, behindert das Bett die Zuströmung zum Heizkörper mit der Folge, daß die Strömung am Fenster und Heizkörper zum Teil abwärts gerichtet ist. Dadurch nimmt die Luftgeschwindigkeit im Deckenbereich zur anderen Außenwand hin (am Kopfende des Bettes) stärker ab, als es ohne diese Zuströmbehinderung der Fall wäre. Die Aufwärtsströmung am Heizkörper wird an der Decke umgelenkt und verteilt sich mehr oder weniger radial, bis sie wieder auf Raumecken stößt. An der kalten Außenwand tritt eine zunächst durch Antriebskräfte beschleunigte und dann durch die Aufstauwirkung des Bodens verzögerte Fallströmung auf. Im Rauminnern herrschen relativ kleine und fast regellose Luftbewegungen, wie die ungefähr in die Raummitte gelegte Schnittebene zeigt.

Grundsätzlich beeinflußt das Strömungsfeld sowohl über die absolute Strömungsgeschwindigkeit (– > Wärmeübergangskoeffizient) als auch über die Strömungsstruktur (– > Änderung der Lufttemperatur entlang des Strömungsweges) die Wandoberflächentemperaturen. Die jeweilige Auswirkung der beiden Strömungsmerkmale können örtlich sehr verschieden sein. So ist beispielsweise in Abb. 3 der Befund, daß im Außenwandbereich links vom Bett höhere Temperaturen auftreten als rechts vom Bett, damit zu erklären, daß die links vom Bett herabströmende am Heizkörper erwärmte Luft aufgrund des kürzeren Strömungsweges sich noch nicht so weit abgekühlt hat, und die gleichzeitig etwas größeren Geschwindigkeiten einen besseren Wärmeübergang erzeugen. Dominierenden Einfluß auf die Wandtemperatur üben jedoch die Wärmebrücken aus, wie man beim Vergleich der Temperaturverteilungen in Abb. 3 und 4 gut erkennt. Im Ecken- bzw. Deckenanschluß treten bei Berücksichtigung der Wärmebrückenverluste deutlich niedrigere Temperaturen auf.

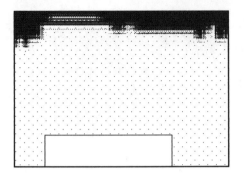

Fall 2: Bei diesem Beispiel werden lediglich die Berechnungsergebnisse ohne Berücksichtigung der Wärmebrückenverluste betrachtet, um die allein auf den Schrank zurückzuführenden Folgen hinsichtlich der Schwitzwasserbildung zu demonstrieren. Den Einfluß des Schrankes auf das Strömungsfeld zeigt Abb. 6, in der für eine Ebene unmittelbar vor der Außenwand die Strömungsfelder mit und ohne Schrank gegenübergestellt sind. Die durch die Antriebskräfte angetriebene reine Fallströmung an der ungestörten Außenwand wird durch die Versperrungswirkung des Schrankes zur Seite gelenkt. Die absoluten Geschwindigkeiten vermindern sich dabei allerdings nicht wesentlich. Entscheidend für die Temperaturverhältnisse ist vielmehr, daß der Mengenstrom mit abneh-

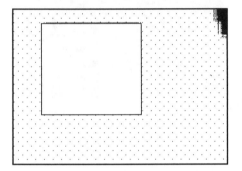

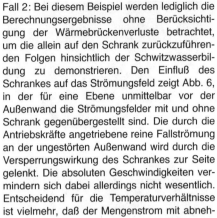

Abb. 5 Schimmelpilzbefall unter Zugrundelegung des Kriteriums relative Feuchte auf der Wand > 75%

Die Temperaturverteilung bestimmt zugleich auch die Verteilung der relativen Luftfeuchte, da die absolute Feuchte bis auf einen engen Bereich der Feuchtequelle und des Zustroms der trockenen Außenluft im Raum nahezu konstant ist. Legt man als Kriterium für Schimmelpilzentstehung eine relative Feuchte an der Wand > 75% zugrunde, so würde unter den vorliegenden Verhältnissen lediglich bauphysikalisch bedingt im Deckenanschluß- oder oberen Eckenbereich Schimmelpilzbefall zu erwarten sein (Abb. 5). Im Bereich des Deckenanschlusses über dem Fenster tritt nach diesem Kriterium kein Schimmelpilzbefall auf, da zum einen die vom Heizkörper aufsteigende Luft wärmer als die über dem Bett ist, und zum anderen die absolute Feuchte durch Vermischung mit der durch das Fenster eintretenden trockenen Außenluft herabgesetzt wird.

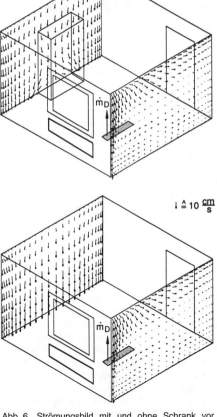

Abb. 6 Strömungsbild mit und ohne Schrank vor einer Außenwand

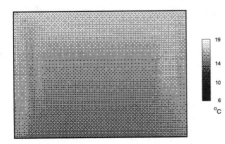

peraturen hinter dem Schrank nehmen nach unten hin sehr stark ab. Da die absolute Luftfeuchte im Raum relativ ausgeglichen ist, ergibt sich für die relative Feuchte an der Wand ungefähr das gleiche Bild wie für die Temperaturverteilung. Im unteren Wandbereich hinter dem Schrank wäre somit unter den vorliegenden Bedingungen mit Schimmelbefall zu rechnen. Die eingezeichnete Linie grenzt diesen Wandbereich mit einer relativen Luftfeuchte > 75% ab.

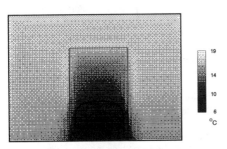

Abb. 7 Oberflächentemperaturen der Außenwand ohne (oben) und mit (unten) vor der Wand angeordnetem Schrank

mendem Schrankwandabstand stark gedrosselt wird. Die Reduktion des Wärmekapazitätsstromes hat zur Folge, daß sich die Luft an der kalten Außenwand stark und rasch abkühlt. Dies spiegelt sich in den in Abb. 7 dargestellten Wandtemperaturverteilungen wieder. Die Tem-

Resümee

In der Tendenz lassen die beispielhaften Rechnungen erkennen, daß der dominierende Einfluß auf die Schwitzwasserbildung in den bauphysikalischen Randbedingungen, d. h. den Wärmebrücken liegt, und die freie Raumströmung eine demgegenüber untergeordnete Rolle spielt. Merkliche Strömungsbehinderungen oder gar -versperrungen durch die Möblierung können jedoch die Neigung zur Dampfkondensation verstärken und eine mit den Wärmebrücken vergleichbare Auswirkung haben. Bei ungünstiger Anordnung der Möbel überwiegen sie sogar, wie die Rechenergebnisse andeuten. Hinzu kommt, daß gleichzeitig der Strahlungswärmeaustausch, der die Vorgänge maßgebend mitbestimmt und hier nicht berücksichtigt ist, durch die Möblierung oder im Außenwanddecken- bzw. -anschlußbereich reduziert wird. Somit überlagern sich u. U. mehrere Effekte gleichsinnig.

Krankheiten durch Schimmelpilze

Dr. med. Peter Pult, HNO-Gemeinschaftspraxis, Aachen

Im Sprachgebrauch benutzen wir die Unterscheidung zwischen „Pilzen" und „Schimmelpilzen". Pilze sind Fruchtkörper, die gezüchtet, gesammelt und gegessen werden. Schimmel sind dagegen die samtigen, flockigen und auch auffällig gefärbten Überzüge auf abgestorbenen organischen Substanzen. Auch die Hefen lassen sich in die Gruppe der Schimmelpilze einordnen. Eine namentliche Differenzierung geschieht lediglich unter botanisch-biologischen Gesichtspunkten.

Die wichtigste Aufgabe der Schimmelpilze ist die Beseitigung der Überreste von Pflanzen und Tieren, die Überführung in anorganische Substanzen, insbesondere CO_2 und Wasser.

Es sind je nach Untersucher 120 000 bis 250 000 verschiedene Arten beschrieben. Der normale Standort ist der Erdboden.

Schimmelpilzsporen stellen einen großen Anteil des Aeroplankton. Einige können pro Minute 20 Millionen Sporen freisetzen. Sie besitzen eine sehr hohe Anpassungsfähigkeit an Temperaturen. Wachstumstemperaturen von 6 bis 32 Grad C werden angegeben; angepaßte Formen wachsen bei 0 Grad C.

Schimmelpilze verderben in großem Umfang unsere Nahrung. Weltweit werden etwa 5%, in den Tropen bis zu 30% der Ernten vernichtet.

Seit alters her werden Schimmelpilze zur Herstellung von Nahrungsmitteln benutzt: z.B. zur Erzeugung von Käse, Brot und Alkohol. Hier werden Schimmelpilze kontrolliert eingesetzt.

Seit einigen Jahrzehnten benutzen wir Schimmelpilztoxine – z.B. Penicillin – zur Bekämpfung bakterieller Infekte [1, 10].

Mit biotechnologischen Verfahren werden in großem Umfang Stoffwechselendprodukte gewonnen, z.B. organische Säuren und extrazelluläre Enzyme. Diese werden in der Brauerei-Industrie, bei der Herstellung von Backwaren, in der fruchtverarbeitenden Industrie zum enzymatischen Schälen von Zitrusfrüchten und der Klärung von Obstsäften, bei der Marmeladenherstellung, bei der Marzipanherstellung und anderen Verfahren benutzt. Schimmelpilzenzyme werden in der Medizin bei Störungen der Bildung von körpereigenen Verdauungsenzymen therapeutisch eingesetzt. Moderne Pharmaka zur Behandlung eines erhöhten Cholesterinspiegels stammen aus Schimmelpilzstoffwechselprodukten [11].

Einige Schimmelpilze erzeugen Gifte, die schon in kleinen Mengen für den Menschen gefährlich sein können. Mutterkorn ist wohl der am längsten bekannte Toxinträger, in der letzten Zeit wieder aktuell durch den Verzehr ungereinigten Getreides („Bio-Welle"). Aflatoxin ist ein weiteres bekanntes Schimmelpilztoxin. Durch gesetzliche Regelungen soll der Verbraucher vor dem Verzehr von mykotoxinhaltiger Nahrung geschützt werden. Dabei darf nicht vergessen werden, daß Mykotoxine krebserzeugend sein können. Wir setzen uns also überall mit Schimmelpilzen, Schimmelpilzsporen, deren Stoffwechselprodukten und Enzymen und Toxinen auseinander. [10].

Im Normalfall nehmen wir Schimmelpilze und deren Sporen über den Magen-Darmtrakt und die Atemwege auf, ebenso Stoffwechselprodukte und Enzyme, ohne Schaden zu erleiden. Schimmelpilze stellen eine normale Oberflächenbesiedlung der Organismen dar.

Ist die Antwort des Organismus unzureichend, gestört oder überschießend, stellen sich Schäden ein.

Meist harmlose – für den Patienten jedoch belästigende Erkrankungen – sind Infektionen der Körperoberflächen. Schimmelpilzinfektionen der Haut, der Nägel und der Schleimhäute des Mundes, der Atemwege und des Darmtraktes. Hervorzuheben ist hier der Fußpilz. Als Infektionsquelle kommen Feuchträume, z.B. Schwimmbäder, in Betracht und die anschließende ungenügende Pflege der Haut.

Immer wichtiger werden Schimmelpilzinfektionen, die auf den gesamten Organismus übergreifen und lebensbedrohliche Situationen hervorrufen. Betroffen sind vor allem Patienten, bei denen die Immunabwehr gestört, zerstört oder aufgehoben wurde.

Gestörte Immunantworten finden wir bei Patienten mit fortgeschrittener Zuckerkrankheit, bei mit hohen Dosen Kortison behandelten

Patienten, bei Patienten mit Verbrennungen, bei schwer alkoholerkrankten Patienten – HIV infizierte Patienten, bei denen eine AIDS-Erkrankung entstanden ist, sind durch Schimmelpilzinfekte stark gefährdet.

Zerstört ist die Immunantwort nach Ganzkörperbestrahlungen mit ionisierenden Strahlen durch Unfälle oder aus therapeutischen Maßnahmen. Zur Verhinderung von Transplantatabstoßungen werden Pharmaka eingesetzt, die eine Immunantwort des Organismus aufheben oder unterdrücken. Die häufigste tödlich verlaufende Infektion nach Herztransplantation ist eine Infektion mit Pilzen [15].

Überschießende Reaktionen auf Schimmelpilze und deren Stoffwechselprodukte finden wir bei Patienten mit allergischer Reaktionsbereitschaft.

Die Anlage zur Entwicklung einer Allergie wird vererbt. Ist ein Elternteil Allergiker, so besteht die Chance für ein Kind zu 30% eine Allergiebereitschaft zu erben, sind beide Eltern Allergiker, zu 100%.

Nach Schätzungen sind 10–25% der Bevölkerung Allergiker. Nach vorliegenden Untersuchungen sind ca. 10% der Allergiker gegen Schimmelpilze sensibilisiert. Wir dürfen hier nicht vergessen, daß ein Teil der Ärzte, die Allergiker untersuchen, Schimmelpilzallergien wenig oder gar nicht beachten und sogar verharmlosen [5, 13].

Alle Allergiker sind in der Lage, eine Sensibilisierung gegen Schimmelpilze zu entwickeln! Allergie ist in jedem Fall eine Frage der Menge des angebotenen Allergens.

Nach dem Kontakt mit einem Allergen wird der Organismus sensibilisiert; auf einen weiteren Kontakt mit dem Allergen reagiert er mit Krankheitssymptomen.

Sensibilisierungen gegen Allergene können sich entwickeln, wenn die betreffenden Personen sogenannte spezifische Antikörper gegen einzelne Stoffe (Allergene von Schimmelpilzen oder auch Blütenstaubsorten) neu bilden. Hieraus entstehen Krankheitsbilder wie: Nesselfieber, Bindehautentzündung, Niesreiz, Fließschnupfen, Husten, Asthma bronchiale, Magen-Darm-Störungen mit Blähungen und Durchfällen [16].

Eine weitere Form der allergischen Reaktion spielt sich am Lungengewebe ab. Es kommt hier zu Verhärtungen des Lungengerüstes. Dies führt zu Elastizitätsverlust und Störung des Gasaustausches in der Lunge. Klassische Krankheitsbilder sind die sogenannte „Taubenzüchterlunge" und „Farmerlunge" [14].

Allergische Erkrankungen sind neben den Infektionen der Oberflächen die häufigste Möglichkeit, sich mit Schimmelpilzen auseinanderzusetzen. Wegen der Vielfalt der Kontaktmöglichkeiten und der Unmenge an „Verpackungsmöglichkeiten" ist die Diagnose von Sensibilisierung gegen Schimmelpilze schwierig. Zusätzliche Erschwernisse stellen die Unkenntnis des Vorkommens und die Leichtigkeit dar, mit der Pharmaka Krankheitsbilder unterdrücken können.

In den zwanziger Jahren fanden in den Niederlanden (Storm van Leeuwen) und in Deutschland (Hansen) Untersuchungen des Umfeldes von erkrankten Personen statt. Diese Patienten litten meist an allergischen Krankheiten der Atemwege (Asthma). Proben von Schimmelflecken in den Wohnungen wurden gesammelt und die Patienten damit getestet. Aus dieser Zeit stammt ein großer Teil der jetzt noch aktuellen Schimmelpilze, die zum Test benutzt werden.

Das bekannteste Testverfahren ist der Hauttest. In die oberste Hautschicht wird Allergenlösung eingebracht und nach einiger Zeit die Reaktion der Haut beschrieben („abgelesen"). Leider reagiert die Haut anders als erkrankte Schleimhäute, die mit Schnupfen oder Asthma antworten. In der Regel sind mehr positive Hautreaktionen als positive Provokationsteste, die zur Bestätigung auf der Schleimhaut durchgeführt werden. Das heißt: nur die in einer Schleimhautprovokation überprüfte Hautreaktion zeigt an, ob das angeschuldigte Allergen – in unserem Fall der Schimmelpilz – tatsächlich, jetzt zum Zeitpunkt des Testes, krankmachend ist.

Gerade bei Hautreaktionen gegen Schimmelpilzextrakte ist der Bestätigungstest wichtig: 878 von uns getestete Patienten hatten positive Hautreaktionen auf verschiedene Schimmelpilzextrakte, aber nur in 20 bis 25% war die Reaktion der Nasenschleimhaut positiv [7].

Zur Überprüfung der Hautreaktion haben wir verschiedene Provokationsverfahren. Die Beobachtung der Bindehaut des Auges, die Beobachtung der Reaktion der Schleimhaut der Nase, die Registrierung der Reaktion der Bronchien jeweils nach lokalem Allergenkontakt und die Beobachtung der Reaktionen von oral aufgenommenem Allergen.

Zur Testung stehen meist käufliche Allergenlösungen zur Verfügung. Nur durch ein möglichst großes Testspektrum lassen sich Sensibilisierungen gegen Schimmelpilze aufdecken. Wir konnten dies in einer Versuchsreihe bestätigen [9]. Wir konnten durch die Verdopplung des Testspektrums die negativen Testausfälle deutlich reduzieren. Zusammen mit JORDE [8] konnten wir feststellen, daß die Häufigkeit der Sensibilisierungen gegen verschiedene Schimmelpilze von Ort zu Ort unterschiedlich ist. Nach der Rangfolge der Häufigkeit der Sensibilisierungen muß jeder Untersucher sein Testspektrum auswählen.

Die für den Patienten erfolgreichste Therapie ist das Vermeiden des Allergens! In unserem Fall ist eine schimmelpilzfreie Wohnung die beste Therapie.

Läßt sich das Allergen nicht vermeiden, muß eine Immunisierung mit dem Allergen erwogen werden. (Hyposensibilisierung).

Weitere Untersuchungstechniken sind der Nachweis von Antikörpern im Blut der Patienten. Auch dieser Antikörpernachweis sollte anschließend die Bestätigung im Provokationstest erfahren.

Der Nachweis anderer Antikörper ist besonders wichtig bei vernarbenden Erkrankungen des Lungengewebes. Diese kommen oft berufsbezogen vor. Die Patienten arbeiten in der Landwirtschaft, in Kühlhäusern und bei der Weiterverarbeitung organischer Produkte.

In der BRD ist die „Farmerlunge" als Berufskrankheit anerkannt (Nr.: 4201) [6, 14].

Schimmelpilze sind weit verbreitet. Ihre Stoffwechselprodukte, insbesondere ihre Enzyme werden in der Nahrungsmittelherstellung und in der Medizin in immer größerem Umfang genutzt.

In Wohn- und Arbeitsräumen kommen Schimmelpilze in den letzten Jahren vermehrt vor. Lufttechnische Anlagen und ihre Fähigkeit, trotz optimaler Wartung, Schimmelpilze zu verbreiten, dürfen nicht vergessen werden. Bis zu 25 % der Bevölkerung können auf Schimmelpilze Allergien entwickeln. Bei dem großen Angebot der Allergene muß die Möglichkeit einer Sensibilisierung möglichst eingeschränkt werden. Bei einer bestehenden Sensibilisierung ist die Vermeidung der Allergene die beste Therapie.

Nur berufsbedingte Sensibilisierungen, die nicht vermeidbar sind und zu einer Aufgabe des Berufes zwingen, werden entschädigt.

Gerade in Innenräumen muß die Bildung von Schimmelpilzen ohne den Einsatz von pilztötenden Mitteln verhindert werden.

Unser besonderes Augenmerk muß außerdem bei Personen mit Abwehrschwächen liegen. Diese sind durch Schimmelpilzinfektionen extrem gefährdet.

Literatur

[1] Ainsworth, G.G., A.S. Sussman: The Fungi, Vol. 1 Academic Press, New York 1965

[2] Elixmann, J.H.: Filter einer lufttechnischen Anlage als Ökosystem und als Verbreiter von Pilzallergenen, Dustri-Verlag, München-Deisenhofen 1989

[3] Fuchs, E.: Die Allergene – Spectren und Vorkommen. In: Fuchs, E., K.H. Schulz, Mannuale allergologicum, Dustri-Verlag, München Deisenhofen 1987

[4] Hansen, K.: Über Schimmelpilzasthma, Verh. dtsch. Ges. inn. Med. 40 (1928) 204-206

[5] Kersten, W., P.G. von Wahl: Schimmelpilzallergie, Allergologie 12 (1989) 174-8

[6] Liebetrau, G., J. Mäder, D. Treutler, Ch. Wiesner: Zur Epidemiologie von Alveolithiden und Lungenfibrosen, Allergologie 15 (1992) 15-20

[7] Pult, P., C.L. Suchanek, W. Jorde, P. Strauss: Schimmelpilzsensibilisierungen bei Rhinoallergie, Allergologie 10 (1987) 188-189

[8] Pult, P., W. Jorde: Schimmelpilzsensibilisierungen bei Rhinoallergie, Arch. Ohren-, Nasen-, Kehlkopfheilkunde 231 (1981) 799-801

[9] Pult, P.: Rhinitis allergica, Allergologie 3 (1980) 332-6

[10] Roth-Frank-Kormann: Giftpilze-Pilzgifte, ecomed, Landsberg am Lech 1990

[11] Schata, M., W. Jorde: Schimmelpilze als Nahrungsmittelallergene. In: Jorde, W., M. Schata, Mönchengladbacher Allergie-Seminare, Band 4, Dustri-Verlag, München-Deisenhofen 1991

[13] Scharting, H.H.: Die sozialmedizinische Bedeutung allergischer Erkrankungen. In: Fuchs, E., K.H. Schulz, Manuale allergologicum, Dustri-Verlag, München-Deisenhofen 1987

[14] Sennekamp, H.-J.: Exogen-allergische Alveolitis. In: Fuchs, E., K.H. Schulz, Manuale allergologicum, Dustri-Verlag, München-Deisenhofen 1987

[15] Staib, F.,D. Huhn (Hrsg.): Pilzinfektionen bei abwehrgeschwächten Patienten, Springer-Verlag, Berlin 1991

[16] Storm van Leeuwen, W.: Allergische Krankheiten, Springer-Verlag, Berlin 1926

[16] Tschaikowsi, K.L., W, Jorde: Allergische Krankheiten des Magen-Darm-Traktes, Springer-Verlag, Berlin 1989

Bauphysikalische Einflußfaktoren auf das Schimmelpilzwachstum in Wohnungen

Dipl.-Ing. Hans Erhorn, Stuttgart

1. Einleitung

Die Schimmelpilze sind in unseren Wohnungen auf breiter Front im Vormarsch. Bauliche Ausführungsfehler sowie Ausstattung und Nutzereinflüsse machen sich bei höherem Dämmstandard stellenweise stärker bemerkbar als früher. Die Folge ist eine im letzten Jahrzehnt verstärkte Schimmelbildung in Wohnungen. Schimmelpilze können Sachschäden, Wertminderungen und Gesundheitsschäden verursachen. Über die Ursachen und die Vermeidung des Pilzbefalls bestehen bei Hauseigentümern, Mietern und Bausachverständigen häufig sehr unterschiedliche Auffassungen. Die Schimmelpilzschäden können vermieden und sinnvoll bekämpft werden, wenn man die Lebensbedingungen der Pilze und die für diese relevanten bauphysikalischen Zusammenhänge kennt. Im folgenden wird daher auf Schadensumfang und -ursachen sowie bauphysikalische Einflußgrößen näher eingegangen.

2. Umfang der Bauschäden durch Schimmelpilzbildung

Die Problematik der Feuchteschäden mit Schimmelpilzbildung, die grundsätzlich auch schon in früheren Gebäuden bestand, hat in den letzten Jahren erheblich an Bedeutung zugenommen. So wurden im Bauschadensbericht der Bundesregierung die Feuchteschäden gesondert hervorgehoben. Die Belastung der Gerichte mit anhängigen Miet- und Sachminderungsklagen hat erheblich an Umfang zugenommen. Hierbei kommt es immer wieder zu gegensätzlichen Rechtsprechungen, was einerseits durch den sehr komplexen Problembereich selber, zum anderen aber auch durch den stark unterschiedlichen fachlichen Kenntnisstand der Gutachter bedingt ist. Da bisher nur Einzeluntersuchungen zu Bauschäden durch Schimmelpilzbefall bekannt sind, wurde eine Untersuchung initiiert [1], in der ein breiterer Überblick über den Bestand der Mietwohnungen in Ballungsgebieten geschaffen werden soll. Diese Gruppe der Wohnungen wurde ausgewählt, da sie einerseits einen wesentlichen Teil des Wohnungsbestandes darstellt und andererseits die klassische ältere Gebäudesubstanz ausmacht, an der Maßnahmen zur Energieeinsparung im Rahmen des Förderprogramms der Bundesregierung in den frühen achtziger Jahren bevorzugt realisiert wurden. Die Maßnahmen, die im Rahmen des Förderprogramms durchgeführt wurden, haben sich fast allein auf die Erneuerung von Fenstern beschränkt. In Tabelle 1 ist eine Übersicht über den Dämmstandard der bestehenden Gebäudesubstanz in der Bundesrepublik und in verschiedenen regionalen Bereichen zusammengestellt. Aus der Tabelle ist zu ersehen, daß im wesentlichen die Fenster thermisch verbessert, im Wandbereich dagegen nur geringe Maßnahmen durchgeführt wurden. Bei der durchgeführten Untersuchung [1] war dies auch bei fast allen Objekten festzustellen. Bei den Sanierungen ist nur selten auf ein durchgängiges Wärmeschutzkonzept geachtet worden.

Die in [1] beschriebene, an 67 Wohnungen durchgeführte Untersuchung sollte Aufschluß über Umfang und Ursache der Schimmelpilzbildung in Mietwohnungen erbringen. Das bei der Untersuchung gewonnene Bild überstieg alle vorher geäußerten Erwartungen hinsichtlich des Schadensausmaßes. In der Untersuchung wurden ca. 50 Mehrfamilienhäuser mit ca. 300 Wohneinheiten begangen, wobei 67 Wohnungen detailliert analysiert wurden. Von den ca. 300 Wohnungen hatten etwa 40% Schäden durch Schimmelpilzbildung. Hierbei sei angemerkt, daß bei der Untersuchung auf solche Wohneinheiten zurückgegriffen wurde, bei denen Klagen über Pilzschäden schon vorher dem Vermieter bekannt waren, so daß ein Hochrechnen auf die gesamte Gebäudesubstanz der Bundesrepublik aus diesen Ergebnissen nicht ohne weiteres statthaft ist.

Bei den Schäden ergab sich kein eindeutiges Schadensbild. Es waren sowohl punktueller Pilzbefall als auch vollflächiger Myzelrasen vorzufinden. In Abb. 1 ist ein typisches Schadensbild an einer Außenwandecke dargestellt. Im

Tabelle 1   Prozentualer Anteil von thermisch verbesserten und nicht verbesserten Fassadenbauteilen von Wohnbauten gemäß Stand 1984, nach [1]. Die Prozentwerte sind auf die Gesamtfläche der jeweiligen Bauteile bezogen.

Region	Prozentanteil ausgeführter Bauteile [%]					
	Außenwand		Fenster		temporärer Wärmeschutz	
	gedämmt	ungedämmt	doppelt verglast	einfach verglast	vorhanden	nicht vorhanden
Bundesrepublik	15	85	50	50	–	–
Baden-Württemberg	30	70	60	40	20	80
Köln*	25	75	52	48	35	65

* nur für Mehrfamilienhäuser

folgenden werden einige der wichtigsten Ergebnisse der Untersuchung dargestellt.

Die untersuchten Wohnungen wurden zum größten Teil in den Jahren 1940 bis 1970 errichtet. Zu dieser Zeit wurden noch keine energetischen Anforderungen an Außenwände gestellt. Alle Außenwände wiesen daher nur das seinerzeit geforderte Mindestwärmeschutzniveau auf. Die ursprünglichen Fenster wurden in fast allen Objekten in den Jahren 1978 bis 1986 durch neue Konstruktionen mit besserem Wärmeschutz und meist auch größerer Luftdichtigkeit ersetzt. Ein bis zwei Jahre nach Fenstereinbau hat in den meisten Wohnungen der Schimmelbefall begonnen. Aus der Tabelle 2 ist zu ersehen, daß im wesentlichen Verbundfenster mit Aluminium- oder Kunststoffrahmenprofilen vorgefunden wurden. Daneben waren jedoch auch 17 % der untersuchten Wohnungen mit einfachverglasten Fenstern versehen. Gegen die in Diskussionen oftmals vorgebrachte „Belehrung", erst mit Einführung eines besseren Wärmeschutzes im Glasbereich hätte es zu dieser Schadensbildung kommen können, da die Einfachverglasung als „natürlicher Kondensator" feuchteregulierend wirke, ist mit diesem Ergebnis sicherlich der Gegenbeweis erbracht. Die an Verglasungen ausscheidbare Tauwassermenge erreicht bei weitem nicht die Größenordnung der Feuchteproduktion in Wohnungen. Die gezielte Feuchteabfuhr hat über die Lüftung zu erfolgen; erhöhte Wärmeverluste durch einen schlechten Wärmeschutz im Fensterbereich dagegen sind zu vermeiden.

Da es sich bei der Erhebung um eine kurzzeitige und einmalige Wohnungsbegehung handelte, war es nicht möglich, das Bewohnerverhalten meßtechnisch zu ermitteln. Die Untersuchungen zum Heiz- und Lüftungsverhalten der Bewohner konnten daher nur durch Befragungen der Wohnungsnutzer erfolgen. Aus Untersuchungen von [2] ist bekannt, daß die Ein-

Abb. 1:   Photographische Aufnahme einer Außenwandecke mit Schimmelpilzbefall, nach [1].

Tabelle 2 Zusammenstellung der in den untersuchten Wohnungen eingebauten Fensterarten (in Prozent), nach [1].

Rahmenmaterial	Ausführung		
	Einfachverglasung	Isolierverglasung	Verbundfenster
Holz	11	1	–
Aluminium	6	2	5
Kunststoff	–	6	69

Tabelle 3 Ergebnis der Mieterbefragung über das Nutzerverhalten in der Heizperiode nach [1].

Interviewfrage			Bewohnerverhalten		Anzahl [%]
Welche Temperaturen herrschen im Mittel in Ihrer Wohnung?	< 19 °C	Heiz-bereitschaft	gering		22
	19 - 21 °C		normal		66
	> 21 °C		stark		1
	keine Angabe				11
Wie lange öffnen Sie im Mittel täglich Ihre Fenster?	< 15 min	Lüftungs-betätigung	gering		31
	15 - 45 min		normal		16
	> 45 min		stark		22
	keine Angabe				31

schätzung des Bewohnerverhaltens erheblich von den meßtechnisch ermittelten Werten abweichen kann; dennoch lassen sich aus derartigen Befragungen Tendenzen herleiten. In der Untersuchung [1] wurden die Wohnungsnutzer befragt, welcher Temperaturlevel im Mittel in ihren Wohnungen herrscht und wie lange sie täglich im Mittel lüften. Die Ergebnisse sind in Tabelle 3 zusammengestellt. Aus der Tabelle ist zu ersehen, daß die Bewohner nach eigener Einschätzung ihre Wohnungen im wesentlichen normal beheizen, einige jedoch auch bewußt niedrige Temperaturen wünschen. Das Spektrum beim Lüftungsverhalten dagegen ist wesentlich größer. So öffnen etwa ein Drittel der Befragten nach eigenen Angaben ihre Fenster im Durchschnitt täglich weniger als 15 Minuten. In einer von der Wohnungsverwaltung an alle Haushalte verteilten Informationsschrift wurden die Bewohner umfangreich über die Schimmelprobleme informiert, und es wurde darin empfohlen, mindestens dreimal täglich 5 bis 10 Minuten Stoßlüftung zu betreiben. Ca. 20 % der

Befragten gaben beim Interview an, ihre Fenster länger als empfohlen zu öffnen. Inwieweit die Antwort durch die Informationsschrift, auf deren Inhalt besonders die Bewohner von Wohnungen mit Schimmelschäden von der Wohnungsgesellschaft hingewiesen wurden, beeinflußt war, ließ sich nicht nachvollziehen.

In der in [1] durchgeführten Bestandsaufnahme wurden die Einflußfaktoren analysiert, die zu der Schimmelpilzbildung geführt haben könnten. Hierbei wurden sowohl bauliche als auch nutzungsspezifische Einflüsse untersucht. Die baulichen Schwachstellen stellten Wärmebrücken, Schäden im Regenschutz und aufsteigende Feuchten dar. Eindeutige nutzerbedingte Einflüsse durch zu hohe Raumluftfeuchten lagen dann vor, wenn neben den befallenen Bauteilen auch Raumeinbauten Schimmelbefall aufwiesen. In Tabelle 4 sind die Einflußfaktoren und die analysierten Häufigkeiten zusammengestellt. Bei den baulichen Mängeln dominierte der mangelhafte Regenschutz; der Außenputz wies zu erheblichen Teilen Risse auf.

Als zweite bauliche Einflußgröße stellten sich Wärmebrücken dar. Einbindende Bauteile und Dachabschlüsse sowie die Einbaufugen der Fenster wurden hierbei als Schwachstellen analysiert. Bei den Ausführungsarbeiten von Modernisierungsmaßnahmen bedarf es einer mindestens so intensiven Bauüberwachung wie im Neubau, um Bauschäden zu vermeiden.

Schäden durch aufsteigende Feuchte waren bei der Untersuchung von untergeordneter Bedeutung, dagegen waren in ca. $\frac{1}{3}$ der untersuchten Wohnungen neben den Außenbauteilen auch Raumeinbauten, Möbel oder Innenbauteile befallen. Dieses Phänomen weist auf zu hohe Raumluftfeuchten in den Räumen hin, da Schimmelwachstum in der Regel erst ab relativen Luftfeuchten von ca. 80 % einsetzt.

Aus der Addition der Häufigkeiten in Tabelle 4 ist ersichtlich, daß oft mehr als ein Einflußfaktor allein die Schadensursache bewirkte. Eine Schadensbegutachtung sollte daher stets alle möglichen Einflüsse beinhalten und sowohl die bauliche Substanz und deren Ausführung als auch die Nutzergepflogenheiten berücksichtigen.

Neben den Schadensursachen wurden auch die aufgefundenen Schimmelpilzspezies analysiert. In Tabelle 5 sind die aufgefundenen Pilzarten und ihre Häufigkeiten in den analysierten ca. 200 Proben zusammengestellt. Hierbei wurde die Aufbereitung zu Reinkulturen sowohl auf Malz-Agar als auch auf xerophilem Nährboden durchgeführt. Aus der Tabelle erkennt man, daß in ca. 80 % der Proben der

Spezies Cladosporium herbarum analysiert wurde. Aspergillus versicolor und Penicillium brevicompactum waren auf ca. der Hälfte der Proben vorhanden. Auf ca. ¼ aller Proben wurde die Spezies Penicillium chrysogenium, Penicillium frequentans und Aureobasidium pullulans analysiert. Die restlichen Spezies waren auf weniger als 20 % des Probenmaterials auszumachen. Es gab jedoch keine Probe, auf der eine Spezies in Reinkultur gefunden wurde. In der Regel wurden je Probe zwischen 3 und 8 verschiedene Spezies ausgemacht. Es ist daher notwendig, die Lebensgewohnheiten der am häufigsten auftretenden Spezies zu kennen, um daraus Rückschlüsse ziehen zu können, unter welchen bauphysikalischen Randbedingungen diese praktisch auftreten.

3. Wachstumsbedingungen für Hausschimmelpilze

Zur Untersuchung der Einflußparameter auf das Schimmelpilzwachstum auf verschiedenen Oberflächenmaterialien wurde am Fraunhofer-Institut für Bauphysik eine Schimmelpilz-Versuchsanlage konzipiert [3].

Die in Abb. 2 dargestellte Versuchsanlage für Schimmelpilztests auf Bau- und Oberflächenmaterialien ermöglicht die Versuchsparameter Luftfeuchte, Lufttemperatur, Luftgeschwindigkeit, Oberflächenfeuchte, Oberflächentemperatur und Oberflächenmaterial einzustellen. Der Hauptbestandteil der Versuchsanlage sind die Testpaneele. Jedes Paneel enthält 10 Probekörper mit einem Durchmesser von 50 mm, auf

Tabelle 4   Zusammenstellung der in der Untersuchung [1] am häufigsten analysierten Einflußfaktoren für die angetroffenen Feuchteschäden. Da die Schadensursache häufig nicht eindeutig einem Einflußfaktor zugeschrieben werden kann, ergibt sich bei der Addition der Einflußfaktoren ein Wert größer als 100 %.

Einflußfaktoren für Feuchteschäden			Häufigkeit [%]
Bauwerk	Wärmebrücken	Attika	21
		Fensterlaibung	18
		sonstige	5
	Regenschutz	kleine Risse	37
		große Risse	15
	Aufsteigende Feuchte		9
Nutzer	Raumluftfeuchte (Schimmelbefall auf Möbeln)		31

Tabelle 5 Zusammenstellung der aufgefundenen Pilzspezies aus den analysierten Proben bei der Untersuchung nach [1].

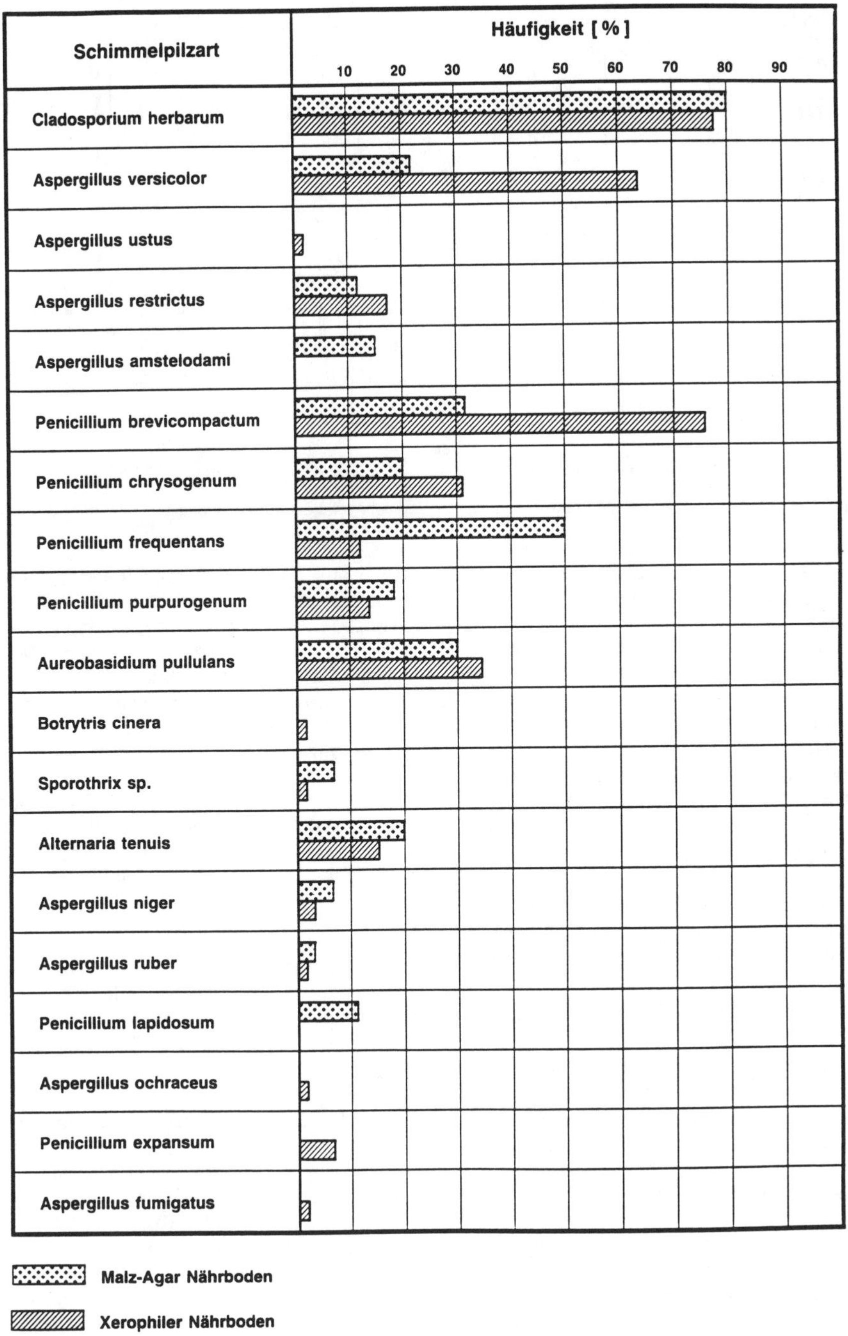

Schimmelpilzart	Häufigkeit [%]
	10 20 30 40 50 60 70 80 90
Cladosporium herbarum	
Aspergillus versicolor	
Aspergillus ustus	
Aspergillus restrictus	
Aspergillus amstelodami	
Penicillium brevicompactum	
Penicillium chrysogenum	
Penicillium frequentans	
Penicillium purpurogenum	
Aureobasidium pullulans	
Botrytris cinera	
Sporothrix sp.	
Alternaria tenuis	
Aspergillus niger	
Aspergillus ruber	
Penicillium lapidosum	
Aspergillus ochraceus	
Penicillium expansum	
Aspergillus fumigatus	

▨▨▨ Malz-Agar Nährboden

▨▨▨ Xerophiler Nährboden

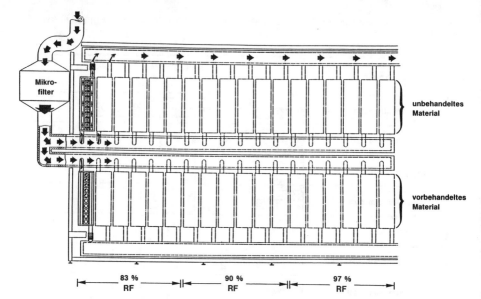

Abb. 2: Schematische Darstellung der Schimmelpilz-Versuchsanlage des Fraunhofer-Institutes für Bauphysik.

die die Materialproben aufgebracht werden. Die relativ große Anzahl der Probekörper, die identischen Bedingungen ausgesetzt werden, ist deshalb notwendig, damit eine ausreichende statistische Sicherheit gewährleistet ist. Insgesamt stehen 36 Paneele zur Verfügung. Die Testpaneele sind mit einer transparenten Abdeckung von der Umgebung abgeschlossen. Die gesamte Versuchsanlage wird aus einer Klimakammer mit konditionierter Luft versorgt. Der Luftstrom wird durch Mikrofilter geleitet, um Sporenfreiheit zu erreichen und strömt dann durch die Verteilerrohre zu den einzelnen Paneelen. Auf der Rückseite der Paneele sind Plattenwärmetauscher zum Kühlen der Probekörper installiert. Durch den motorisch geregelten Kühlwasserstrom werden in jedem Paneel die Oberflächentemperatur bzw. die Oberflächenfeuchte der Proben individuell eingestellt.

Für eine erste Untersuchungsreihe sind Oberflächenmaterialien ausgesucht worden, die in bewohnten Räumen häufig verwendet werden. Es handelt sich um Gips, Wandfarben und Tapeten. Die Wandfarben und Tapeten sind auf einen Gipsuntergrund aufgebracht worden. Die Materialproben, die im Versuchsstand in die untere Reihe (siehe Abb. 2) eingebaut wurden, sind mit Milchsäure (eine leicht abbaubare organische Substanz) als Standardbelastung vorbehandelt. Diese „Verschmutzung" wurde so

eingestellt, daß die angebrachte Menge Milchsäurelösung in einem Gipszylinder (Scheibe) von 50x1,0 mm eine Milchsäurekonzentration von 0,5% erzeugt. Diese gipsbezogene Menge Milchsäure wurde bei allen Materialien aufgetragen. Die Vorbehandlung wurde deshalb vorgenommen, damit man den Einfluß von organischen Ablagerungen erkennen kann.

Bevor die Materialproben in den Versuchsstand eingebaut werden, wird die Sporensuspension aus 10 Schimmelpilzspezies aufgesprüht. Auf der Oberfläche von 19 cm^2 werden ca. 2×10^5 Sporen aufgebracht.

Der Versuchsstand ist für diese Untersuchung in 3 Feuchtebereiche aufgeteilt. Die relative Luftfeuchtigkeit an der Oberfläche beträgt im ersten Bereich 83%, im zweiten Bereich 90% und im dritten Bereich 97%. Die Lufttemperatur und Luftfeuchte an der Einströmstelle der Verteilerrohre beträgt 21° C; die relative Feuchte 68%. Die Luftgeschwindigkeit wird auf 0,1–0,2 m/sek, gemessen in der Probenebene, eingestellt. Diese Zustände werden kontinuierlich eingehalten. Bei einigen Materialien haben sich bereits nach der zweiten Woche bei 97% relativer Luftfeuchte (RF) mit dem bloßen Auge erkennbare Kolonien gebildet. Dieser Vorgang kann nach der 3. Versuchswoche auch bei 90% RF beobachtet werden. Bei 83% RF tritt wäh-

78

rend der 5. und 6. Woche bei einigen Materialien der erste Pilzbefall auf. Der Versuch wird nach 6 Wochen Laufzeit beendet. Es kann die allgemeine Tendenz beobachtet werden, daß die Oberflächenmaterialien, die am Ende des Versuchs am stärksten befallen sind, am frühesten einen Schimmelbewuchs zeigten.

Die erste Versuchsreihe hat gezeigt, daß sowohl die relative Feuchte an der Oberfläche als auch die Materialbeschaffenheit und die Beschmutzung der Oberfläche einen Einfluß auf das Schimmelpilzwachstum ausüben. Es wurde deutlich, daß die Feuchtegrenze für Schimmelpilzbildung nicht, wie häufig angenommen, im Taupunktbereich liegt, sondern materialabhängig bereits bei ca. 80 % an der Oberfläche auftreten kann. Die Meßergebnisse zeigen ferner, daß kleine Temperaturdifferenzen (bei den hier zugrunde gelegten Randbedingungen ca. 3 Kelvin) darüber entscheiden können, ob die Feuchtezustände auf der Oberfläche im unkritischen Bereich liegen oder bereits Tauwasser – der Havariefall – auftritt.

Aus den Untersuchungen, in Ergänzung mit den Aussagen aus [4], lassen sich die Wachstumsbedingungen wie folgt beschreiben:

Nährstoffansprüche

Als Lebewesen ohne Blattgrün sind die Pilze nicht befähigt, die zu ihrer Ernährung notwendigen organischen Substanzen wie die grünen Pflanzen aus Kohlendioxyd und Wasser unter Verwendung von Lichtenergie durch Photosynthese aufzubauen. Die Pilze sind von einer organischen Kohlenstoffquelle abhängig, das heißt kohlenstoffheterotroph. Die Hausschimmelpilze absorbieren ihre Nahrung daher in gelöster Form hauptsächlich aus den lebenden, toten oder synthetischen organischen Nährstoffen der Umgebung. Diese dienen ihnen als Kohlenstoff- und Energiequelle.

Die Nährstoffansprüche der Schimmelpilze sind so minimal, daß dem Hausschimmel meist schon der unvermeidliche Staub in den Wohnräumen für die Ernährung ausreicht. Dieser Staub entsteht ständig, z. B. durch die Verunreinigung der in den Raum eindringenden Außenluft, durch eingeschleppten Straßenschmutz und durch Teilchen, welche sich von der Kleidung, der Körperhaut der Bewohner und der Wohnungseinrichtung ablösen sowie in Raucherwohnungen durch Rauchablagerungen. Einen besonders guten Nährboden für Schimmelpilze bilden Rauhfasertapeten mit ihrem hohen Anteil an Zucker, Eiweiß und Lignin sowie Dispersionsfarben mit einem Quellmittelanteil auf Zuckerbasis.

Kunststoffputze und Putzmörtel, die zur Verbesserung der Geschmeidigkeit und Untergrundhaftung einen Zusatz von Polyvinylacetat (PVAC) enthalten, werden schneller und verstärkt von Schimmelpilzen besiedelt. Das Polyvinylacetat wird im alkalischen Putz in Polyvinylalkohol (PVA) und Acetat gespalten. Das Acetat dient den Pilzen dann als Kohlenstoffquelle. Der PVAC-Zusatz bewirkt auch eine erhöhte Wasserdampfaufnahme. Dadurch wird der pH-Wert schneller in den für Schimmelpilze geeigneten Bereich abgesenkt.

Das Wachstum und die Vermehrung der Hausschimmelpilze hängen jedoch nicht nur vom Nährstoffangebot ab, sondern werden von den jeweiligen Umweltbedingungen beeinflußt. Maßgebend sind die vorhandene Feuchtigkeit, Temperatur und der pH-Wert.

Feuchtigkeit

Die Schimmelpilze benötigen für die Sporenkeimung, das Myzelwachstum und die Sporenbildung Feuchtigkeit. Die erforderliche Feuchtigkeit wird mit der Wasseraktivität, dem sogenannten a_W-Wert angegeben. Der a_W-Wert bestimmt den für Mikroorganismen frei verfügbaren Wasseranteil, der nicht durch lösliche Substanzen (Salze, Kohlenhydrate, Eiweißstoffe) gebunden ist.

Man definiert die Wasseraktivität als Quotient des Wasserdampfdruckes im Substrat (P_D) und des Sättigungsdruckes (P_S) des reinen Wassers bei derselben Temperatur ($a_W = P_D/P_S \leq 1,0$). Der Zusammenhang zwischen a_W-Wert und der relativen Luftfeuchte (RF), die im Gleichgewicht mit dem Substrat über diesem herrscht, wird mit der Ausgleichsfeuchte hergestellt. Z. B. entspricht $a_W = 0,8$ einer Ausgleichsfeuchte von 80 %. Die meisten Hausschimmelpilze haben ihr a_W-Minimum um 0,80–0,85 und ihr a_W-Optimum bei 0,90–0,98.

Einige Schimmelpilzarten zeigen jedoch eine große Anpassungsfähigkeit. Sie können auch noch bei niedrigen a_W-Werten von 0,7 keimen, 0,65 wachsen und 0,75 Sporen bilden.

Temperatur

Die Hausschimmelpilze sind während ihres Wachstums häufig schwankenden Temperaturen ausgesetzt, denen sie sich anpassen müssen. Für das Myzelwachstum liegt die Minimaltemperatur meist bei 0 °C, die Optimaltemperatur bei 20 bis 30 °C und die Maximaltemperatur zwischen 30 und 45 °C.

pH-Wert des Substrates

Die Schimmelpilze bevorzugen ein leicht saures Milieu mit pH-Werten zwischen 4,5 und 6,5. Viele Schimmelpilze können durch Ausscheidung von Stoffwechselprodukten den pH-Wert des Substrates zu ihren Gunsten verändern. Einige Arten wachsen noch bei pH um 2 oder pH um 8.

Luftsauerstoff

Die Hausschimmelpilze benötigen zum Leben Sauerstoff. Sie stellen jedoch geringere Ansprüche an den Sauerstoffgehalt der Atmosphäre als der Mensch.

Licht

Für das Wachstum der Hausschimmelpilze ist Licht nicht erforderlich; bei einigen Arten wird jedoch die Bildung von Konidien durch Licht angeregt.

Zusammenfassend ist zu beachten, daß die Schimmelpilze artenreich und anpassungsfähig sind. Manche Arten lieben es z. B. trockener, andere feuchter, manche Arten lieben es wärmer, andere kälter. Zugluft vertragen die Schimmelpilze nicht gut. Bei den vielen vorhandenen Schimmelpilzarten entscheidet das Milieu, welche Art zur Vermehrung kommt.

In Tabelle 6 sind die einzelnen Einflußgrößen zusammenfassend dargestellt.

Da alle Parameter im bauüblichen Bereich liegen, lassen sich begrenzende Maßnahmen nur über die Parameter Feuchte und pH-Wert erzielen. Der pH-Wert-Einfluß begrenzt sich jedoch nur auf unverschmutzte Materialien, so daß praktisch nur eine Eingrenzung der Feuchtebedingungen vor der Oberfläche zur erfolgreichen Schadensbegrenzung führen kann.

4. Bauphysikalische Einflußgrößen

Aus den Untersuchungen zu den Pilzwachstumsbedingungen geht hervor, daß im bauüblichen Temperaturbereich bei relativer Luftfeuchte vor den Bauteiloberflächen von über 80 % bei den meisten Materialien Schimmelpilzwachstum einsetzt, da das erforderliche Nahrungsangebot über den Hausstaub und Aerosole in den Räumen sichergestellt ist. Es ist daher sicherzustellen, daß diese kritischen Raumluftzustände vermieden bzw. so kurz wie möglich gehalten werden.

In der in [5] durchgeführten Auswertung der Einflüsse auf die Raumluftzustände konnte aufgezeigt werden, daß unter Zugrundelegung eines raumseitigen Wärmeübergangskoeffizienten von 6 W/m^2 K, wie er im Tauwassernachweis nach DIN 4108 anzusetzen ist, bei durchschnittlicher Raumbenutzung und der Annahme der Sicherstellung eines hygienischen Mindestluftwechsels es bei Außenwandkonstruktionen mit Mindestwärmeschutz nicht zu kritischen Feuchtebedingungen führen darf. Die Untersuchungen ergaben, daß Bauteile, die an der thermisch schwächsten Stelle mindestens eine normierte Oberflächentemperatur von

Tabelle 6   Zusammenstellung der wichtigsten Einflußgrößen auf das Schimmelpilzwachstum, nach [3].

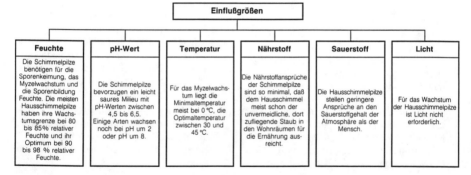

Einflußgrößen					
Feuchte	**pH-Wert**	**Temperatur**	**Nährstoff**	**Sauerstoff**	**Licht**
Die Schimmelpilze benötigen für die Sporenkeimung, das Myzelwachstum und die Sporenbildung Feuchte. Die meisten Hausschimmelpilze haben ihre Wachstumsgrenze bei 80 bis 85 % relativer Feuchte und ihr Optimum bei 90 bis 98 % relativer Feuchte.	Die Schimmelpilze bevorzugen ein leicht saures Milieu mit pH-Werten zwischen 4,5 bis 6,5. Einige Arten wachsen noch bei pH um 2 oder pH um 8.	Für das Myzelwachstum liegt die Minimaltemperatur meist bei 0 °C, die Optimaltemperatur zwischen 30 und 45 °C.	Die Nährstoffansprüche der Schimmelpilze sind so minimal, daß dem Hausschimmel meist schon der unvermeidliche, dort zuliegende Staub in den Wohnräumen für die Ernährung ausreicht.	Die Hausschimmelpilze stellen geringere Ansprüche an den Sauerstoffgehalt der Atmosphäre als der Mensch.	Für das Wachstum der Hausschimmelpilze ist Licht nicht erforderlich.

| Grundriß | Schnitt mit Darstellung des untersuchten freistehenden Schrankes | Schnitt mit Darstellung des untersuchten Einbauschrankes |

Abb. 3: Darstellung des Testraumes und der untersuchten Schrankanordnungen zur Bestimmung des raumseitigen Wärmeübergangskoeffizienten an Außenwänden bei unterschiedlichen Heizsystemen, nach [6].

$\Theta \cdot 0{,}65$ aufweisen, in der Regel nicht schadensanfällig sind. Die normierte Oberflächentemperatur läßt sich nach [5] schreiben als

$$\Theta = \frac{\vartheta_{oi} - \vartheta_{La}}{\vartheta_{Li} - \vartheta_{La}} = 1 - \frac{k}{\alpha_i} \quad [-]$$

mit

ϑ_{oi} = raumseitige Oberflächen- [°C]
temperatur
ϑ_{Li} = Raumlufttemperatur [°C]
ϑ_{La} = Außenlufttemperatur [°C]
k = Wärmedurchgangskoeffi- [W/m^{2}K]
zient
α_i = raumseitiger Wärmeüber- [W/m^{2}K]
gangskoeffizient

Wie aus der Gleichung hervorgeht, ist die normierte Oberflächentemperatur nur abhängig vom Dämmwert des Bauteils und vom raumseitigen Wärmeübergangskoeffizienten. In einer Arbeit [6] im Rahmen einer Arbeitsgruppe der Internationalen Energieagentur (IEA) wurden zur Überprüfung der Anforderungen an den Mindestwärmeschutz von Außenbauteilen daher die raumseitigen Wärmeübergangskoeffizienten unter praktischen Bedingungen überprüft. An einer Außenwand eines Testraumes wurden für unterschiedliche Heizsysteme mit und ohne Möblierung die Wärmeübergangskoeffizienten meßtechnisch überprüft. In Abb. 3 ist der Testraum im Grundriß und Schnitt dargestellt. In den Schnitten ist auch die untersuchte Schrankanordnung dargestellt.

Die in Wandmitte ohne Möblierungseinfluß gemessenen Wärmeübergangskoeffizienten für die untersuchten Heizsysteme sind in Abb. 4 dargestellt. Links sind die jeweils auf die Lufttemperatur in Meßebene bezogenen Werte als „Höhenprofil", rechts die auf die mittlere Raumlufttemperatur bezogenen Meßwerte als „homogen" dargestellt. Aus der linken Darstellung ist erkenntlich, daß die gemessenen Werte im praktischen Bereich der DIN 4108 zwischen 6 und 8 W/m^2 K liegen. Die rechte Darstellung zeigt den großen Einfluß der Meßwerte vom Bezugsort. Durch den Wechsel des Bezugsortes von der Meßebene in die Raummitte redu-

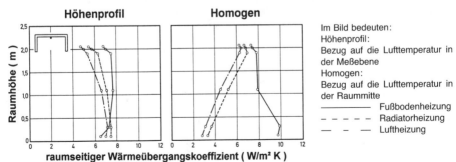

Abb. 4: Raumseitiger Wärmeübergangskoeffizient in Abhängigkeit von der Raumhöhe an einer homogenen unmöblierten Außenwand bei unterschiedlichen Heizsystemen, nach [6].

81

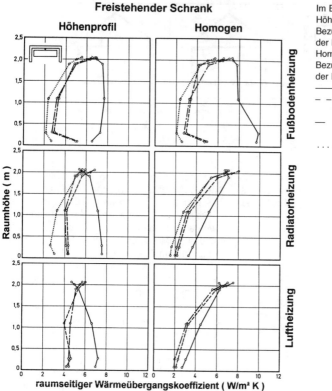

Freistehender Schrank

Höhenprofil | Homogen

Fußbodenheizung
Radiatorheizung
Luftheizung

Raumhöhe (m)

raumseitiger Wärmeübergangskoeffizient (W/m² K)

Im Bild bedeuten:
Höhenprofil:
Bezug auf die Lufttemperatur in der Meßebene
Homogen:
Bezug auf die Lufttemperatur in der Raummitte
———————— ohne Schrank
– – – – – leerer Schrank;
Wandabstand 5 cm
— – — gefüllter Schrank;
Wandabstand 5 cm
·········· leerer Schrank,
Wandabstand 2 cm

Abb. 5: Raumseitiger Wärmeübergangskoeffizient in Abhängigkeit von der Raumhöhe an einer homogenen Außenwand hinter einem unbelüfteten freistehenden Schrankmöbel bei unterschiedlichen Heizsystemen, nach [6].

zieren sich die ermittelten Werte um über 50%. Diese Erkenntnisse sind besonders für den Gutachter wichtig, weil in der Gutachterpraxis häufig fälschlicherweise aus Oberflächentemperatur- und Raumlufttemperaturmessungen Aussagen über den Wärmeschutz von Wänden abgeleitet werden. Durch die Wahl des Meßortes können sich die so ermittelten Wärmedämmeigenschaften von Bauteilen um über 100% voneinander unterscheiden.

In den Versuchen wurde neben den Wärmeübergangskoeffizienten an ungestörten Wänden auch der Einfluß von Möbeln auf den Wärmeübergang bestimmt. In Abb. 5 sind die Meßergebnisse für einen freistehenden Schrank, in Abb. 6 für einen Einbauschrank für die untersuchten Heizsysteme dargestellt. Bei den Messungen wurde der Abstand zwischen Schrank und Außenwand verändert. Aus den Bildern ergibt sich, daß durch die Anordnung eines Schrankes vor der Außenwand der Wärmeübergangskoeffizient deutlich reduziert wird. Hierbei ist es von untergeordneter Bedeutung, ob der Schrank leer oder gefüllt ist. Die Reduzierung resultiert im wesentlichen aus dem verminderten Strahlungsaustausch mit den wärmeren Raumumschließungsflächen. Der Einfluß der verminderten Konvektion ist aus der Differenz zwischen den Schrankabständen von 5 und 2 cm ersichtlich.

Während sich die Wärmeübergangskoeffizienten beim freistehenden Schrank auf 2 bis 4 W/m²K reduzieren, erreichen sie beim Einbauschrank nur noch Werte von ca. 1 W/m² K. Zur Sicherstellung der erforderlichen normierten Oberflächentemperatur muß gegenüber der Normauslegung der Wärmeschutz versechsfacht werden.

82

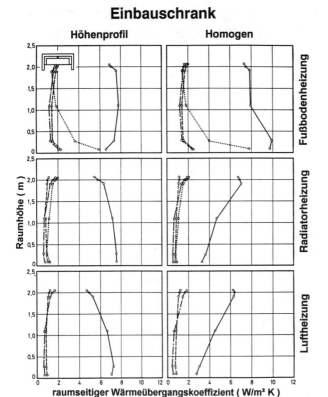

Einbauschrank

Höhenprofil   **Homogen**

Im Bild bedeuten:
Höhenprofil:
Bezug auf die Lufttemperatur in der Meßebene
Homogen:
Bezug auf die Lufttemperatur in der Raummmitte

————— ohne Schrank

– – – – – leerer Schrank; Wandabstand 5 cm

— – — gefüllter Schrank; Wandabstand 5 cm

.... leerer Schrank, Wandabstand 2 cm

Fußbodenheizung

Radiatorheizung

Luftheizung

Raumhöhe (m)

raumseitiger Wärmeübergangskoeffizient (W/m² K)

Abb. 6: Raumseitiger Wärmeübergangskoeffizient in Abhängigkeit von der Raumhöhe an einer homogenen Außenwand hinter einem Einbauschrank bei unterschiedlichen Heizsystemen, nach [6].

Die Ergebnisse der Untersuchungen zeigen, daß unter praktischen Bedingungen der Wärmeübergangskoeffizient deutlich kleiner sein kann, als er in der Norm festgeschrieben ist. Dies führt dazu, daß der Mindestwärmeschutz neu definiert werden muß. Die Anforderungen an den Wärmeschutz zur Schimmelpilzvermeidung an Bauteiloberflächen sind mindestens zu verdoppeln. Bei der Überarbeitung der DIN 4108 ist diesen Erkenntnissen Rechnung zu tragen.

5. Literatur

[1] Erhorn, H.: Schäden durch Schimmelpilzbildung im modernisierten Mietwohnungsbau. Umfang, Analyse und Abhilfemaßnahmen. Bauphysik 10 (1988), H. 5, S. 129–134.

[2] Nicolic, V. und Rouvel, L.: Vergleich des Wärmebedarfs bei unterschiedlicher Nutzung. Statusbericht „Lüftung im Wohnungsbau". Verlag TÜV-Rheinland (1984), S. 155–174.

[3] Erhorn, H.: Schimmelpilzanfälligkeit von Baumaterialien. Kurzmitteilung Nr. 196 des Fraunhofer-Institutes für Baupyhsik, Stuttgart, IBP-Mitteilung 17 (1990).

[4] Schrodt, J.: Schimmelpilzbefall in Wohnungen. BDB-Bausachverständigenhandbuch 1988/89.

[5] Erhorn, H. und Gertis, K.: Mindestwärmeschutz und/oder Mindestluftwechsel? GI 107 (1986), H. 1, S. 12–14 u. 71–76.

[6] Reiß, J. und Erhorn, H.: Convective and radiative film coefficients. Modelling aspects. Sourcebook IEA-Annex XIV „Condensation and Energy", pp. 3.40–3.71, Leuven (1991).

Konstruktive Berücksichtigung von Wärmebrücken Balkonplatten – Durchdringungen – Befestigungen

Dr.-Ing. Horst Arndt, Berlin

1. Wärmebrücken – ein aktuelles Problem

Wärmebrücken bleiben als thermisch schwache Punkte in Außenkonstruktionen ein aktuelles Thema. Ihre Auswirkungen: Der örtlich verstärkte Wärmeverlust und die Tauwasserbildung auf der raumseitigen Oberfläche sind hinreichend bekannt. Die Beherrschung der Wärmebrücken im Bauentwurf und in der Bauausführung bereitet jedoch noch Schwierigkeiten. Dafür gibt es einige Gründe.

Der größte Teil der Bauelemente besteht aus ebenen Platten, in denen unter Wärmeflußbedingungen ein eindimensionales Temperaturfeld vorherrscht. Durchdringen sich jedoch Bauteile mit unterschiedlichen thermischen Kenndaten oder ergeben sich aus konstruktiven Gründen von der Platte abweichende geometrische Formen, dann ändern sich die Verhältnisse. Es entstehen zwei- oder dreidimensionale Temperaturfelder, die mit den üblichen Dämmwertberechnungen für ein Element nicht mehr zu erfassen sind.

Für die theoretische Berechnung von kompliziert gestalteten Wärmebrücken stehen heute mehrere Verfahren zur Verfügung, die hinreichend genaue Ergebnisse liefern. Sie sind für den Architekten, den Bauingenieur während des konstruktiven Entwerfens jedoch nicht immer überschaubar zu handhaben.

Die übermäßig hohe Zahl der Tauwasserschäden im gegenwärtigen Baugeschehen ist sicher auch u.a. auf diesen Mangel zurückzuführen. Das energiebewußte Bauen, das Bauen nach den Grundsätzen des vernünftigen Wärmeschutzes erleichtert die Situation keinesfalls. In Außenkonstruktionen mit höherem Wärmeschutzniveau wirken Wärmebrücken bekanntlich wesentlich schärfer.

An ausgewählten Beispielen werden hier einige anwendungstechnische Grundsätze für Wärmebrückeneffekte erläutert, die speziell für Balkonplatten gelten.

2. Die Anatomie von Wärmebrücken

In der Anatomie der Wärmebrücken lassen sich vereinfacht drei Zonen erkennen (s. Abb. 1):

– Der Wärmesammler nimmt an der Innenseite die Wärme im Raum auf.
– Der Wärmeleiter führt die Wärme durch das Außenbauteil nach außen. Seine Wirkung steigt mit dem zunehmenden Unterschied seiner Leitfähigkeit zu der des angrenzenden Wandbaustoffes.
– Der Wärmeabstrahler oder -verteiler übergibt die ihm zugeleitete Wärme schließlich der kalten Außenluft.

Der Entwurfsbearbeiter kann an der Gestalt einer Wärmebrücke nicht immer etwas ändern. Er sollte aber die kritische Wirkung einer Wärmebrücke und den Nutzen von Gegenmaßnahmen einschätzen können.

Vor allem Wärmebrücken in einer massiven Konstruktion werden in ihrem Ausmaß oft nicht erkannt (s. Abb. 2). Der Wärmebrückentyp mit

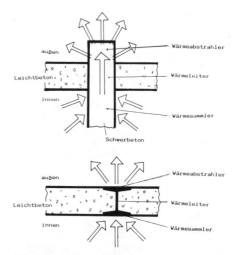

Abb. 1 Anatomie von Wärmebrücken

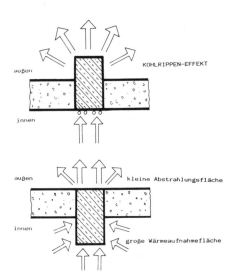

Abb. 2 Massive Wärmebrücken mit verschiedener Wirkung

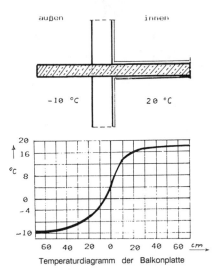

Temperaturdiagramm der Balkonplatte

Abb. 4 Balkonplatte mit Kühlrippen-Effekt

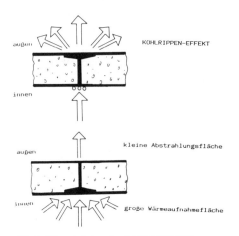

Abb. 3 Wärmebrücken durch Metallelemente

Kühlrippeneffekt garantiert dann Schimmelbildungen in schwerwiegender Form. Metallkonstruktionen, die das Außenbauteil vollständig durchdringen, zeigen sich als riskante Lösungen (s. Abb. 3). Dennoch gibt es auch hier Unterschiede in der Wirkung, die von der Gestaltung abhängen.

Schlußfolgernd lassen sich Grundregeln für die Gestaltung konstruktionsbedingter Wärmebrükken ableiten:

- Der Wärmesammler sollte eine größere Fläche als der Wärmeabstrahler aufweisen. Dem Wärmesammler muß möglichst viel Wärme zugeführt werden, damit seine Oberflächentemperatur nicht auf den kritischen Taupunkt abfällt. Hier entsteht aber der Widerspruch zu den Maßnahmen gegen größere Wärmeverluste.
- Der Wärmetransport über den Wärmeleiter sollte erschwert werden, indem ein geringer Querschnitt gewählt bzw. das Wärmeleitvermögen unterbrochen wird, z.B. durch den Einsatz von geeigneten Materialien wie Kautschuk-, Moosgummi- oder Balsaholzstreifen.
- Der Wärmeabstrahler soll möglichst eine kleine Fläche und eine geringe Wärmeleitfähigkeit erhalten. Wobei eine zusätzliche äußere Wärmedämmung unterschiedlich zu bewerten ist.

Diese Zusammenhänge werden an den Beispielen auskragender Balkonplatten sehr deutlich.

3. Wärmebrückenwirkung am Beispiel Balkone

Die aus dem Baukörper herausragende Balkonplatte präsentiert sich als verlängerte Geschoßdecke mit ausgeprägtem Kühlrippeneffekt (s. Abb. 4). In der Balkonplatte erfolgt ein schneller Temperaturabfall nach außen.

85

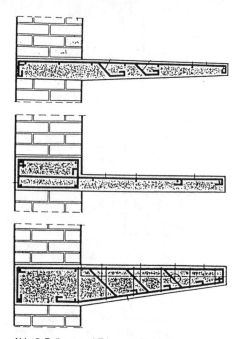

Abb. 5 Balkone und Erker aus Stahlbeton

Die gestalterische Vielfalt der Balkonplatten an Wohnhäusern, die älter als siebzig Jahre sind (s. Abb. 5), verlangt oft ein differenziertes Sanierungskonzept. Eine direkte Verbindung der Balkonplatte mit dem Betonsturzträger und der Deckenplatte bietet für den Statiker eine interessante Variante (s. Abb. 6), für den Bauphysiker wird die Sanierung interessant. Es ist keine Frage, daß die wirksamste Lösung, den Wärmebrückeneffekt auszuschließen, in der Trennung der Bauteile liegt. Dafür sprechen hinreichend viele Beispiele im heutigen Baugeschehen, ob in der monolithischen Bauweise (s. Abb. 7) oder in der Fertigteilbauweise (s. Abb. 8). Es können auch andere Möglichkeiten mit unterschiedlichem Erfolg gewählt werden. Über den Erfolg differenzierter wärmeschutztechnischer Maßnahmen bei auskragenden Balkonplatten hat HAUSER [4] in einer jüngsten Veröffentlichung berichtet.

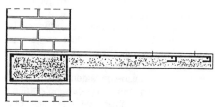

auskragende Balken tragen die Balkonplatten

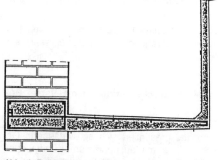

Abb. 6 Balkonplatte in Verbindung mit Deckenplatte und Sturzträger über der Balkontür

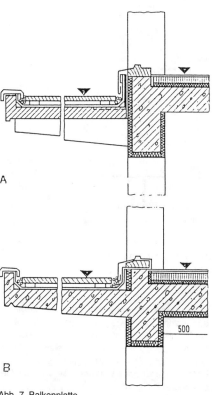

A

B

500

Abb. 7 Balkonplatte
A auf Konsolen lagernd – günstige Lösung
B als Teil der Geschoßdecke auskragend – ungünstige Lösung

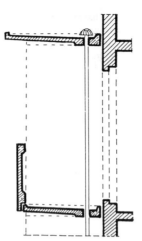

Abb. 8 Loggia-Elemente, getrennt von der Außenwand

Im folgenden Abschnitt sollen geeignete Konstruktionsmaßnahmen vereinfacht dargestellt und in ihrer Wirkung bewertet werden.

In der Tabelle 1 sind die Ergebnisse von typischen Durchdringungskonstruktionen vereinfacht dargestellt. Es sind Meß- und Rechenwerte unter Berücksichtigung von Veröffentlichungen anderer Autoren. Hier wurde als Vergleichsbasis eine an Bauwerken stets wieder vorzufindende Primitivausführung gewählt. Die Stahlbetondecke (Beispiel 0) wird als Balkonplatte ausgekragt. Die Dämmung des schwimmenden Estrichs verhindert zwar das Auskühlen des Fußbodens. An der kritischen Stelle (Innenecke zwischen Wand und Decke) beträgt jedoch die Oberflächentemperatur nur etwa 9° C. Der zusätzliche Wärmeverlust durch den Wärmebrückeneffekt wird für dieses Beispiel in der Tabelle gleich hundert Prozent gesetzt. Durch eine raumseitige Wärmedämmung der Außenwand (Beispiel 1) verringern sich zwar die Transmissionswärmeverluste im ungestörten und unbeeinflußten Wandbereich, der Wärmebrückeneffekt, bedingt durch die Balkonplattendurchdringung, wird aber verstärkt. Die Wärmeverluste über die Wärmebrücke verändern sich deshalb in ihrem Absolutwert kaum. Auf den engeren Wärmebrückenbereich bezogen, verschlechtern sich hier für dieses Beispiel 1 die angegebenen Tabellenwerte bis um dreißig Prozent.

Die Außendämmung der Wand (Beispiel 2) bewirkt ein Ansteigen der kritischen Oberflächentemperatur. Die Wärmeverluste werden allerdings nicht wesentlich reduziert.

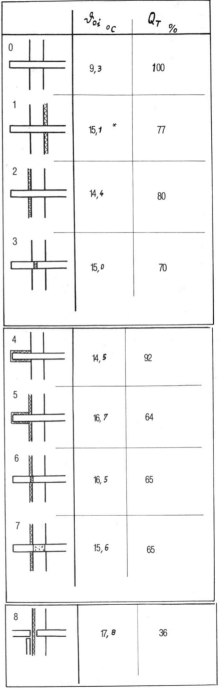

	$\vartheta_{oi}\ °C$	Q_T %
0	9,3	100
1	15,1 *	77
2	14,4	80
3	15,0	70
4	14,5	92
5	16,7	64
6	16,5	65
7	15,6	65
8	17,8	36

Tab. 1 Wärmeschutztechnische Maßnahmen an auskragenden Balkonplatten und ihre Ergebnisse

Die Trennung der auskragenden Balkonplatte von der Stahlbetondecke, indem wärmedämmende Bauteile als Zwischenelement eingesetzt werden, bringt eine deutlich positive Wirkung (Beispiel 3). Die Heizenergieverluste über die Wärmebrücke werden merkbar reduziert. Gleichzeitig wird die Oberflächentemperatur in den kritischen Abkühlungszonen erhöht.

Das vollständige Ummanteln der auskragenden Balkonplatte mit einer Wärmedämmung (Beispiel 4) führt zu keinem überzeugenden Erfolg. Es ist nachgewiesen, daß durch diese Methode eine Heizenergie-Einsparung nur in geringem Maße während der wechselnden Außentemperaturverhältnisse, jedoch keine während längerer gleichbleibender Kälteperioden erzielbar ist. Die Maßnahme, die Balkonplatte vollständig mit einer Dämmung zu ummanteln, ist außerdem schadensträchtig. Sie bringt jedoch den Vorteil, daß die temperaturbedingte Beanspruchung der Balkonplatte geringer wird. Die auskragende Balkonplatte erreicht in einem Abstand von etwa 700 Millimetern von der Außenkante der Wand bereits den Wert der Außenlufttemperatur. Deshalb hat eine Dämmung der Balkonplatte nur in Dämmstoffstreifen dieser Größenordnung einen energieökonomischen Sinn. Analog ist das Beispiel 5 zu werten. Die Kombination der Maßnahmen im Beispiel 2 und im Beispiel 3 führen zu den günstigen Ergebnissen des Beispiels 6 und des Beispiels 7.

Balkon- und Loggienbauwerksteile, die frei vor dem eigentlichen Gebäude (Beispiel 8) auf eigenen Stützen und Fundamenten angeordnet sind, lassen sich bauphysikalisch optimal beherrschen. Sie erfahren keine Zwängungsspannungen infolge von Temperaturwechseln. Zusätzliche Heizenergieverluste ergeben sich nur in geringem Maße oder gar nicht. Für diese konstruktiv vom Gebäude gelösten Balkone muß der Planer allerdings ein besonderes architektonisch-gestalterisches Können beweisen.

4. Zusammenfassung

Hinweise für auskragende Balkonplatten

Wärmeschutztechnische Sanierung:

1. Die nachträgliche Außendämmung der Außenwand bewirkt ein Ansteigen der raumseitigen Oberflächentemperatur im kritischen Bereich. Die relativen Wärmeverluste durch die Wärmebrücke werden nicht reduziert.

2. Die nachträgliche Außendämmung der Außenwand bringt in Verbindung mit einer zusätzlichen Wärmedämmung an der auskragenden Balkonplatte auf der Ober- und der Unterseite (Länge der Dämmstreifen von der Außenkante der Wand etwa 700 Millimeter) positive Ergebnisse.

3. Die nachträgliche Innendämmung der Außenwand hat eine niedrigere Oberflächentemperatur im kritischen Bereich im Vergleich zur ungedämmten Wand zur Folge. Die Temperaturabsenkung auf der massiven Wandoberfläche kann bis zu 5 Kelvin betragen (eine Dampfsperre ist häufig erforderlich). Die relativen Wärmeverluste über die Wärmebrücke werden größer.

4. Die allseitige nachträgliche Wärmedämmung für die auskragende Balkonplatte bleibt als alleinige Maßnahme wirkungslos und ist schadensanfällig.

Wärmeschutz für den Neubau:

1. Durch den Einbau von wärmedämmenden Bauteilen zwischen der Geschoßdecke und der auskragenden Balkonplatte können:
   – die wärmebrückenbedingten Heizenergieverluste und
   – die kritischen Abkühlungszonen der Decken- und Wandauflager
   erheblich verringert werden.
   Dafür bieten sich als Wärmedämmelement zwei Möglichkeiten an:
   a) Das Wärmedämmelement „ISOKORB", bestehend aus einem Polystyrol-Hartschaum-Körper der WLG 040, ist mit Bewehrungsstählen (Edelstahl V4A) ausgestattet, die mit den in die Betonkörper der Decken- und Balkonbauteile ragenden Betonstähle verschweißt sind. Diese Dämmelemente werden entsprechend den unterschiedlichen konstruktiven Anforderungen in verschiedenen Ausführungen hergestellt.
   b) Vorgefertigte „Thermobalken" aus Leichtbeton (LB 25) mit austretender Kragbewehrung werden entsprechend der konstruktiven Aufgabe hergestellt und erfüllen wie das unter a) genannte Wärmedämmelement ihren Zweck.

2. Die Balkonplatten werden frei vom Bauwerk auf zusätzliche Außenstützkonstruktionen beweglich und ohne wesentlichen Wärmekontakt zu den Innenbauteilen aufgelagert. Daraus ergeben sich die Vorteile, daß

– kein Wärmeabfluß aus dem Bauwerksinnenteil in die Balkonplatte erfolgt und damit keine zusätzlichen Heizenergieverluste zu verzeichnen sind
– keine Zwängungsspannungen infolge großer Temperaturwechsel auftreten.

Dieser kurzgefaßte Überblick sollte das Verständnis für die Zusammenhänge, wie sie sich bei Konstruktionsdurchdringungen ergeben, erleichtern.

Literatur:

[1] Eichler, F., und Arndt, H.: Bauphysikalische Entwurfslehre – Bautechnischer Wärme- und Feuchtigkeitsschutz, 2. Auflage, Verlag für Bauwesen, Berlin 1989

[2] Ahnert, R., und Krause, K.H.: Typische Baukonstruktionen von 1860 bis 1960 zur Beurteilung der vorhandenen Bausubstanz, Band 2, Bauverlag GmbH Wiesbaden und Berlin 1989

[3] Hauser, G., und Stiegel, H.: Wärmebrückenatlas für den Mauerwerksbau, Bauverlag GmbH Wiesbaden und Berlin 1990

[4] Hauser, G.: Auskragende Balkonplatten bei wärmeschutztechnischen Sanierungen, Bauphysik Sonderdruck aus 13 (1991), Heft 5, S. 144–150

[5] Rudolphi, R., und Müller, R.: Bauphysikalische Temperaturberechnungen in FORTRAN, Band 1, Zwei- bzw. dreidimensionale stationäre Probleme des Wärmeschutzes, B.G. Teubner Stuttgart 1985

[6] Mainka, G.W., und Paschen, H.: Wärmebrückenkatalog, B.G. Teubner Stuttgart 1986

[7] Schild, E.; Oswald, R.; Rogier, D., und Schnapauff, V.; Schweikert, H., und Lamers, R.: Bauschadensverhütung im Wohnungsbau, Schwachstellen, Band 1, Flachdächer, Dachterrassen, Balkone, Bauverlag GmbH Wiesbaden und Berlin, 4. Auflage 1987

Die geometrische Wärmebrücke
Sachverhalt und Beurteilungskriterien

Dr.-Ing. Rainer Oswald, Architekt und Bausachverständiger, Aachen

Von „geometrischen Wärmebrücken" spricht man, wenn der erhöhte Wärmestrom in Teilbereichen von Außenbauteilen nicht durch den bereichsweisen Einbau höher wärmeleitender Bauteile (materialbedingte Wärmebrücke), sondern durch die im Vergleich zur Innenoberfläche größere wärmeabgebende Außenoberfläche hervorgerufen wird, der erhöhte Wärmestrom also durch die Bauteilgeometrie bestimmt wird. Typische Beispiele sind u. a. Überzüge an Dächern, Unterzüge bei Durchfahrten, Kragplatten, besonders aber die Außenecken von Gebäuden. Die folgenden Betrachtungen konzentrieren sich auf die zuletzt genannte, bei konventionell errichteten Gebäuden praktisch unvermeidbare Form der geometrischen Wärmebrücke.

An der dreidimensionalen Außenecke liegt grundsätzlich die ungünstigste Situation vor, praktisch ist jedoch bei dreidimensionalen Ekken normalerweise die horizontale Fläche, z. B. als Flachdach, sehr gut wärmegedämmt, so daß meist die Betrachtung der zweidimensionalen Ecksituationen wichtiger ist. Problematisch sind nicht durch zusätzliche Wärmedämmschichten innen- oder außenseitig gut gedämmte, mehrschichtige Konstruktionen, sondern mäßig bis schlecht gedämmte einschalige, homogene Wandquerschnitte, die meist aus verputztem Mauerwerk oder Leichtbeton bestehen. Die folgenden Ausführungen beziehen sich demnach im wesentlichen auf die homogene, zweidimensionale Außenecke.

Bauphysikalische Sachverhalte:

Die geometrische Situation verursacht nicht nur eine erhöhte Wärmestromdichte aufgrund der im Vergleich zur Innenoberfläche größeren wärmeabgebenden Außenfläche (Kühlrippeneffekt); sie hat auch eine Abnahme des inneren Wärmeübergangskoeffizienten zur Ecke hin zur Folge. Während im ungestörten Wandbereich der Wärmeübergangskoeffizient Tabelle 1 bei ca. 8 W/m²K liegt (DIN 4108 rechnet mit 7,7; Erhorn ermittelt einen Wert von 8,2 W/m²K),

sinkt der Wärmeübergangskoeffizient in der Ecke auf Werte zwischen 5 – 6 W/m²K ab: (DIN 4108 Teil 3 Absatz 3.1 nennt einen Wert von 5,9, Hauser und Mainka rechnen mit 5,0; Erhorn ermittelt einen Wert von 5,8 W/m²K) (s. Tabelle 1). Aus den Untersuchungen von Kupke (siehe Diagramm 4) ist zu entnehmen, daß die Temperaturabsenkung in der Ecke zu ca. ⅔ durch den Kühlrippeneffekt und zu etwa ⅓ durch die Erhöhung des Wärmeübergangswiderstandes erzeugt wird.

Der Wärmeübergang an Bauteiloberflächen hat eine konvektive und eine strahlungsbedingte Komponente:

Folgt man den Untersuchungen von Erhorn, so ist bemerkenswert, daß entgegen der landläufigen Meinung nicht die geringere Konvektion, sondern der geringere Strahlungsaustausch im Eckbereich für die Temperaturabsenkungen maßgeblich ist (s. Abb. 1).

Wie die Diagramme 1 u. 2 und Tabelle 2 zeigen, ist in der ungestörten Fläche der strahlungsbedingte Wärmeübergangskoeffizient zu 70 % (5,8 W/m²K) am Gesamtwärmeübergangskoeffizienten beteiligt. Zur Ecke sinkt dieser Wert

Tab. 1   Wärmeübergangskoeffizienten an Wandinnenoberflächen nach verschiedenen Quellen

Wärmeübergangskoeffizienten:

(W/m²K)

Fläche:

DIN 4108	**7,7**
Erhorn	**8,2**

zweidimensionale Ecke:

DIN 4108	**5,9**
Mainka / Hauser	**5,0**
Erhorn	**5,8**

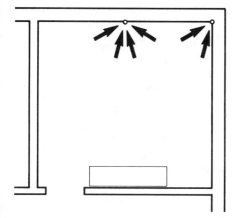

Abb. 1 Strahlungsaustausch Wandmitte und Wandecke

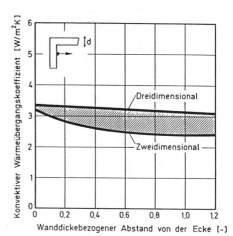

Diagramm 2 Strahlungsbedingter und konvektiver Wärmeübergangskoeffizient (Erhorn)

um 55% ab, während der konvektive Wärmeübergangskoeffizient sogar um 33% zur Ecke hin ansteigt, da durch die Abkühlung in der Ecke ein verstärkter Konvektionsstrom einsetzt. Der Einfluß des konvektiven Wärmeübergangs wurde also in zurückliegender Zeit meist falsch eingeschätzt.

Physikalische Folgen:

Die außenseitig vergrößerte Wärmeabgabe und die innenseitig verminderte Wärmeaufnahme haben insgesamt eine Absenkung der Oberflächentemperatur und eine Zunahme des Wärmestroms im Eckbereich zur Folge.

Aus dem zuletzt angesprochenen Diagrammen ist zu ersehen, daß sich die beschriebenen Effekte auf Zonen links und rechts der Kante beschränken, die bei monolithischen Konstruktionen etwa der Dicke des Bauteils entsprechen d.h., bei einem 24 cm dicken Mauerwerksquerschnitt ist eine ca. 24 cm breite Wandfläche; bei einem 49 cm dicken Mauerwerk eine ca. 49 cm breite Wandfläche beidseits der Kante betroffen.

Bei Bauteilen mit gleichem Wärmedurchlaßwiderstand hat die Bauteildicke zwar keinen deutlichen Einfluß auf die Ecktemperatur, wohl aber einen erheblichen Einfluß auf den über die Ecke stattfindenden zusätzlichen Wärmeverlust. So ermittelt Hauser bei den in der Abbildung 2 näher beschriebenen Randbedingungen für die dünnere Wand einen Wärmebrückenverlustko-

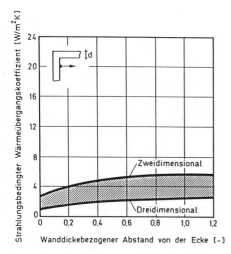

Diagramm 1 Strahlungsbedingter und konvektiver Wärmeübergangskoeffizient (Erhorn)

Tab. 2 Anteile von Strahlung und Konvektion am Gesamtwärmeübergangskoeffizienten (nach Erhorn)

Wärmeübergangskoeffizienten (W/m²K)

	Fläche		Ecke	
Strahlung	5,8	70 %	2,6	45 %
konvektiv	2,4	30 %	3,2	55 %
gesamt	8,2	100 %	5,8	100 %

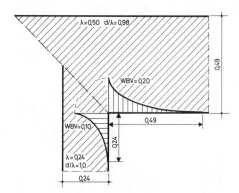

Abb. 2 Einwirkungsbereich und Größe des Wärmeverlustes bei unterschiedlich dicken Wänden und gleichem Wärmedurchlaßwiderstand

effizient von 0,1, für die doppelt so dicke Wand mit gleichem Wärmedurchlaßwiderstand den doppelt so großen Wärmebrückenverlustkoeffizient (WBV) von 0,2 W/mK.

Diese Feststellungen sind bedeutsam für die Breite der ggf. innenseitig zu dämmenden Zone und für die Bedeutung der Dämmaßnahmen bei unterschiedlichen Bauteildicken.

Bei mehrschichtigen Konstruktionen, d. h. Konstruktionen mit Außen- bzw. Innendämmung sind bei gleichem Gesamtwärmedurchlaßwiderstand die Breiten der Einwirkungszonen und damit auch der Umfang der Wärmebrückenverluste deutlich abweichend. So zeigen die Untersuchungen von Künzel (s. Diagramm 3), daß bei Innendämmaßnahmen der Wärmebrückeneffekt auf wenige Zentimeter neben der Ecke beschränkt bleibt, während bei Außendämmaßnahmen die Einwirkungszone auf mehr als das Doppelte der Bauteildicke ausgeweitet wird. Diese Betrachtungen haben jedoch in der Praxis keine wesentliche Bedeutung, da in der Regel beim Einbau zusätzlicher Wärmedämmschichten so hohe Wärmeschutzwerte erreicht werden, daß die nähere Untersuchung des Eckbereichs nicht mehr interessant ist.

Das absolute Maß der Absenkung der Oberflächentemperatur kann anhand der vorliegenden Wärmebrückenkataloge oder durch Berechnung ermittelt werden. Bei den Wärmebrückenkatalogen ist allerdings zu berücksichtigen, daß diese in der Regel für die gesamte Innenoberfläche mit dem gleichen, ungünstigeren Wärmeübergangskoeffizienten des Eckbereichs

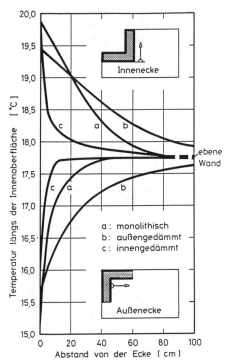

Diagramm 3 Temperaturverteilung entlang der Innenoberfläche von verschieden ausgeführten Innen- und Außenecken, in Abhängigkeit vom Abstand von der Ecke (gerechnet von der Innenkante ab, Künzel)

(meist 5 W/m²K) rechnen. Bei einer Außenwand mit Mindestwärmeschutz nach DIN 4108 (0,55 m² K/W) sinkt z. B. bei einer Außentemperatur von −15° C und einer Innentemperatur von 20° C die Oberflächentemperatur von 13,7° auf 6,5° C ab. Eine einfache Berechnungsmethode für die Ecktemperatur bietet Kupke anhand des Diagramms 4. Die Ecktemperatur errechnet sich dabei nach folgender Formel:

$$t_E = t_{io} - f_S \cdot \triangle t$$

Kupke bezeichnet den Faktor f_S mit „spezifischer Temperaturabsenkung".

Im Hinblick auf die realitätsnahe Beurteilung der Gefahr von Schimmelpilzbildungen weist Erhorn darauf hin, daß aufgrund der Temperaturträgheit der Bauteile und aufgrund der erforderlichen längeren Einwirkdauer von Tauwasser erst Kälteperioden von mehr als 5 Tagen

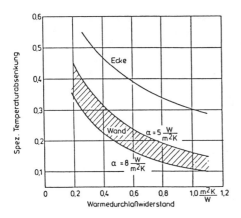

Diagramm 4 Spezifische Temperaturabsenkung f_s der Ecke bzw. der ungestörten Wand in Abhängigkeit vom Wärmedurchlaßwiderstand der Wand (Kupke)

Dauer Schimmelpilzprobleme zur Folge haben können.

Gemäß den meteorologischen Daten in Deutschland beträgt der niedrigste Tagesmittelwert einer 5-Tages-Periode −5° C. Der im Hinblick auf die Oberflächentauwasserbeurteilung in DIN 4108 Teil 3 genannte Wert von −15° C bietet daher eine relativ große Sicherheit.

Die Beurteilung der dreidimensionalen Ecke wird durch den bereits schon angesprochenen Sachverhalt erschwert, daß die horizontale Fläche meist mit unterschiedlichen Dämmschichten versehen wird und meist auch die Randausbildung durch Attiken oder Kragkonstruktionen geometrisch kompliziert ist. Hier können in den Wärmebrückenkatalogen für eine kleinere Zahl von Situationen die Ecktemperaturen abgelesen werden.

Die tatsächlichen Temperaturbedingungen an dreidimensionalen Ecken werden praktisch erheblich durch die in der Regel in Räumen zu beobachtende Temperaturschichtung beeinflußt. So ermittelt Erhorn für einen konvektorbeheizten Versuchsraum eine Temperaturschichtung zwischen Fußboden und Decke von ca. 18° − 22° C. Berechnet man z.B. im konkreten Schadensfall die Oberflächentemperatur der schimmelpilzbefallenen Wandaußenecke am Deckenanschluß mit einer Raummitteltemperatur von 20° C, so sind die Rechenergebnisse wesentlich ungünstiger als die tatsächlichen

Bedingungen unter Berücksichtigung der Temperaturschichtung. Will man die Temperaturschichtung z.B. durch eine entsprechende Erhöhung des Wärmeübergangskoeffizienten berücksichtigen, so müßte nach den Ermittlungen von Erhorn z.B. in 2,20 m Raumhöhe mit einem Gesamtwärmeübergangskoeffizienten von 13 W/m²K gerechnet werden.

Die dargestellten Berechnungen und Tabellenwerte können aufgrund der vielfachen Einflußfaktoren daher niemals eine konkret zu beurteilende Situation realistisch beschreiben. Es kann immer nur um eine rechnerische Abschätzung von Grenzwerten gehen.

Beurteilungsprobleme bei geometrischen Wärmebrücken

Bei der Beurteilung von Schimmelpilzerscheinungen in Außenecken stellt sich die grundsätzliche Frage, ob die bauphysikalischen Bedingungen in der Außenecke planerisch zu berücksichtigen sind, d.h. bei der Dimensionierung des Gesamtquerschnittes oder bei der gesonderten wärmeschutztechnischen Behandlung der Außenecke beachtet werden müssen. Letztlich geht es darum, ob die auftretenden Schimmelpilzschäden durch bauliche Mängel oder durch ein Fehlverhalten der Nutzer verursacht sind.

Die technische Bedeutung der Außenecke als Wärmebrücke läßt sich am besten durch den Vergleich mit anderen Wärmebrücken klarmachen.

Die Tabelle 3 stellt zu diesem Zweck die Bedingungen an der Außenecke eines mindestwärmegedämmten Gebäudes (Wanddicke 30 cm, Wärmedurchlaßwiderstand 0,55 m²K/W) zwei typische, häufige Wärmebrücken gegenüber: die ungedämmt durch die Außenwand hindurchgeführte Stahlbetonkragplatte und den ungedämmt bis 30 cm über Oberkante Gelände reichenden Gebäudesockel aus Stahlbeton.

Die Zahlenwerte wurden dem Wärmebrückenkatalog von Hauser entnommen, die Temperaturverhältniszahl Θ wird dabei zur besseren Veranschaulichung durch die Oberflächentemperaturen bei −15° C (Bemessungstemperatur für ungünstige Innenraumklimabedingungen gem. DIN 4108) und −5° C (tiefstes 5-Tages-Mittel) ergänzt. Demnach ist im Hinblick auf den Wärmeverlust zwar die Kragplatte die entschieden ungünstigste Konstruktion, im Hinblick auf die für die Schimmelpilzbildung entscheiden-

Tab. 3 Vergleich von Wärmebrücken

Vergleich von Wärmebrücken

Beispiel: 30 cm KS, beidseitig verputzt, $1/\Lambda = 0,55$

t_{Ecke} für $t_i = +20,0°$ C, tt_a -15 / -5° C

Konstruktion		Θ	t_{Ecke}	t_{Ecke}	W B V
Außenecke					
	2-dim.	0,62	6,7 (42 %)	10,5 (54 %)	0,18
	Decken-ecke	0,50	2,5 (31 %)	7,5 (44 %)	--
Kragplatte		0,67	8,5 (47 %)	11,8 (59 %)	0,46
Sockel		0,65	7,8 (45 %)	11,3 57 %)	0,18

den Oberflächentemperaturen stellt die Außenecke die eindeutig ungünstigste Situation dar. Hier ist im zweidimensionalen Eckbereich eine Tauwasserfreiheit nur bei relativen Luftfeuchten bis 42% bzw. 54% und in der Deckenecke bis 31% bzw. 44% gewährleistet.

Betrachtet man die Temperatursituation ohne zusätzlichen Sicherheitszuschlag (−5° C), so sind nach den hier vorgelegten Berechnungen bereits bei Innenraumluftfeuchten von 44% Tauwasserschäden zu erwarten. Da die von Hauser berechnete konstruktive Situation bei mindestwärmegedämmten Gebäuden allgemein üblich ist, müßten in einer äußerst großen Zahl von Wohnungen Schimmelpilze auftreten, da 44% bei 20° C mit Sicherheit auch bei gutem Lüftungsverhalten während eines großen Teils

des Jahres überschritten wird. Die faktisch deutlich geringere Häufigkeit von Tauwasserschäden in diesen Ecken kann nur durch die in der Berechnung nicht berücksichtigte tatsächlich vorhandene Temperaturschichtung im Raum erklärt werden.

Bauphysikalisch betrachtet stellt jedenfalls die Außenecke bei mindestgedämmten Häusern im Hinblick auf die Oberflächentemperatur eine schwerwiegendere Wärmebrücke dar, als die beiden übrigen von jedem Fachmann ohne Widerspruch als Wärmebrücke beurteilten Konstruktionen.

1980 wurde ein Gerichtssachverständiger mit folgendem Fall konfrontiert (s. Abbildung 3):

Bei einem 1974 erbauten Wohnhaus waren Schimmelpilzschäden an den Außenecken auf-

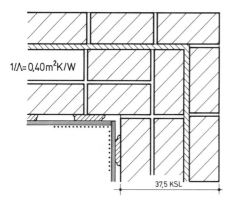

1/Λ= 0,40 m²K/W

37,5 KSL

Abb. 3 Konstruktive Situation der beim „Hammer Wärmebrücken-Urteil" untersuchten Konstruktion

getreten. Die Außenwände bestanden aus 37,5 cm dicken Kalksandsteinsichtmauerwerk mit innenseitiger Gipskartonplattenverkleidung. Der Wärmedurchlaßwiderstand betrug 0,40 m²K/W, erfüllte daher die damaligen Anforderungen an den Mindestwärmeschutz für Wärmedämmgebiet I (0,39 m²K/W) knapp.

Dem Sachverständigen wurden vom Gericht folgende Fragen gestellt:

- War das Problem der erheblichen Temperaturabsenkung an den Gebäudeaußenecken zum Zeitpunkt der Planung einem gut vorgebildeten Techniker bekannt?
- Hätte das Problem mit vertretbarem Aufwand vermieden werden können?

Der Sachverständige mußte beiden Fragen zustimmen: Es lag eine größere Zahl von allgemein zugänglichen Veröffentlichungen vor, die das Problem der geometrischen Wärmebrücken beschrieben.

Es wäre im übrigen bei der hier vorliegenden Situation mit Gipskartoninnenverkleidung relativ einfach möglich gewesen, den Wärmeschutz der Konstruktion durch Anordnung einer innenseitigen Dämmung unterhalb der Gipskartonplatte zumindest im Eckbereich zu verbessern.

Das Gericht entschied daraufhin, daß die Schimmelpilzerscheinungen auf einem Planungsmangel beruhen. Diese Entscheidung wurde auch 1981 durch das OLG Hamm bestätigt. Dieses Urteil ist als „Hammer Wärmebrückenurteil" in die Literatur eingegangen und hat zu einer umfangreichen Kontroverse geführt, da von der speziell zu begutachten-

den Situation abstrahiert wurde und anhand des Urteils die grundsätzliche Frage aufgeworfen wurde, ob ein gem. DIN 4108 (Ausgabe 1969) mindestgedämmtes Haus den allgemein anerkannten Regeln der Bautechnik entspricht.

Nach 1981 wurde die Beurteilungssituation eines Sachverständigen durch die Formulierung in DIN 4108 Teil 2, Ausgabe August 1981, wesentlich erschwert. Dort heißt es: „Für den Bereich von Wärmebrücken sind die Anforderungen der Tabelle 1 einzuhalten [dies heißt z.B. im Hinblick auf Außenwände Einhaltung des Mindestwärmeschutzes von 0,55 m² K/W auch im Bereich der Wärmebrücken]. Ecken von Außenbauteilen mit gleichartigem Aufbau sind *nicht* als Wärmebrücken zu behandeln."

Nach Erscheinen der 1981-er Norm steht der Sachverständige also vor der absurden Situation, weniger gravierende Wärmebrücken z.B. im Bereich von Kragplatten oder Sockeln als bauliche Mängel beurteilen zu müssen, während die schwerwiegendere Wärmebrücke in der Außenecke nicht als Mangel zu beurteilen wäre.

Als Einsprecher zum damaligen Normenentwurf bin ich zu dem Schluß gekommen, daß die Normenverfasser sich bei der Beibehaltung des Mindestwärmeschutzes und bei der Formulierung der oben zitierten Passage nicht von bauphysikalischen, sondern von wirtschaftspolitischen Erwägungen haben leiten lassen: Zum Zeitpunkt der Formulierung der damaligen Norm war die Erzielung von erheblich über dem Mindestwärmeschutz liegenden Wärmedurchlaßwiderständen mit einschaligen Mauerwerkskonstruktionen bei vertretbarer Wanddicke nicht zu verwirklichen. Eine wesentliche Erhöhung der Grundanforderungen hätte demnach einschneidende Auswirkungen auf den Baumarkt gehabt.

Es ist grundsätzlich angemessen, bei der Formulierung von Normen auch wirtschaftspolitische Aspekte zu berücksichtigen. Im vorliegenden Fall ergibt sich daraus die bis heute anhaltende unglückliche Situation, daß sich vor allen Dingen die Sachverständigen und die Gerichte aufgrund der Verquickung von wirtschaftspolitischen und bauphysikalischen Aspekten immer wieder in einem Beurteilungsdilemma befinden, da die Norm unlogisch ist.

Bedenkt man, daß die Entscheidung der Normverfasser im wesentlichen durch bauwirtschaftliche Praktikabilitätserwägungen bestimmt wurden, so wird deutlich, daß die verallgemeinernde Verwendung des „Hammer Wärmebrückenurteils" ungerechtfertigt ist:

Bei der damals zu beurteilenden Konstruktion bestand aufgrund der angewendeten innenseitigen Gipskartonplattenbekleidung keine Schwierigkeit zur Verbesserung des Wärmeschutzes in der Ecke; in anderen Situationen ist es daher durchaus denkbar, daß die Untersuchung zu dem Ergebnis kommt, daß ein erhöhter Wärmeschutz unüblich aufwendig gewesen wäre.

Es ist nicht verwunderlich, daß sich die Kritik am „Hammer Wärmebrückenurteil" zu einer Diskussion über die Verbindlichkeit und Richtigkeit der Mindestwerte in DIN 4108 ausgeweitet hat und die maßgeblichen Bearbeiter der Norm zu Gegenreaktionen veranlaßt hat. Die Argumentation insbesondere von Gertis (dessen Gegendarstellung zum „Hammer Wärmebrückenurteil" im übrigen an entscheidender Stelle Rechenfehler enthält), die einem Architekten grundsätzlich einen besseren Kenntnisstand als den „Normengebern" abstreitet, ist nicht überzeugend. Normen haben zwar die Vermutung für sich, allgemein anerkannte Regeln der Bautechnik zu sein, dies ist aber widerlegbar. Auf diesen Sachverhalt weist selbst das DIN ausdrücklich hin. Die faktische Tatsache einer sehr großen Zahl von Schadensfällen ist neben den vielen Untersuchungen der deutlichste Beweis dafür, daß mindestgedämmte Häuser nicht sicher funktionsfähig sind, bei Befolgung der DIN-Mindestvorschriften demnach also kein mangelfreies Werk erzielt wird. Zu dieser Erkenntnis kann ein Praktiker sogar eher kommen als Normungsinstitutionen, deren Gesichtskreis theoretischer ist und die durch Interessenvertreter stärker beeinflußt werden.

Die DIN 4108 hat im übrigen das geometrische Wärmebrückenproblem nicht geklärt, sondern lediglich per Definition als Problem ausgeklammert.

Ein entscheidender Kritikpunkt gegen die Normregelung wurde vor allem von Kamphausen vorgetragen: Technische Regeln müssen eine gewisse Funktionssicherheit gewährleisten, d.h. das Versagensrisiko muß eingeschränkt werden. Wie die oben näher beschriebenen Beispiele zeigen, ist im Eckbereich unter Annahme einer häufiger auftretenden Außentemperatur von $-5°$ C die Tauwasserfreiheit nur bei Luftfeuchtigkeiten von 54% bzw. 44% si-

chergestellt. Diese Werte können jedoch selbst bei gut belüfteten Räumen leicht überschritten werden. Bereits geringe Unregelmäßigkeiten in der Belüftung führen damit zum Schaden. Dies kann nicht Ziel einer Norm sein.

In 1986 veröffentlichten Untersuchungen haben Erhorn und Gertis darauf hingewiesen, daß Oberflächentauwasser nicht nur bei den tiefsten Außentemperaturen auftreten kann. Gerade zu den Übergangsjahreszeiten besteht aufgrund des hohen absoluten Feuchtegehaltes der Außenluft ebenfalls je nach Feuchteproduktion im Gebäudeinneren die Gefahr von Oberflächentauwasser.

Die alleinige Betrachtung der tiefsten Oberflächentemperatur und damit die Diskussion über realistische Annahmen zur tiefsten Außenlufttemperatur und zur relativen Luftfeuchtigkeit im Innenraum zum Zeitpunkt der tiefsten Außentemperatur verlieren damit an Bedeutung. Es zeichnet sich daher ab, daß in Zukunft die Diskussion eher über eine zumutbare Luftwechselrate geführt werden muß. Dies gilt erst recht für die Vielzahl der Schimmelpilzfälle nach dem Einbau neuer, dichter Fenster in älteren, mindestwärmegeschützten Gebäuden.

Die Verfasser kommen, z.B. im Hinblick auf Schlafräume, zu folgenden Ergebnissen. Demnach ist bei einem Feuchteanfall von 60 g/h eine Luftwechselrate von 0,8/h erforderlich. Eine Feuchteabgabe von 60 g/h entspricht der Mindestabgabe von 2 erwachsenen Personen. Bei vier mittelgroßen Topfpflanzen ergäbe sich z.B. eine Verdoppelung der stündlichen Feuchtigkeitsproduktion.

Dies würde deutlich höhere Luftwechselraten über 0,8/h erforderlich machen.

Es kann nicht sein, daß die Funktionssicherheit einer Wohnung davon abhängig ist, ob die Bewohner im Schlafraum 4 Topfpflanzen aufstellen oder nicht. Ein ausreichender Spielraum des Bewohnerverhaltens ist daher beim Mindestwärmeschutz ohne gleichzeitig baulich geregelten Luftwechsel nicht gewährleistet. Die Überlegungen zur Problematik der geometrischen Wärmebrücke führen zu folgenden Ergebnissen:

● Die Außenecke stellt bei mindestgedämmten Häusern eine erhebliche Wärmebrücke dar.

● Spätestens seit den umfangreichen Diskussionen zu Beginn der achtziger Jahre und seitdem ein erhöhter Wärmeschutz auch mit einschaligen Mauerwerkskonstruktionen möglich ist, entsprechen mindestwärmegedämmte Gebäude nach DIN 4108 nicht mehr den a.a.R.d.Bt. Die Mindestwerte der DIN 4108 müssen daher dringend angehoben werden.

Die Höhe des erforderlichen Mindestwärmeschutzes hängt von der Regelung des Luftwechsels ab.

Dies bedeutet:

- Mindestwärmeschutz und Mindestluftwechselrate müssen im Zusammenhang betrachtet und geregelt werden;

- Die Beurteilung des zumutbaren Lüftungsverhaltens ist *kein* Bausachverständigenproblem, sondern sollte vom jeweiligen Richter vorgenommen werden;

- Das Beurteilungsdilemma des Bausachverständigen hat keine technischen, sondern politische Ursachen!

- Die Diskussion über die Außenecken muß durch deutliche Anhebung des Mindestwärmeschutzes und planerische Maßnahmen zur Sicherstellung des Mindestluftwechsels endgültig beendet werden.

Literatur:

Erhorn, Hans u.a.: Wärme- und Feuchtigkeitsübergangskoeffizienten in Außenwandecken von Wohnbauten, Bauforschungsbericht F 2110 des BMBau, 1988.

Erhorn, H.; Gertis, K.: Mindestwärmeschutz oder/und Mindestluftwechsel? Gesundheitsingenieur 1/86.

Gertis, K.; Soergel, C.: Tauwasserbildung in Außenecken – kritische bauphysikalische und rechtliche Anmerkungen zu einem Urteil des OLG Hamm, Deutsches Architektenblatt 10/83.

Hauser, G.; Stiegel, H.: Wärmebrückenatlas für den Mauerwerksbau, Bauverlag 1990.

Kamphausen, P.A.: Risikoanalyse bei Feuchtigkeitsschäden in Wohngebäuden, Der Sachverständige 4/10.

Kupke, C.: Temperatur- und Wärmestromverhältnisse bei Eckausbildungen und auskragenden Bauteilen. Gesundheitsingenieur, Heft 4/1980.

Mainka, G.W.; Paschen, H.: Wärmebrückenkatalog, Teubner 1986.

Oswald, R.: Schwachstellen – veränderte Rahmenbedingungen – Beispiel Schimmelpilzschäden, Deutsche Bauzeitung 11/91.

Wärmebrücken

Beurteilungsmöglichkeiten und Planungsinstrumente

Prof. Dr.-Ing. G. Hauser, Kassel

Wärmebrücken bewirken einerseits zusätzliche Wärmeverluste und andererseits tiefe raumseitige Oberflächentemperaturen. Dementsprechend sind zur Kennzeichnung der Wirkung von Wärmebrücken auch zwei unterschiedliche, voneinander unabhängige Kenngrößen erforderlich.

1. Kennzeichnung zusätzlicher Wärmeverluste

Die infolge von Wärmebrücken zusätzlich auftretenden Transmissionswärmeverluste können gekennzeichnet werden durch die Verwendung

a) einer fiktiven Bauteilfläche, wobei die tatsächliche Fläche um einen Betrag verändert wird, welcher im Zusammenwirken mit dem Wärmedurchgangskoeffizienten des Bauteils den zusätzlichen Wärmeverlusten entspricht [1]

b) von %-Wert-Angaben, wobei auf eine definierte Umgebungsfläche mit dem dort vorhandenen eindimensionalen Wärmefluß bezogen wird [2]

c) von Termen, welche die Wärmebrückenverluste bei linienförmigen Wärmebrücken pro laufenden Meter und bei punktförmigen je Wärmebrücke, bezogen auf 1 K Temperaturdifferenz, angeben [3–10]. Die Einheit ist $W/(m \cdot K)$ bzw. W/K

d) eines „k-Wert-Zuschlags" für den gestörten Meterstreifen" im Wärmebrückenbereich. Die Einheit ist dabei $W/(m \cdot K)$ [11]

e) eines längenbezogenen Leitwertes in $W/(m \cdot K)$, welcher die Wärmeverluste des Bereiches, in welchem die Wärmebrücke wirksam ist, pro laufenden Meter kennzeichnet [12, 13]. Dabei muß auch der Wirkungsbereich der Wärmebrücke mit angegeben werden.

f) eines Leitwertes in W/K, welcher die gesamten Transmissionswärmeverluste von Außenbauteilen inklusive aller Wärmebrücken beschreibt [13].

Während von der Anschaulichkeit her die Varianten a) und b) Vorteile aufweisen, ist hinsichtlich der praktischen Handhabung der Variante c) der Vorzug zu geben.

Als Kenngröße wird in [7, 10] k_l für linienförmige und k_P für punktförmige Wärmebrücken benutzt. Dabei besteht die Gefahr, daß Baupraktiker diese Größe mit dem ihnen mittlerweile vertrauten k-Wert (Wärmedurchgangskoeffizienten) verwechseln. Indizes dienen dabei üblicherweise zur Kennzeichnung der Bauteile. Der Index „l" als Unterscheidungsmerkmal erscheint nicht ausreichend, zumal viele Schrifttypen zwischen „l" und „1" kaum Unterschiede aufweisen.

Geeigneter erscheint deshalb die Verwendung einer neuen Größe, welche auch den Inhalt impliziert: Wärmebrückenverlustkoeffizient WBV mit der Einheit $W/(m \cdot k)$ [5, 6, 8, 14, 15]. Bei punktförmigen Wärmebrücken wird zur Kennzeichnung ein p nachgestellt: WBV_p mit der Einheit W/K.

Dabei sei ausdrücklich darauf hingewiesen, daß hochwärmedämmende Bauteile zu hohen WBV-Werten neigen und deshalb für die Beurteilung des Wärmeschutzes insgesamt sowohl die k-Werte als auch die WBV-Werte unter Berücksichtigung der geometrischen Abmessungen heranzuziehen sind. (Die unter e) und f) beschriebenen Kenngrößen sind diesbezüglich klarer in der Aussage, ziehen jedoch eine komplizierte Vorgehensweise nach sich.)

Als Bezugsfläche können sowohl die Außenmaße als auch die Innenmaße Verwendung finden. Innenmaße haben den Vorteil, daß

● diese eine detailliertere Problembetrachtung zulassen als Außenmaße

● für eine exakte Dimensionierung von Heizflächen bzw. Heizleistungen bei asymmetrischen Bauteilen (z. B. Geschoßdecken) das raumseitige Zuweisen von Wärmebrückenwirkungen nur über den Innenflächenbezug möglich ist

● eine Umrechnung von innenmaßbezogenen WBV-Werten auf außenmaßbezogene möglich ist, nicht jedoch umgekehrt

● DIN 4701 „Regeln für die Berechnung des Wärmebedarfs von Gebäuden" [16] und die bislang existierenden Wärmebrückenkataloge [7–12] ebenfalls von Innenmaßen ausgehen

● hierdurch bei nach außen springenden Ek-ken generell positive WBV-Werte entstehen.

Bei den im weiteren vorgestellten Planungsin-strumenten werden die in den Abbildungen 1 und 2 gekennzeichneten Flächen und Wärme-durchgangskoeffizienten herangezogen.

Eine Umrechnung der innenmaßbezogenen WBV-Werte für außenmaßbezogene WBV-Werte ist leicht möglich. Für eine nach außen springende Außenwanddecke z. B. gilt:

$k_W \cdot A_{W,\text{Innenoberfläche}} + WBV_{\text{innenmaßbezogen}} \cdot l = k_W \cdot A_{W,\text{Außenoberfläche}} + WBV_{\text{außenmaßbezogen}} \cdot l$

mit

$K_W \cdot A_{W,\text{Außenoberfläche}} = A_{W,\text{Innenoberfläche}} + 2 \cdot s \cdot l$

somit:

$WBV_{\text{außenmaßbezogen}} = WBV_{\text{innenmaßbezogen}} - 2 \cdot s \cdot k_W$

Dabei stellt A die Fläche und s die Dicke der Außenwand dar. Die Größe l beinhaltet die Kantenlänge.

2. Kennzeichnung der raumseitigen Oberflächentemperaturen

Die raumseitigen Oberflächentemperaturen von Außenbauteilen sind zur Einschätzung der thermischen Behaglichkeit sowie insbesondere der Gefahr der Tauwasser- und Schimmelpilz-

bildung von Bedeutung. Sie werden im allge-meinen in °C angegeben [7, 11, 12]. Dies bedingt jedoch die zusätzliche Angabe der Außen- und der Innentemperatur. Da je nach Nutzung und meterologischen Gegebenheiten sehr unterschiedliche Randbedingungen zu wählen sind, wird in Anlehnung an [4] ein dimensionsloses Temperaturdifferenzenver-hältnis gem. folgender Definition benutzt:

$$\Theta = \frac{\vartheta_{Oi} - \vartheta_{La}}{\vartheta_{Li} - \vartheta_{La}}$$

mit

ϑ_{Oi} raumseitige Oberflächentemperatur in °C
ϑ_{Li} Raumlufttemperatur °C
ϑ_{La} Außenlufttemperatur in °C
$\Theta = 1,0$ entspricht der Raumlufttemperatur und $\Theta = 0$ der Außenlufttemperatur

Eine eventuelle Berechnung der raumseitigen Oberflächentemperatur in °C kann gem. folgen-der Gleichung erfolgen:

$$\vartheta_{Oi} = \Theta \cdot (\vartheta_{Li} - \vartheta_{La}) + \vartheta_{La}$$

Ein Θ-Wert von 0,64 entspricht somit bei einer Raumlufttemperatur von 20 °C und einer Au-

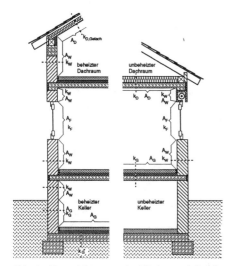

Abb. 1 Kennzeichnungen der Flächen und Angabe der k-Werte, die den WBV-Werten zugrunde liegen, im Vertikalschnitt eines Gebäudes.

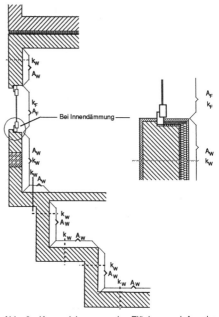

Abb. 2 Kennzeichnungen der Flächen und Angabe der k-Werte, die den WBV-Werten zugrunde liegen, im Horizontalschnitt eines Gebäudes.

ßenlufttemperatur von $-10\,°C$ einer Oberflächentemperatur von

$$\vartheta_{Oi} = 0{,}64 \cdot (20 + 10) - 10 = 9{,}2\,°C.$$

Das in [12] benutzte Temperaturdifferenzenverhältnis f steht mit Θ in folgendem Zusammenhang

$$\Theta = 1 - f$$

(In [13] wird Θ mit f_{Ri} und f mit ζ_{Ri} bezeichnet.)

Tauwasserbildung setzt ein, sobald

$$p_{s,\vartheta Oi} \leq \varphi \cdot p_{s,\vartheta Li}$$

$p_{s,\vartheta Oi}$ Sättigungsdampfdruck der Luft entsprechend der Temperatur der raumseitigen Oberfläche

$p_{s,\vartheta Li}$ Sättigungsdampfdruck der Luft entsprechend der Raumlufttemperatur

φ relative Feuchte der Raumluft (z. B. 0,5 bei 50 %).

Bei dem zuvor dargestellten Beispiel beträgt

$$p_{s,\vartheta Oi} = p_{s,9{,}2\,°C} = 1163\ Pa$$
$$p_{s,\vartheta Li} = p_{s,\,20\,°C} = 2340\ Pa$$

und die relative Feuchte der Raumluft darf maximal 50 % betragen, damit keine Tauwasserbildung einsetzt.

Der Nachweis der Oberflächentauwasserfreiheit kann alternativ auch über folgende Gleichung geführt werden: Sobald

$$\vartheta_{Oi} > (109{,}8 + \vartheta_{Li}) \cdot \varphi^{0{,}1247} - 109{,}8$$

oder

$$\Theta > \frac{(109{,}8 + \vartheta_{Li}) \cdot \varphi^{0{,}1247} - 109{,}8 - \vartheta_{La}}{\vartheta_{Li} - \vartheta_{La}}$$

tritt kein Tauwasser auf.

Darüber hinaus finden sich in [12] Gewichtsfaktoren g_0, g_1 und g_2, mit deren Hilfe bei Vorlage von 3 Temperaturrandbedingungen für den jeweiligen Temperaturbereich und für beliebige Temperaturen die minimale Oberflächentemperatur fixiert wird.

Es sei ausdrücklich darauf hingewiesen, daß Schimmelpilzbildung bereits bei Luftfeuchten erfolgen kann, die noch keine Tauwasserbildung zur Folge haben. Je nach Oberflächenmaterial kann bei Feuchten von über ca. 75 % [17, 18] bzw. ca. 80 % [19], bezogen auf die dazugehörige Oberflächentemperatur, auf dem Wege der Kapillarkondensation die notwendige Feuchte aufgenommen werden und bei entsprechender Dauer zur Schimmelpilzbildung führen.

3. Planungsinstrumente

Als Planungs- und Dimensionierungsinstrumente für Baupraktiker wurden die Atlanten

– Wärmebrücken-Atlas für den Mauerwerksbau [14]
– Wärmebrücken-Atlas für den Holzbau [15]

im Rahmen

– der vom Bundesministerium für Forschung und Technologie geförderten deutschen Mitarbeit in dem Forschungsprojekt „Condensation and Energy" (Annex 14 des „Energy Conservation in Buildings and Community Systems"-Programms) der internationalen Energie-Agentur (IEA) als Unterauftrag des vom Fraunhofer-Institut für Bauphysik, Stuttgart, bearbeiteten Vorhabens „Vermeidung von Feuchteschäden, Tauwasser- und Schimmelpilzbildung an Raumumschließungsflächen bei der Fortschreibung von Energiesparanforderungen" (033 87 65 A)
– eines vom Bayerischen Staatsministerium für Ernährung, Landwirtschaft und Forsten und der Holzwirtschaft über die Deutsche Gesellschaft für Holzforschung e. V., München geförderten Forschungsvorhabens

erarbeitet. Diese sollen

a) bei Neubauten Konstruktionshilfe liefern durch

– Erzeugung eines Problembewußtseins
– Darstellung von Lösungsmöglichkeiten im Sinne einer Baukonstruktionslehre
– Beseitigung der Scheu vor „neuen", „anderen" Konstruktionen
– die Schaffung von Vergleichsmöglichkeiten der Auswirkungen unterschiedlicher Konstruktionen
– die Möglichkeit einer exakten Dimensionierung von Heizanlagen sowie Vorausberechnung mittlerer Jahresheizwärmeverbräuche (Jahresheizwärmebedarf)

b) bei bestehenden Bauten dazu beitragen

– den thermischen Istzustand darstellen zu können, um damit u. a. Bauschadenserklärungen zu ermöglichen und gegebenenfalls die Grundlage für Bauschadensgutachten zu liefern
– die Auswirkungen nachträglicher baulicher Veränderungen, positive wie negative, aufzuzeigen
– den Wärmebedarf und die zu erwartenden Jahresheizwärmeverbräuche rechnerisch exakt zu erfassen und somit eine wichtige

Voraussetzung für eine heizenergetische Beurteilung bzw. Kennzeichnung von Gebäuden (Energiepaß) [20] zu liefern.

Deshalb werden auch Fälle behandelt, die

● in thermischer Hinsicht schlechte Lösungen darstellen

● einen großen Aufwand ohne Wirkung beinhalten.

Es wird versucht, möglichst viele gängige, sinnvolle aber auch weniger sinnvolle Lösungen in ihren thermischen Auswirkungen darzustellen.

Ein Beispiel für die Darstellung der Ergebnisse ist in den Abbildungen 3 und 4 wiedergegeben. Die Abbildungen 5 und 6 dokumentieren die Vorgehensweise.

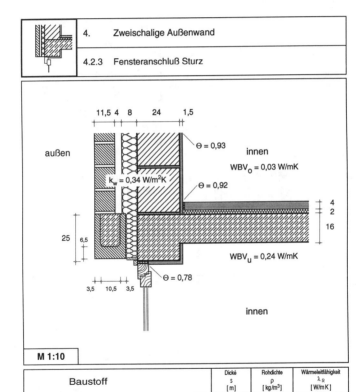

4.   Zweischalige Außenwand

4.2.3   Fensteranschluß Sturz

M 1:10

Baustoff	Dicke s [m]	Rohdichte ρ [kg/m³]	Wärmeleitfähigkeit λ_R [W/mK]
Gipsputz	0,015	1200	0,35
Mauerwerk	0,24	1200	0,56
Wärmedämmstoff	0,08	-	0,04
Luftschicht	0,04	-	0,235
Vormauerstein	0,115	2000	0,96
Zementestrich	0,04	2000	1,4
Wärmedämmstoff / Trittschalldämmung	0,02	-	0,04
Stahlbeton	0,16	2400	2,1

Abb. 3

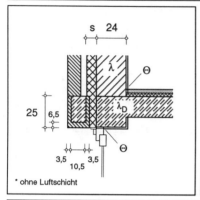

s 24

25 6,5

λ_D

Θ

3,5 3,5
10,5

Θ

* ohne Luftschicht

S [cm]	λ_D	$\lambda = 0,21$		$\lambda = 0,56$		$\lambda = 0,99$	
		WBV	θ	WBV	θ	WBV	θ
6	2,1	0,03 / 0,29	0,93 / 0,77	0,03 / 0,27	0,91 / 0,77	0,04 / 0,26	0,90 / 0,77
8	2,1	0,02 / 0,25	0,94 / 0,78	0,03 / 0,24	0,92 / 0,78	0,04 / 0,22	0,92 / 0,78
12 *	2,1	0,03 / 0,25	0,94 / 0,78	0,04 / 0,23	0,93 / 0,79	0,05 / 0,22	0,93 / 0,79
6	0,21	0,03 / 0,14	0,91 / 0,72	0,05 / 0,12	0,89 / 0,73	0,07 / 0,11	0,88 / 0,73
8	0,21	0,03 / 0,13	0,92 / 0,73	0,05 / 0,12	0,90 / 0,73	0,06 / 0,11	0,90 / 0,73
12 *	0,21	0,04 / 0,14	0,93 / 0,73	0,06 / 0,12	0,91 / 0,73	0,07 / 0,12	0,91 / 0,73

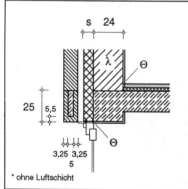

s 24

25 5,5

λ

Θ

3,25 3,25
5

Θ

* ohne Luftschicht

S [cm]	$\lambda = 0,21$		$\lambda = 0,56$		$\lambda = 0,99$	
	WBV	θ	WBV	θ	WBV	θ
6	0 / 0,18	0,94 / 0,75	0 / 0,17	0,92 / 0,75	0 / 0,17	0,91 / 0,75
8	0 / 0,16	0,95 / 0,76	0 / 0,15	0,93 / 0,76	0 / 0,15	0,93 / 0,76
12 *	0 / 0,14	0,96 / 0,76	0 / 0,13	0,95 / 0,76	0 / 0,13	0,95 / 0,76

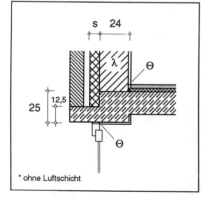

s 24

25 12,5

λ

Θ

Θ

* ohne Luftschicht

S [cm]	$\lambda = 0,21$		$\lambda = 0,56$		$\lambda = 0,99$	
	WBV	θ	WBV	θ	WBV	θ
6	0,10 / 0,73	0,86 / 0,60	0,15 / 0,69	0,83 / 0,66	0,19 / 0,66	0,82 / 0,61
8	0,11 / 0,72	0,87 / 0,60	0,15 / 0,68	0,84 / 0,61	0,19 / 0,66	0,83 / 0,62
12 *	0,11 / 0,72	0,87 / 0,61	0,16 / 0,68	0,85 / 0,62	0,20 / 0,65	0,84 / 0,62

Abb. 4

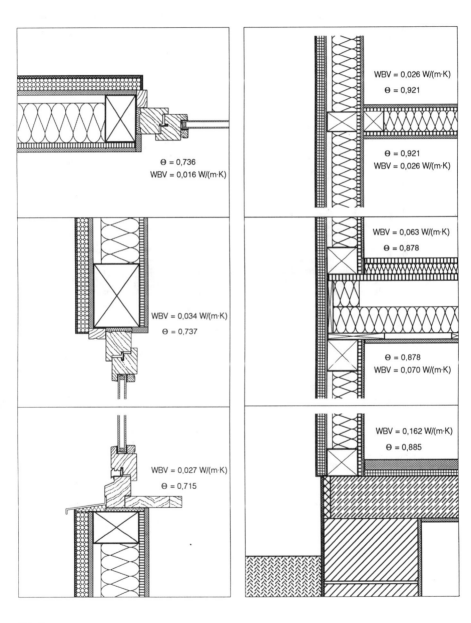

Abb. 5

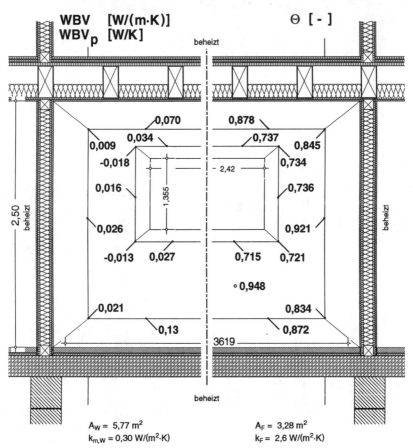

WBV [W/(m·K)]
WBV$_p$ [W/K]   Θ [-]

A_W = 5,77 m^2 A_F = 3,28 m^2
$k_{m,W}$ = 0,30 W/(m^2·K) k_F = 2,6 W/(m^2·K)

Spezifische Transmissionswärmeverluste		W/K	%
Eindimensionale Betrachtung	0,30 W/(m^2·K) · 5,77 m^2 + 2,6 W/(m^2·K) · 3,28 m^2	10,26	90,8
Linienförmige Wärmebrücken	+ 0,070 W/(m·K) · 3,62 m + 0,13 W/(m·K) · 3,62 m + 2 · 0,026 W/(m·K) · 2,5 m + 0,034 W/(m·K) · 2,42 m + 0,027 W/(m·K) · 2,42 m + 2 · 0,016 W/(m·K) · 1,355 m	1,04	9,2
Punktförmige Wärmebrücken	+ 2 · (0,009) W/K + 2 · (0,021) W/K + 2 · (-0,018) W/K + 2 · (-0,013) W/K	-0,002	-0,02
Summe		11,30	100,0

Abb. 6

4. Literatur

[1] Gruber, W.: Wärmedurchgang an Ecken und vorspringenden Bauteilen im Hochbau. Dissertation TU Braunschweig (1969).

[2] Gertis, K. und Erhorn, H.: Jetzt: Wärmebrücken im Kreuzfeuer? Baupyhsik 4 (1982), H. 4., S. 135–139.

[3] Cauberg, J. J. M. und Uyttendaele, J.: Inventarisatie van koudebruggen; kwantitatieve bepaling van de betekenis van koudebruggen voor het warmteverlies. Cauberg-Huygen Raadgevende Ingenieurs b.v. (1979). [18]
Baum, P.: Beitrag zur analytischen Berechnung von Wärmebrücken. 3. Bauklimatisches Symposium TU Dresden, Sektion Architektur. Dresden (1980).

[4] Hauser, G., Schulze, H. und Wolfseher, U.: Wärmebrücken im Holzbau. Bauphysik 5 (1983), Nr. 1, S. 17–21 und Nr. 2, S. 42–51.

[5] Brückmann, G., Marquardt, H. und Stiegel, H.: Einfluß der Gebäudegeometrie auf den Heizenergieverbrauch von Gebäuden unter besonderer Berücksichtigung von Wärmebrücken. Diplomarbeit Universität Kassel, Fachbereich Architektur (Jan. 1986).

[6] Hauser, G.: Einfluß der Baukonstruktion auf den Heizenergieverbrauch. Beckert, Mechel, Lamprecht: Gesundes Wohnen, Wechselbeziehungen zwischen Mensch und gebauter Umwelt. Beton-Verlag (1986), S. 405–417.

[7] Mainka, G. W. und Paschen, H.: Wärmebrückenkatalog. Teubner-Verlag, Stuttgart (1986).

[8] Hauser, G.: Wärmebrückenprobleme bei Gebäuden mit hoher Wärmedämmung. DBZ 37 (1989), H. 2, S. 193–196.

[9] Varfalvi, J.: Wärmebrücken – Die wichtigsten wärmetechnischen Kennzahlen – (Ungarisch). TU Budapest (1989).

[10] ISO/DP 9164: Thermal Insulation – Calculation of Space Heating Requirements – Residential Buildings. (Entwurf Mai 1986).

[11] SIA-Dokumentation 99: Wärmebrückenkatalog 1. Neubaudetails. Zürich (1985).

[12] Heindl, Krec, Panzhauser, Sigmund: Wärmebrücken, Springer-Verlag Wien (1987).

[13] CEN TC 89/WG1/N 156 „Thermal bridges – Calculation of surface temperatures and heat flows (Working Draft, März 1991).

[14] Hauser, G. und Stiegel, H.: Wärmebrücken-Atlas für den Mauerwerksbau. Bauverlag Wiesbaden 1990.

[15] Hauser, G. und Stiegel, H.: Wärmebrücken-Atlas für den Holzbau. Bauverlag Wiesbaden 1992.

[16] DIN 4701 „Regeln für die Berechnung des Wärmebedarfs von Gebäuden" (März 1983).

[17] Balázs, K. und Zöld, A.: Monitoring in Wohnungen in Kecskemet von 1987 bis 1989. (Ungarisch). TU und ETI Budapest (1989).

[18] Balázs, K. und Zöld, A.: Mindestluftwechsel im praktischen Test. Ermittlung der Bedingungen für die Schimmelpilzbildung in Räumen anhand der Kapillarkondensation. HLH 41 (1990), H. 7, S. 620–622.

[19] Erhorn, H.: Schimmelpilzanfälligkeiten von Baumaterialien. Fraunhofer-Institut für Bauphysik. Neue Forschungsergebnisse 17 (1990), Mitteilung 196.

[20] Hauser G. und Hausladen, G.: Energiekennzahl zur Beschreibung des Heizenergiebedarfs von Wohngebäuden. Herausgeber: Gesellschaft für Rationelle Energieverwendung e. V., Berlin. Energiepaß-Service Hauser & Hausladen GmbH, Baunatal 1991.

Die Bewertung von Wärmebrücken an ausgeführten Gebäuden – Vorgehensweise, Meßmethoden und Meßprobleme

Dipl.-Ing. Günter Dahmen, Architekt, Aachen

Stockflecken und Schimmelpilzbildungen auf unterschiedlichen Außenbauteilen zählen zu den häufigsten Schäden im Wohnungsbau. Am stärksten waren die Schäden nach dem Einbau neuer Fenster in Gebäuden entstanden, die nur nach den Mindestwärmeschutzanforderungen der DIN 4108 „Wärmeschutz im Hochbau" gedämmt waren.

Besonders betroffen waren die Raumecken zwischen den Außenwänden, der Auflagerbereich von Stahlbetondecken (insbesondere der Dachdecke) auf der Außenwand (Abb. 1), der Fußleistenbereich der Außenwand über der Kellerdecke, die Fensterleibungen und Heizkörpernischen, die an äußere Kragplatten angrenzenden Stürze und Deckenflächen sowie Außenwandflächen, die durch Möbelstücke verstellt bzw. durch Bilder und Vorhänge verdeckt waren.

Der Grund für die vielen, zum Teil mit großer Verbissenheit geführten, gerichtlichen Auseinandersetzungen zwischen Mieter und Vermieter über die Verantwortlichkeit für die Schäden ist darin zu suchen, daß die Schäden durch völlig unterschiedliche Ursachen, die sich in vielen Fällen gegenseitig überlagern, entstehen können. Dem Sachverständigen fällt in diesem Zusammenhang in der Regel die äußerst schwierige Aufgabe einer Ursachenzuordnung zu. Er muß dazu nicht nur die eingebauten Materialien und deren wärmetechnische Kenndaten und den ausgeführten Wärmeschutz von Detailpunkten an bestehenden Gebäuden ermitteln – was allein schon schwierig genug ist – sondern auch Informationen über in zurückliegender Zeit vorherrschende Raumklimaverhältnisse und damit über Heiz- und Lüftungsgewohnheiten der Bewohner beschaffen – ein häufig nicht oder nur unzureichend zu lösendes Problem. Im folgenden sollen Vorgehensweise und Meßmethoden, deren Anwendungsgrenzen und deren Probleme zur Bewertung von Wärmebrücken an Beispielen aufgezeigt werden.

Schadensbilder und Schadensursachen

Schimmelpilzbildungen, die als Nährboden u. a. einen hohen Feuchtegehalt auf der Bauteiloberfläche benötigen, und Feuchtigkeitsverfleckungen im Gebäudeinnern können prinzipiell auf folgende Ursachenmöglichkeiten zurückgeführt werden:

– Feuchtigkeitseinwirkung von außen (als Folge einer starken Schlagregenbeanspruchung, von Undichtigkeiten an Detailpunkten, von unterirdisch angreifendem Wasser) bzw. aus dem Querschnitt (als Folge einer undichten Leitung, von Baufeuchte)
– Ausfall von Tauwasser bzw. hohe Luftfeuchten auf der Bauteiloberfläche
– Ausfall von Tauwasser im Bauteilquerschnitt, der zur Verringerung des Wärmedämmwertes und damit bei gering gedämmten Bauteilen zur Absenkung der inneren Oberflächentemperatur unter die Taupunkttemperatur der angrenzenden Luft führen kann. Da diese

Abb. 1 Starke Schimmelpilzbildungen an geometrisch und materialbedingten Wärmebrücken

Vorgänge erfahrungsgemäß nur äußerst selten auftreten, wird hier nicht weiter darauf eingegangen.

Bei der Ursachenermittlung ist zunächst die räumliche Verteilung der Schäden am Gebäude festzustellen, ob nämlich alle Seiten des Gebäudes unabhängig von der Himmelsrichtung oder nur in eine bestimmte Richtung orientierte Wandflächen betroffen sind.

Sind nur auf den „Wetterseiten" (vorrangig nach Südwesten bis Nordwesten gerichtet) Schäden in Folge Feuchtigkeitseinwirkungen vorhanden, so ist im allgemeinen davon auszugehen, daß sie auf eine äußere Schlagregenbeanspruchung zurückzuführen sind. Wenn darüber hinaus die Schäden nicht nur auf bestimmte Anschlußbereiche begrenzt, sondern verteilt über die Regelquerschnitte aufgetreten sind, wird diese Annahme bestätigt. In diesem Fall sollten die Bauteilquerschnitte hinsichtlich der Wasseraufnahmefähigkeit und der Wasserspeicherfähigkeit näher untersucht werden.

Sind auf Nord-, Ost- und Südseiten ähnliche Schäden wie auf den Wetterseiten zu beobachten, scheidet Schlagregenbeanspruchung als wesentliche Schadensursache praktisch aus.

Neben der Feststellung der räumlichen Verteilung der Schäden sollte ihr zeitliches Auftreten hinterfragt werden:
- Wann sind die Schäden zum ersten Mal beobachtet worden? (Zeitpunkt nach der Fertigstellung bzw. nach Bezug des Hauses oder der Wohnung)
- Treten die Schäden nur im Winterhalbjahr und in den Übergangszeiten auf?
- Gibt es einen zeitlichen Zusammenhang der innen sichtbaren Schäden mit starken Regenfällen unabhängig von der Jahreszeit?

Die Beantwortung dieser Fragen kann die Ursachenermittlung erleichtern.

Aus dem Schadensbild sind ebenfalls Rückschlüsse auf die Schadensursache zu ziehen: Wenn neben einzelnen Schimmelpilzflecken scharf begrenzte Feuchtigkeitskränze und/oder Ausblühungen – möglicherweise verbunden mit Oberflächenzerstörungen in Form von Tapeten-, Farb- und Putzablösungen (Abb. 2) – vorhanden sind, dann ist in der Regel von einer Feuchtigkeitseinwirkung durch Schlagregen, aus Undichtigkeiten an Detailpunkten, durch aufsteigende Feuchtigkeit aus dem Boden oder durch Brauchwasser (undichte Leitung) als Schadensursache auszugehen. Diese relativ

Abb. 2 Farb- und Putzzerstörungen durch Salzausblühungen

eindeutige Zuordnung von Ursache und Wirkung hängt mit folgendem Vorgang zusammen: Wird Wasser in flüssiger Form durch den Bauteilquerschnitt hindurch transportiert, werden sehr häufig lösliche Salze in den Bauteilschichten gelöst und zur inneren Oberfläche transportiert, wo sie beim Verdunsten des Wassers wieder als Salze ausgeschieden werden. Hierbei entsteht ein Kristallisationsdruck, der häufig Farb- und Putzzerstörungen zur Folge hat. Diese Salzausscheidungen müssen aber nicht zwangsläufig auf der Oberfläche sichtbar sein, sondern können auch z.B. unter einer Tapete entstehen. Sie sind dann an dem knisternden Geräusch beim Drücken auf die Tapete festzustellen.

Wie beschrieben, erfolgt in diesem Fall die Beanspruchung von der Außenseite bzw. aus dem Querschnitt, während die Störwirkung auf der Innenseite sichtbar bzw. fühlbar ist. Ausblüherscheinungen sind daher in der Regel ein sicheres Anzeichen für die zuvor beschriebenen Feuchtigkeitseinwirkungen als Schadensursache.

Wichtig festzuhalten ist, daß solche Ausblühungen nicht durch den Ausfall von Oberflächentauwasser aus der Raumluft entstehen können, da in diesem Fall sowohl Beanspruchung als auch Störwirkung auf derselben, nämlich auf der Innenseite des Bauteils auftreten. Ein Lösen von Salzen aus dem Querschnitt und Wiederausscheiden auf der Bauteiloberfläche ist daher nicht möglich.

Typisch für den Ausfall von Tauwasser bzw. für das Vorhandensein hoher Luftfeuchten auf der Bauteiloberfläche als Schadensursache sind nicht scharf begrenzte Verfärbungen, fleckenartige bis großflächige Schimmelpilzbildungen, die sich häufig auf bestimmte Anschlußbereiche (z. B. Außenecke) konzentrieren. Abbildung 1 zeigt solche Schimmelpilzbildungen als Folge von Tauwasserniederschlägen an Wärmebrücken.

Leider kann auch aus sehr ähnlichen Schadensbildern nicht immer eindeutig auf die tatsächliche Schadensursache geschlossen werden, wie die Beurteilung der durch die Abbildung 3 (Fall A) und Abbildung 4 (Fall B) dokumentierten Schadensfälle zeigt. Obwohl die Schadensbilder auf den ersten Blick fast gleich aussehen – in beiden Fällen waren die oberen Raumecken durch Schimmelpilzverfleckungen schadensbetroffen, Ausblühungen waren nicht zu beobachten –, hatten völlig unterschiedliche Vorgänge zu den Schäden geführt. Im Fall A (Abb. 3) waren die Schimmelpilze auf einem völlig unzureichend gedämmten Betonringbalken entstanden, die sich aufgrund der geometrischen Wärmebrückenwirkung in der Außenecke – einer großen Auskühlungsfläche auf der Außenseite steht eine kleine Erwärmungsfläche auf der Innenseite gegenüber – in der sichtbaren Form verstärkt hatten. Im Fall B (Abb. 4) rührten die Verfleckungen in der eigentlich für Tauwasserniederschläge typischen Raumecke dagegen von einem undichten äußeren Abdichtungsanschluß an das aufgehen-

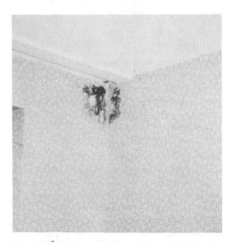

Abb. 4 Ähnliches Schadensbild wie Abb. 3, aber völlig andere Ursache – Schimmelpilzbildungen als Folge einer Durchfeuchtung durch einen undichten Abdichtungsanschluß der schräg darüber befindlichen Loggia

de Mauerwerk einer Loggia her, die schräg über der schadensbetroffenen Ecke anschloß. Während also in dem einen Fall eindeutig der Ausfall von Oberflächentauwasser bzw. das Auftreten hoher Luftfeuchten auf der Oberfläche die Schadensursache war, waren die Schäden in dem anderen Fall ebenso eindeutig auf Durchfeuchtungen von der Außenseite zurückzuführen. Entsprechend unterschiedlich wie die Ursachen waren auch die zur Beseitigung der Schäden notwendigen Nachbesserungsmaßnahmen.

Es ist daher bei der Ursachenermittlung in jedem Einzelfall erneut erforderlich – man sollte nicht den Fehler machen, allein aus „Erfahrung" auf die Schadensursache zu schließen –, alle erreichbaren Informationen zusammenzutragen und die gesamte umgebende Situation in die Untersuchungen einzubeziehen, um zu einer aussagefähigen und richtigen Diagnose als Grundlage für die Auswahl technisch richtiger und wirtschaftlich angemessener Sanierungsmaßnahmen zu kommen. Selbstverständlich muß dabei beachtet werden, daß der Untersuchungsaufwand in einem angemessenen und vertretbaren Verhältnis zum Streitwert steht. In der Mehrzahl der hier zu behandelnden Fälle der Bewertung von Wärmebrücken an ausgeführten Gebäuden werden sich die Untersuchungen auf einfache Methoden beschränken

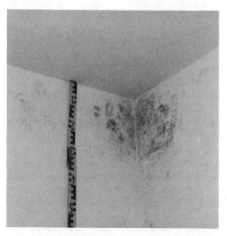

Abb. 3 Schimmelpilzflecken im Bereich eines unzureichend gedämmten Ringbalkens

müssen. Wenn sich im Laufe der Bearbeitung eines Schadensfalls herausstellt, daß die Schadensursache mit letzter Sicherheit, wenn überhaupt, nur mit ungewöhnlich hohem, den festgesetzten Streitwert möglicherweise deutlich übersteigenden Kostenaufwand zu ermitteln ist, halte ich es für erforderlich, die Parteien hierüber zu informieren.

Eine wesentliche Voraussetzung für die Bildung von Schimmelpilzen auf den inneren Oberflächen von Außenbauteilen ist das lang andauernde bzw. häufig wiederkehrende Vorhandensein eines hohen Feuchtegehaltes in diesem Bereich. Dieser kann durch den Ausfall von Tauwasser bzw. durch hohe Luftfeuchten (über 85 %) auf der Bauteiloberfläche entstehen. Zwei Ursachen können hierfür angegeben werden: Niedrige Oberflächentemperatur bzw. hohe relative Raumluftfeuchtigkeit. Die Vorgänge und Zusammenhänge für diese grundsätzlich unterschiedlichen Ursachenmöglichkeiten sind in Abbildung 5 angegeben. Niedrige Oberflächentemperaturen sind im wesentlichen auf baulich bedingte Mängel – mangelhafter Wärmeschutz im Regelquerschnitt/an Detailpunkten (Abb. 6) – zurückzuführen, hohe Raumluftfeuchtigkeiten dagegen sind in erster Linie nutzungsbedingt die Folge einer unzureichenden Beheizung/Belüftung.

Die fehlerhafte Einschätzung, durch jeweils einseitige Betrachtung dieser sich häufig überlagernden Zusammenhänge, die in der Regel das gleiche Schadensbild zur Folge haben, ist einer der Hauptgründe für die vielen streitigen Auseinandersetzungen zwischen Mieter und Vermieter über die Verantwortlichkeit für die entstandenen Schäden.

Fallbeispiel

In einem solchen Streit wurde vom Mieter ein Sachverständiger beauftragt, ein Gutachten zu den im Kinderzimmer, in der Küche, im Bad und im Gäste-WC seiner Wohnung vorrangig im Wand- und Eckbereich entstandenen, relativ geringen Verfleckungen und Schimmelpilzbildungen (Abb. 7 und 8) zu erstatten.

Die Wohnung liegt im 2. Obergeschoß eines 1981/82 erbauten, dreigeschossigen Mehrfamilienhauses. Nach den vorgelegten Unterlagen bestehen die 36,5 cm dicken Außenwände aus Poroton-Mauerwerk und sind beidseitig verputzt. Es sind Kunststoff-Fenster mit Isolier-Verglasung und je einer Lippendichtung im

Ausfall von Tauwasser bzw. Luftfeuchten über 85 % auf Bauteiloberfläche

Niedrige Oberflächentemperatur als Folge	Hohe Raumluftfeuchtigkeit als Folge
• mangelhaften Wärmeschutzes im Querschnitt / an Detailpunkten	• unzureichender Beheizung / Belüftung
	• fehlerhafter Nutzung
• unzureichender Beheizung	• unzureichender Heiz- u. Lüftungsmöglichkeiten
• Verringerung des Wärmeschutzes infolge Durchfeuchtung	• von Bauteildurchfeuchtungen

Abb. 5   Ursachen für den Ausfall von Tauwasser

Abb. 6 Extreme Wärmebrücken an einem ungedämmten Fenstersturz

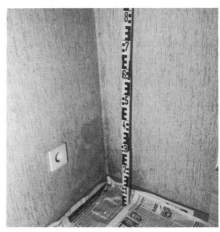

Abb. 7 Feuchtigkeitsverfleckungen, deren unterschiedliche Ursacheneinschätzung zum Streit zwischen Mieter und Vermieter geführt hat

109

Abb. 8 wie vor

Blend- und Flügelrahmen eingebaut. Die Heizung erfolgt durch Nachtspeicheröfen.

Aus diesen Angaben errechnet der Sachverständige den Wärmedurchlaßwiderstand der Außenwand ($1/\Lambda$ = 1,11 m^{2}K/W) und die inneren Oberflächentemperaturen für den Regelquerschnitt (T_{iO} = 16,9 °C) und die Außenecke (T_{iE} = 14,2 °C). Während seiner Ortsbesichtigung an einem kalten Wintertag mißt er um 10.00 Uhr und 12.00 Uhr die Oberflächentemperatur im Regelquerschnitt (T_{iO} = 14,5 °C) und in der Außenecke (T_{iE} = 11,0 bzw. 9,5 °C), zusätzlich die Temperaturen der Innen- und Außenluft (T_i = 19,3 °C, T_a = −8,0 °C) und ermittelt aus diesen gemessenen Werten den Wärmedurchlaßwiderstand der Außenwand. Er kommt zu dem Ergebnis, daß der Wärmedämmwert der Wand mit $1/\Lambda$ = 0,57 m^{2}K/W ganz erheblich unter dem nach den Vorgaben berechneten Wert $1/\Lambda$ = 1,11 m^{2}K/W liegt. Als mögliche Ursachen für diesen gravierenden Unterschied gibt er eine Durchfeuchtung des Mauerwerks bzw. die Verwendung eines anderen Steinmaterials mit einer wesentlich höheren Wärmeleitzahl λ = 0,70 W/mK (statt λ = 0,34 W/mK) an. Ohne weitere Untersuchungen hinsichtlich der von ihm getroffenen Annahmen zieht er den Schluß, daß die vorhandenen Schäden auf bauliche Mängel (geringer Wärmedämmwert) und **nicht** auf nutzungsbedingte Fehler (unzureichende Beheizung/Belüftung) zurückzuführen sind.

Aufgrund dieses Gutachtens, für das knapp 4 000,00 DM in Rechnung gestellt wurden, verklagt der Mieter den Vermieter auf Beseitigung der Schäden und Erstattung der Gutachtenkosten. In diesem Rechtsstreit wurde an den Verfasser die in solchen Verfahren nahezu immer gleichlautende Frage gestellt: „Sind die in der Mietwohnung in Kinderzimmer, Küche, Bad und Gäste-WC vorhandenen Feuchtigkeitsschäden auf bauliche Mängel oder auf mangelnde Belüftung/Beheizung zurückzuführen?"

Bei der Ortsbesichtigung wurden die Schäden wie vom Privatgutachter des Mieters beschrieben vorgefunden. Beim stichprobenartigen Aufstemmen der Außenwand im schadensbetroffenen Eckbereich des Kinderzimmers wurde festgestellt, daß nicht wie in der Baubeschreibung angegeben Poroton-Ziegel verwendet worden waren, sondern in ihren Baustoffeigenschaften gleiche Unipor-Leichthochlochziegel, die laut angefordertem Liefernachweis eine Rohdichte von 800 kg/m^3 und die Lochung B aufwiesen. Nach DIN 4108, Teil 4, ist für Mauerwerk aus diesem Steinmaterial eine Wärmeleitzahl λ = 0,39 W/mk anzusetzen. Hiermit errechnet sich der Wärmedurchlaßwiderstand der Außenwände einschl. Innen- und Außenputz zu $1/\Lambda$ = 0,93 m^{2}K/W und ist damit mehr als doppelt so groß wie die zum Zeitpunkt der Errichtung des Hauses gültige Mindestanforderung der DIN 4108 ($1/\Lambda \geq$ 0,47 m^{2}K/W). Daraus folgt, daß der Wärmeschutz der Außenwände mehr als ausreichend und auch in bezug auf die ungünstige geometrische Situation der Außenecke nicht zu beanstanden ist.

Zur Überprüfung der Vermutung des Privatgutachters, die Außenwände würden einen zu hohen Feuchtegehalt und deshalb einen zu geringen Wärmedämmwert aufweisen, wurden die aus der Außenecke des Kinderzimmers entnommenen Stein- und Mörtelproben nach der Darr-Methode untersucht. Die ermittelten Feuchtegehalte lagen in der Größenordnung des praktischen Feuchtegehaltes nach DIN 4108. Eine Durchfeuchtung des Wandquerschnitts scheidet daher ebenfalls als Schadensursache aus.

Aufgrund der durchgeführten Untersuchungen ist zusammenfassend festzustellen, daß die Feuchtigkeitsschäden in der Wohnung des Mieters **nicht** auf einen mangelhaften Wärmeschutz und damit auf bauliche Mängel, sondern auf häufig wiederkehrende bzw. lang andauernde hohe relative Raumluftfeuchtigkeiten als Folge einer unzureichenden Beheizung/Belüftung zurückzuführen sind.

Die falsche Beurteilung der Schadensursachen durch den Privatgutachter beruht darauf, daß er aus den einmalig zu einer bestimmten Zeit gemessenen Oberflächen- und Lufttemperaturen den Wärmedurchlaßwiderstand bzw. den k-Wert der Außenwand berechnet. Der k-Wert eines Bauteils beschreibt dessen Wärmeverlust infolge einer Temperaturdifferenz zwischen der Außen- und der Raumluft unter stationären, d.h. zeitlich unveränderlichen Randbedingungen. Die Wärmespeicherfähigkeit und somit die Masse des Bauteils geht nicht in den k-Wert ein. Die auf Außenbauteile auftreffende Sonnenstrahlung bleibt ebenfalls unberücksichtigt. Hauser [2] hat nachgewiesen, daß Außenwandkonstruktionen mit stark differierender Masse sehr unterschiedliche momentane Wärmeverluste aufweisen (Abb. 9), obwohl sie exakt den gleichen k-Wert besitzen.

Wenn man bei diesen verschiedenen Wandtypen zu einem bestimmten Zeitpunkt die innere Oberflächentemperatur messen würde, käme man zu völlig unterschiedlichen Ergebnissen.

Dies hängt damit zusammen, daß beim Durchgang einer Temperaturwelle durch ein Bauteil neben der Amplitudendämpfung eine zeitliche Verzögerung zwischen dem Auftreten eines Temperaturminimums (-maximums) auf der Außenseite und seinem Erscheinen auf der Innenseite eintritt (Phasenverzögerung Abb. 10). Daraus folgt, daß die von dem Gutachter morgens gegen 11.00 Uhr gemessenen inneren Oberflächentemperaturen nicht auf der gleichzeitig gemessenen Außenlufttemperatur beruhen, sondern auf der in der Nacht sehr viel tieferen Außenlufttemperaturen, die aber bei der Berechnung des k-Wertes ebensowenig berücksichtigt wurden, wie die Einflüsse der wahrscheinlichen Nachtabsenkung in der Wohnung.

Aus den dargestellten Gründen ist die Berechnung des k-Wertes auf der Grundlage von zu einem bestimmten Zeitpunkt gemessenen Oberflächen- und Lufttemperaturen nur unter stationären Bedingungen möglich und zulässig. Diese kommen aber in der Praxis nicht vor.

Möglichkeiten der Ursachenermittlung

Eine Möglichkeit, den ausgeführten Wärmeschutz eines bestehenden Gebäudes zu ermitteln, besteht in der k-Wert-Bestimmung aus

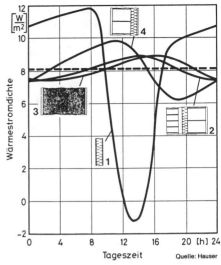

Quelle: Hauser

Flächenbez. Masse

1	Alu-Paneel	21 kg/m²
2	Zweischaliges Verblendmauerwerk mit Dämmung und Luftschicht	510 kg/m²
3	Leichtbetonmauerwerk beidseitig verputzt	298 kg/m²
4	Mauerwerk mit Innendämmung	327 kg/m²

Abb. 9 Tagesgang der Wärmestromdichte an der inneren Oberfläche von verschiedenen Außenwandkonstruktionen mit demselben k-Wert [2]

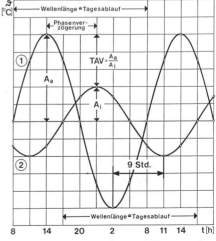

Abb. 10 Amplitudendämpfung und Phasenverzögerung [3]

111

verschiedenen, langzeitig gemessenen Meßgrößen (nach einem Meßverfahren der Fa. Ahlborn Meß- und Regelungstechnik). Gemessen werden die exakten Wärmestromdichte (durch Anbringen einer Wärmeflußplatte auf der Innenseite der Wand), Innen- und Außenlufttemperatur sowie innere und äußere Oberflächentemperatur der Wand (Abb. 11). Hieraus wird der k-Wert errechnet und anschließend zeitlich gemittelt. Der Einfluß der Wärmespeicherung in der Wand, der wie oben dargestellt von großer Bedeutung auf den k-Wert ist, wird bei genügend langer Meßzeit vernachlässigbar klein. Der Mittelwert nähert sich mit zunehmender Meßzeit dem tatsächlichen k-Wert der Wand.

Die Meßzeit sollte mindestens vier bis fünf Tage oder länger betragen. Voraussetzung für die Meßmethode ist, daß der Temperaturunterschied zwischen der Außenluft- und der Innenlufttemperatur groß genug ist ($\geq$ 10 K bei normaler Wärmedämmung, $\geq$ 20 K bei großer Wärmedämmung), d.h. Messungen sind nur in der kalten Jahreszeit möglich. Dieses Meßverfahren liefert unter Beachtung der beschriebenen Bedingungen zwar ausreichend genaue Ergebnisse, sein Anwendungsbereich bleibt aber wegen der hohen Kosten (ca. 5 000,00 DM je Messung) auf Einzelfälle beschränkt.

Zur Bewertung von Wärmebrücken und der in diesen Bereichen entstandenen Schäden ist die Kenntnis des ausgeführten Wärmeschutzes im Regelquerschnitt wie auch an Detailpunkten notwendige Voraussetzung. Es ist daher in der Regel erforderlich, Angaben zu Bauteilabmessungen und Material der ausgeführten Bauteilquerschnitte aus vorgelegten Unterlagen zu sammeln und damit den Wärmedurchlaßwiderstand bzw. den Wärmedurchgangskoeffizient k zu berechnen. Insbesondere bei älteren Gebäuden sind diese Angaben – wenn überhaupt vorhanden – häufig so unpräzise, daß ihr Aussagewert zur Ermittlung des tatsächlich vorhandenen Wärmeschutzes nicht ausreicht. Wenn

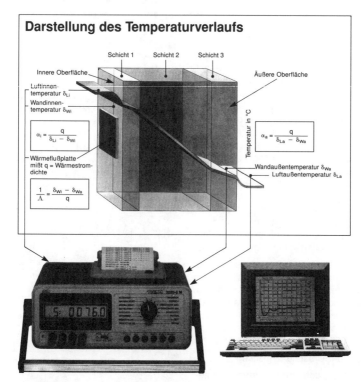

Abb. 11   Meßwert-Erfassung zur k-Wert-Bestimmung
[4]

Zeile	Stoff	Rohdichte[1])[2]) kg/m³	Rechenwert der Wärmeleitfähigkeit λ_R[3]) W/(m · K)
4.2	Mauerwerk aus Kalksandsteinen nach DIN 106 Teil 1 und Teil 2	1000	0,50
		1200	0,56
		1400	0,70
		1600	0,79
		1800	0,99
		2000	1,1
		2200	1,3

Abb. 12 Auszug aus DIN 4108, Teil 4, Tabelle 1 [1]

z. B. in einer Baubeschreibung das Material der Außenwände mit Kalksandstein angegeben ist, bleibt die entscheidende Frage offen, welche Rohdichte dieses Steinmaterial aufweist. Wie ein Blick in einen Auszug der DIN 4108, Teil 4, Tab. 1 (Abb. 12) zeigt, schwankt die zur Berechnung des Dämmwertes notwendige Wärmeleitzahl in Abhängigkeit von der Rohdichte 1000–2200 kg/m³) zwischen $\lambda = 0,50$ und 1,30 W/mK. Während bei einer Wandstärke von 30 cm und einer angenommenen Wärmeleitzahl $\lambda = 0,50$ W/mK der Mindestwärmeschutz nach DIN 4108 einer Außenwand gut erfüllt ist, wäre er bei gleicher Wandstärke bei einer Wärmeleitzahl von $\lambda = 1,3$ W/mK völlig unzureichend.

Man wird daher häufig durch stichprobenartiges Öffnen der Konstruktion mit Probenentnahme vorhandene Angaben überprüfen oder fehlende Angaben ermitteln müssen. Wenn aus den vorgefundenen Steinformaten, vorhandener

Abb. 14 Schimmelpilzverfleckungen im Dachdeckenauflagerbereich

Abb. 15 Oberseitig ungedämmtes Gesims als Ursache der Schäden in Abb. 14

Lochung oder anderen Kennwerten die Rohdichte nicht eindeutig festzustellen ist, kann der Ausbau eines ganzes Steines zur Ermittlung der Rohdichte und damit der Wärmeleitzahl notwendig werden (Abb. 13).

Bei der Bewertung des Wärmeschutzes an Detailpunkten wird man noch stärker auf die Untersuchung der tatsächlichen Ausführung durch Bohrungen ggf. mit Einsatz eines Endoskops bzw. Öffnen der Konstruktion zurückgreifen müssen, weil für diese Bereiche in der Regel verläßliche Planunterlagen ganz fehlen.

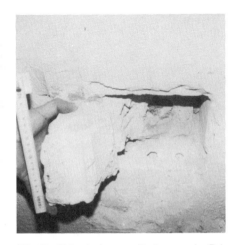

Abb. 13 Steinentnahme zur Bestimmung der Rohdichte

113

Dabei sind an den schadensbetroffenen Bereich angrenzende Bauteile in die Untersuchungen einzubeziehen, wie die Abbildungen 14 und 15 zeigen. Die auf Abbildung 14 zu erkennenden Schimmelpilzverfleckungen sind zu einem wesentlichen Teil auf das darüber befindliche, außenseitig nicht gedämmte Gesims zurückzuführen (Abb. 15).

Hat man auf diese Weise die tatsächliche Ausführung des Wärmeschutzes z.B. des Dachdeckenauflagers auf einer Wand festgestellt, können zur Beurteilung der Auswirkung auf die innere Oberflächentemperatur dieses Detailpunktes u.a. vergleichbare Situationen aus Wärmebrückenkatalogen [4] herangezogen werden. Eine andere Möglichkeit der Beurteilung des Wärmeschutzes eines solchen Detailpunktes besteht in der Berechnung der inneren Oberflächentemperaturen mit entsprechenden Computer-Programmen. Auch die Thermografie kann in diesem Zusammenhang ein hilfreiches Mittel sein.

Bei der Bewertung von Wärmebrücken an ausgeführten Gebäuden kommt es entscheidend auf den Sachverstand des Sachverständigen an. Jeder Fall ist anders zu beurteilen und der Sachverständige muß in jedem Fall neu die notwendigen Untersuchungen durchführen und seine Beurteilung treffen, wobei er die Angemessenheit des Untersuchungsaufwandes zu beachten hat.

Literatur

[1] DIN 4108 Wärmeschutz im Hochbau, Teil 1–5

[2] Hauser, G.: Der k-Wert im Kreuzfeuer – Ist der Wärmedurchgangskoeffizient ein Maß für Transmissionswärmeverluste? Bauphysik 3 (1981) H. 1, S. 3–7

[3] Schild, E./Casselmann, H. F. /Dahmen, G./Pohlenz, R.: Bauphysik – Planung und Anwendung. 4. Auflage, Vieweg Verlag Braunschweig (1990)

[4] Fa. Ahlborn Meß- und Regelungstechnik: Meßwert – Erfassung Bauphysik, Firmenprospekt.

[5] – Mainka, G.-W./Paschen, H.: Wärmebrückenkatalog. B. G. Teubner Stuttgart (1986)
– Heindl, W./Kreč, K./Panzhauser, E./Sigmund, A.: Wärmebrücken. Springer-Verlag Wien New York (1987)
– Hauser, G./Stiegel, H.: Wärmebrückenatlas für den Mauerwerksbau. Bauverlag Wiesbaden (1990)

Wärmeschutzmaßnahmen durch Innendämmung – Beurteilung und Anwendungsgrenzen aus feuchtetechnischer Sicht

Dr.-Ing. Kurt Kießl, Holzkirchen

Eine nächträgliche Verbesserung des Wärmeschutzes von Außenwänden bestehender Gebäude kann konstruktiv in Form von Außen-, Kern- oder Innendämmungen erreicht werden. Dabei hängt es von verschiedenen Gesichtspunkten ab, welche Art der Wärmedämmung in der konkreten Situation die gebotene Lösung darstellt. Wenn auch nicht primär angestrebt, so ist die Innendämmung doch manchmal die einzige Möglichkeit, z. B. als kostengünstige Zusatzdämmung einzelner Wandbereiche oder bei Sichtmauerwerken oder bei der nutzungsbedingten Beheizung von Räumen hinter denkmalgeschützten Gebäudefronten, die Transmissionswärmeverluste der Außenwand auf ein heute akzeptables Maß zu reduzieren. Eine Wärmeschutzmaßnahme dieser Art ist nicht völlig problemlos, kann aber bei sorgfältiger Konzeption und einer ebensolchen Ausführung das gewünschte Ergebnis durchaus auf solide und dauerhafte Weise erreichen. Besonders zu beachten ist dabei allerdings, daß sich mit dem Aufbringen innenseitiger Wärmedämmschichten bauphysikalische Folgeeffekte einstellen, die hinsichtlich Brandschutz, Schallschutz, Temperatur- und Feuchteverhalten des veränderten Wandaufbaus zu berücksichtigen sind.

Was die dauerhafte Funktionssicherheit der innengedämmten Außenwand angeht, so stehen ohne Zweifel Phänomene und Fragen des feuchtetechnischen Verhaltens im Vordergrund, welche mit den veränderten Temperaturverhältnissen im Wandquerschnitt, der sogenannten Tauwasserbildung, den Feuchtetransportvorgängen und den Möglichkeiten der Abschätzung bzw. Beurteilung der praktischen Auswirkungen zusammenhängen. Der folgende Beitrag geht auf solche feuchtetechnischen Konsequenzen der Innendämmung ein.

Allgemeine Vor- und Nachteile

Auch wenn nach Abwägung von bauphysikalischen Vor- und Nachteilen das Ergebnis nicht sofort für die Ausführung einer Innendämmung spricht, so sind doch einige praktische Vorzüge gegeben:

1. Die Innendämmung als ergänzende bzw. nachträgliche Wärmeschutzmaßnahme ist relativ kostengünstig zu erstellen. Es entfallen Aufwendungen für Einrüstung. In einfachen Fällen und unter sachkundiger Anleitung sind auch kostenmindernde Eigenleistungen möglich (privater Wohnungsbau).

2. Es können einzelne Fassadenbereiche oder Einzelräume, die bei nur partieller Beheizung im Gebäude einen zusätzlichen Wärmeschutz benötigen, gezielt wärmegedämmt werden.

3. Innendämmungen auf massiven Außenwänden ermöglichen – bei thermisch weniger trägen sonstigen Raumumschließungsflächen – ein rascheres Aufheizen des Raumes und somit einen günstigeren Heizenergieeinsatz speziell bei wechselndem Heizbetrieb.

4. Bei genutzten und beheizten historischen Gebäuden, die keine bauliche Veränderung der Fassadenansicht erlauben, ist die Innendämmung oft die einzige Möglichkeit zur Reduzierung der Transmissionswärmeverluste.

Demgegenüber stehen kritische bzw. besonders zu beachtende Aspekte bei der Innendämmung:

1. Durch die innenseitig aufgebrachte Dämmschicht (4 bis 8 cm) und die dann noch erforderliche Wandbekleidung wird die Nutzfläche des Raumes reduziert, was sich z. B. bei kleineren Räumen mit zwei Außenwänden deutlich bemerkbar macht. Zudem ist zu bedenken, daß die Befestigung schwerer Gegenstände an der Wand (z. B. Verdübelung von Wandschränken) problematisch werden kann.

2. Bei der Verwendung von Dämmstoffen mit höherer dynamischer Steifigkeit kann es aufgrund von Resonanz- und Flankenübertragungseffekten im praktisch interessieren-

den Frequenzenbereich zur Verschlechterung der Schalldämmung zum Nachbarraum kommen. Beim Einbau brennbarer Dämmstoffe sind Brandschutzvorschriften je Einzelfall zu beachten. Schall- und Brandschutzvorkehrungen können einen nicht unerheblichen Zusatzaufwand bedeuten.

3. Die nachträgliche Innendämmung bewirkt eine Temperaturniveauänderung im ursprünglichen Wandquerschnitt, was im Winter dort niedrigere Temperaturen mit einem tieferen Eindringen der Frostgrenze, im Sommer höhere Temperaturen im Bauteilinneren und somit insgesamt stärkere Temperaturschwankungen zur Folge hat. Für sorptionsfähige Baustoffe bedeutet dies zudem eine Erhöhung der Sorptionsfeuchte bei Temperaturerniedrigung sowie eine stärkere Austrocknung im Bereich der Außenoberfläche unter sommerlichen Bedingungen. Außenseitig ist daher mit verstärkten, thermisch/hygrisch bedingten Formänderungsvorgängen zu rechnen.

4. Bei Innendämmungen mit diffusionsoffenen Dämmstoffen und innenseitiger Dampfsperre können Ausführungsmängel oder nachträgliche Verletzungen der Dampfsperre oder ungenügend abgedichtete Durchdringungen Konsequenzen haben. Warme Innenraumluft mit höherem Wasserdampfanteil gelangt in kalte Querschnittszonen unter der Dämmschicht und versucht dort Feuchteanreicherungen, die sich bei entsprechender Intensität dieses Vorgangs und nicht ausreichender Feuchteabfuhr nach außen als Durchfeuchtungsschaden unangenehm bemerkbar machen.

5. Im Gegensatz zur Außendämmung kommt bei der Innendämmung dem Wärmebrückenproblem besondere Bedeutung zu. Durch nachträglich aufgebrachte innenseitige Dämmschichten können z. B. an Unterbrechungsstellen vorher nicht vorhandene Wärmebrückeneffekte mit den bekannten Folgewirkungen hervorgerufen oder vorher unkritische Effekte deutlich verstärkt werden.

Temperatur/Feuchte-Wirkungen im Bauteil

Eine zusätzliche innere Dämmschicht zur Verbesserung des Wärmeschutzes der Außenwand bewirkt primär – aufgrund ihres hohen Wärmedurchlaßwiderstandes – einen starken Temperaturabfall innerhalb der Dämmschicht. Neben der gewünschten Reduzierung des Wärmedurchgangs bedeutet dies aber auch eine deutliche Temperaturabsenkung im Bereich der ursprünglichen Wandinnenoberfläche (unter der Dämmschicht) im Winter sowie eine Temperaturerhöhung dort unter Sommerbedingungen. Für relativ extreme Außentemperaturverhältnisse sind diese veränderten Temperaturverteilungen über den Querschnitt einer ungedämmten und einer innen gedämmten Außenwand in Abb. 1 gegenübergestellt. Auch wenn

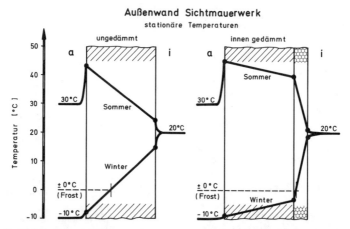

Außenwand Sichtmauerwerk
stationäre Temperaturen

Abb. 1   Stationäre Temperaturverteilungen über die Querschnitte einer ungedämmten bzw. innen gedämmten Außenwand aus Sichtmauerwerk für Winter- und Sommerverhältnisse (Mauerwerk mit Mindestwärmeschutz; Dämmschicht 8 cm mit λ = 0,04 W/mK; absorbierte Strahlungsintensität für Sommer ca. 380 W/m²).

die aufgetragenen stationären Verteilungen für Sommer und Winterverhältnisse praktisch kaum auftretende Grenzzustände wiedergeben, so lassen sich doch prinzipielle Effekte klar erkennen. Die Frostgrenze wandert bis zur Mauerwerksgrenze nach innen und erreicht so Bereiche mit ggf. höheren Wassergehalten im Mauerwerksinnern. Das hat keine programmierte Schädigung zu bedeuten, kann aber bei überhöhten Wassergehalten zu einer länger anhaltenden und tiefer einwirkenden Eisbildung mit erhöhten Risiken führen. Ein voll funktionierender Regenschutz der Außenoberfläche wird besonders wichtig. Bei länger dauernden hochsommerlichen Perioden wird eine Innendämmung die Außenoberflächentemperatur kaum, wohl aber die Temperaturen im Mauerwerksinneren erhöhen. Infolge von Desorptionseffekten und erhöhten Dampfdrücken im Inneren wird die Austrocknung zu beiden Oberflächen hin beschleunigt. Im Falle innerer Dampfsperren kann dies aber auch zu sommerlichen Feuchteakkumulationen in den Querschnittsinnenzonen führen, die Dampfsperre an der Innenoberfläche wirkt als Trocknungssperre. Der verstärkten Desorption im Sommer steht aufgrund der niedrigeren winterlichen Temperaturen im Mauerwerksquerschnitt eine Erhöhung der Sorptionsfeuchte im Mauerwerk entgegen, sorbierende Mauerwerksbaustoffe in jedem Fall vorausgesetzt. Dies hängt u. a. mit der Annäherung des Dampfdruckes an den geringeren Sättigungsdampfdruck bei tieferen Temperaturen in den Baustoffporen zusammen.

Insgesamt wird durch die Innendämmung das Temperaturfeld aufgeweitet. Den zu erwartenden verstärkten thermischen Formänderungen wirken jedoch hygrische Schwindvorgänge durch Desorption bei Temperaturerhöhung bzw. Quellvorgänge durch Adsorption bei Temperaturerniedrigung entgegen. Es resultiert ein komplexer Verformungsmechanismus, der bei empfindlichen Baukörpern detaillierter untersucht werden sollte.

Temperatur/Feuchte-Wirkungen an Innenoberflächen

Unter feuchtetechnischen Aspekten interessieren im Bereich der Innenoberfläche innengedämmter Außenwände insbesondere Fragen bezüglich der Hinterströmung von Dämmschichten, der Wirkung von Wärmebrücken und den damit verbundenen Problemen eventueller Feuchteanreicherungen im Bauteil, praktisch meist als sog. Tauwasser-Problematik bezeichnet. Abbildung 2 zeigt dazu eine schematische Darstellung. Zur Hinterströmung der innenseitigen Dämmschicht kann es kommen, wenn Spalten zwischen Dämmung und Untergrund verbleiben oder sonstige Durchströmungsmöglichkeiten im inneren Dämmschichtbereich bestehen und diese z.B. in Randzonen (oben/unten oder seitlich) bzw. an nicht sachgerecht eingedichteten Durchdringungen oder verletzten Dampfsperren mit der Raumluft in Verbindung stehen. Aufgrund von Eigenkonvektionen (Temperaturunterschiede) oder von Undichthei-

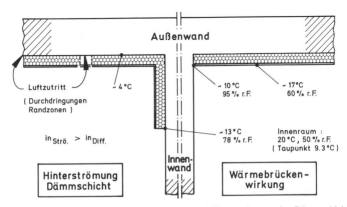

Abb. 2 Schematische Darstellung von Feuchtewirkungen bei Hinterströmung der Dämmschicht (links) und infolge von Wärmebrückeneffekten (rechts) bei einem Innenwandanschluß im Bereich der Innenoberfläche einer innen gedämmten Außenwand. Die Zahlenwerte stellen jeweils Größenordnungen dar. Exakte Werte sind im konkreten Einzelfall mit Hilfe entsprechender Verfahren zu ermitteln.

ten im äußeren Baukörper (Druckdifferenzen zwischen innen und außen) gelangt warme Raumluft per Strömung in kalte Zonen unter der Dämmschicht. Dieser Vorgang bedeutet nicht nur eine Art „thermischen Kurzschluß" für die Wärmedämmung, die unter der Dämmschicht bei üblichen winterlichen Bedingungen anzutreffenden Temperaturen (z. B. ca. 4 °C) liegen unter der Taupunkttemperatur normal feuchtebeladener Raumluft. Der geringe Luftstrom wird nur unwesentlich zur Erwärmung des Spalts beitragen, ist aber – was den transportierten Wasserdampfanteil betrifft – ungleich intensiver als die Wasserdampfdiffusion. Es kommt so zu schadensträchtigen Feuchteanreicherungen in diesen Zonen, und zwar um so mehr, je weniger der äußere Wandbaustoff feuchtespeicherfähig und kapillar aktiv ist. Hinterströmungen der Dämmschicht sind in jedem Fall zu verhindern, z. B. durch sorgfältige Ausführung der Dämmung, saubere Randabschlüsse und gute Eindichtungen von Durchdringungen.

Zunächst weniger offensichtlich – später um so klarer zu erkennen – kann die Wirkung unbedachter, durch die innere Dämmschicht verstärkter oder erst induzierter Wärmebrücken sein. Bei Unterbrechungen der Innendämmung, z. B. beim Innenwandanschluß an die Außen-

wand (siehe Abb. 2, rechts) oder auch bei größeren Aussparungen oder nicht berücksichtigten Fensterlaibungen, treten an diesen Stellen deutliche Erniedrigungen der Innenoberflächentemperatur auf. Dies beruht auf einem erhöhten Wärmeabfluß über kurze Wege in die bereits relativ kalten Mauerwerkszonen unter der Dämmung, ein zwei- oder dreidimensionaler Wärmeleitungsvorgang, der mit einfachen rechnerischen Abschätzungen meist nicht mehr zu erfassen ist. Die in Abb. 2, rechts, angegebenen Temperaturwerte stellen zwar nur grob abgeschätzte Werte dar, die letztlich von den Randbedingungen, den Stoffeigenschaften und der Konstruktion abhängen, sie verdeutlichen aber in realistischer Größenordnung das Problem der Annäherung der Oberflächentemperatur an die Taupunkttemperatur der Raumluft (9,3 °C bei Raumluftbedingungen von 20 °C und 50% r.F.). An der kritischen Stelle in der Ecke wäre im Laufe der Zeit mit Feuchteflecken und Schimmelbildung zu rechnen. Zieht man die Innendämmung längs der Innenwand weiter in den Raum (0,5 bis 1 m; in Abb. 2 linksseitig an der Innenwand angedeutet), so wird die Temperatur an der Unterbrechungsstelle erhöht und die relative Luftfeuchte an der Oberfläche unter einen z. B. für Schimmelbildung kritischen

Tabelle 1 Zusammenstellung der wesentlichen Nachweise, Nachweis-Bedingungen und Kriterien für die Beurteilung des Tauwasserschutzes im Rahmen des klimabedingten Feuchteschutzes von Wänden nach DIN 4108 [1].

Norm-Tauwasserbeurteilung für Wände nach DIN 4108					
Nachweise für Tauwasserbildung	Nachweis-Bedingungen				Kriterien
1. "Tauwasser" an Innenoberfläche	Innen: $1/\alpha_i$ = 0,17 m²K/W; aktuelles Innenklima Außen: $1/\alpha_a$ = 0,04 m²K/W; -15 °C (normales Innenklima und Mindestwärmeschutz: kein Nachweis)				$\vartheta_{0i} > \vartheta_S$ ϑ_S: Taupunkttemperatur

2. "Tauwasser" im Bauteilinneren	Diffusion (Glaser)	außen	innen	Dauer	Tauwassermengen:
					a) $m_T \leq m_V$ 1)
					b) $m_T \leq 1,0$ kg/m² 1)
					     $m_T \leq 0,5$ kg/m² 2)
					c) $m_T \leq 5$ M.-% 3)
					     $m_T \leq 3$ M.-% 4)

	Tauperiode (T)	-10 °/80%	20 °/50%	60 d	
	Verdunst.periode (V)	12 °/70%	12 °/70%	90 d	
	(Sonderfälle: Klima entsprechend; abweichende Zyklen, Verfahren)				
	1) generelle Bedingung 2) falls kapillar nicht aufnahmefähige Schicht beteiligt				3) bei Holz 4) bei Holzwerkstoffen
3. Ohne Nachweis (Wände)	a) 1- oder 2-schaliges Mauerwerk nach DIN 1053 ungedämmt oder mit Luftschicht b) Porenbeton-Wände c) Wände mit Außendämmung d) Wände mit Innendämmung Weitere Sonderregelungen s. DIN 4108, T. 3				a) keine Anforderung b) $(s_d)a \leq 4$ m c) $(s_d)a \leq 4$ m d) $(s_d)i \geq 0,5$ m

Wert gesenkt. Für eine genauere Analyse der Oberflächentemperaturverhältnisse bei Wärmebrücken stehen heute geeignete Hilfsmittel zur Verfügung (Rechenverfahren, EDV-Programme, Wärmebrückenatlanten).

Zur Norm-Feuchtebeurteilung innengedämmter Wände

Anforderungen sowie Beurteilungsverfahren für einen klimabedingten Feuchteschutz sind in DIN 4108, Teil 3 [1] geregelt. Nachweise, Bedingungen und Kriterien für
- Tauwasserbildung an Innenoberflächen
- Tauwasserbildung im Bauteilinneren
- ohne Nachweis zulässige Wandausführungen

sind im wesentlichen in Tabelle 1 zusammengefaßt. Auf die Wirkung von Wärmebrücken und auf tatsächlich ablaufende Feuchtetransportvorgänge geht die Norm nicht ein. Die auf dem bekannten Glaser-Verfahren beruhende Diffusionsberechnung mit speziell fixierten Randbedingungen für Tau- und Verdunstungsperioden hat sich als einfaches Bewertungsverfahren praktisch durchaus bewährt, insbesondere bei Bauteilen und Baustoffkombinationen, bei denen Sorptions- und Kapillareffekte keine besondere Rolle spielen. In die Randbedingungen des stationären Diffusionsverfahrens und in die Beurteilungskriterien sind Erfahrungswerte integriert, sie dienen als Basis für eine vergleichende feuchtetechnische Beurteilung von Konstruktionen, nicht mehr und nicht weniger. Zur Analyse bzw. Beurteilung tatsächlicher Feuchtetransportvorgänge unter natürlichen Randbedingungen darf diese Methode allerdings nicht herangezogen werden. Sie ist dafür auch nicht konzipiert worden. Wenn dies – aus Unwissenheit oder Mißinterpretation – praktisch dennoch geschieht, ist mit Fehlanalysen zu rechnen.

Die Grundzüge dieses Verfahrens zur Berechnung stationärer Diffusionsströme im Temperaturgefälle sind in Abb. 3 am Beispiel einer ungedämmten und einer innen gedämmten Außenwand aus Sichtmauerwerk – ohne Dampfsperre – dargestellt und sollen hier, da hinreichend bekannt, nicht weiter erläutert werden. Wesentliches zum Verständnis der begrenzten Aussagefähigkeit der Norm-Methode läßt sich daran aber aufzeigen: Die relative Porenluftfeuchte φ als Verhältnis von Dampfdruck p zu temperaturabhängigem Sättigungsdampfdruck p_s ist maßgebend für die an jeder Stelle des Querschnitts vorliegende Stoffeuchte sorptionsfähiger Baustoffe, wie z.B. Mauerwerk. Geht φ gegen Eins (p gegen p_s) werden gemäß den Porenraumeigenschaften und der Sorptionsisotherme relativ hohe Stoffeuchten erreicht, die bei den meisten kapillarporösen Baustoffen ab einem bestimmten Wassergehalt kapillare Feuchtebewegungen auslösen. Dadurch werden lokale Feuchteanreicherungen abgebaut und per Kapillartransport im porösen Material verteilt. Dieser Vorgang wiederum re-

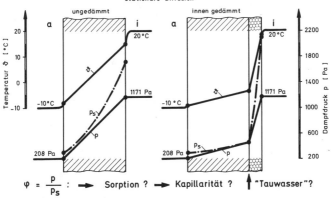

Außenwand Sichtmauerwerk
stationäre Diffusion

$$\varphi = \frac{p}{p_s} : \longrightarrow \text{Sorption ?} \longrightarrow \text{Kapillarität ?} \quad \uparrow \text{"Tauwasser"?}$$

Abb. 3 Temperatur- und Dampfdruckverteilungen nach Normbedingungen (Befeuchtungsperiode) über die Querschnitte einer ungedämmten bzw. innen gedämmten Außenwand aus Sichtmauerwerk (Mauerwerk mit Mindestwärmeschutz; Dämmschicht 8 cm mit λ = 0,04 W/mK). Bei der Ermittlung der „Tauwasser"-Ebene werden keine Sorptions- und Kapillaritätseffekte berücksichtigt.

duziert den Dampfdruck in diesem Querschnittsbereich des kapillarporösen Körpers, so daß eine Tauwasserbildung, wie in Abb. 3, rechts, für den innengedämmten Querschnitt in der Trennfläche zwischen Mauerwerk und Dämmschicht ermittelt, praktisch so nicht auftreten kann. Das wäre nur dann möglich, wenn beide Stoffe in der sog. „Tauwasser"-Ebene keine Sorptionseigenschaften eines kapillarporösen Stoffes besäßen und beide kapillar nicht leitend wären.

Die meisten üblichen Mauerwerksbaustoffe besitzen aber diese Eigenschaften, so daß von einer Tauwasserbildung eigentlich erst dann gesprochen werden kann, wenn – nach einer bestimmten Zeit der Sorptionsfeuchtezunahme – alle diejenigen Poren gefüllt sind, die sonst für eine kapillare Dampfdruckerniedrigung im Material sorgen würden (praktisch: Porenradien r $< 10^{-7}$m). Bei geringeren Stoffeuchten mit relativen Gleichgewichtsfeuchten kleiner 100% r.F. handelt es sich um mehr oder weniger stark gebundenes Sorbat bzw. um freies Kapillarwasser. Dabei treten aber auch bereits kapillare Transporteffekte auf, praktisch ab dem sog. kritischen Wassergehalt u_{kr}, der meist kleiner ist als der Wassergehalt bei gefüllten Poren mit r $\leq$ 10^{-7}m. Das Phänomen der Tauwasserbildung auf oder in kapillarporösen Baustoffen wird somit zu einer Frage

– der hygroskopischen Stoffeigenschaften,
– der Porengrößenverteilung,
– des Diffusions- und Kapillartransportvermögens sowie
– der Einwirkungsdauer lokal hoher relativer Luftfeuchten.

Vergleicht man dazu die gemäß Tabelle 1 und Abb. 3 am Beispiel innengedämmter Außenwände dargestellten Norm-Beurteilungsgrundlagen, so wird deutlich, daß dieses Verfahren zur Beurteilung des Feuchteschutzes nur einen Ausschnitt des tatsächlichen Feuchtegeschehens betrachtet. Die z.B. aus der p/Ps-Relation zu ermittelnden Informationen über Sorptionsfeuchtezustände und kritische Wassergehalte, die vorliegenden bzw. bestimmbar gewordenen kapillaren Saug- und Verteilungseigenschaften sowie die heute verfügbaren Klimadatensätze und Rechnermöglichkeiten könnten nach entsprechender Aufbereitung und Analyse der wesentlichen Feuchtekriterien (z.B. Diffusions- + Kapillareigenschaften bezogen auf Sorptionsfeuchteänderungen) durchaus zu verbesserten und allgemein gültigen, praktisch dennoch einfach handhabbaren Beurteilungsverfahren führen. Die bisher vorliegenden Nachweisbedingungen und Kriterien mit Sicherheits- und Erfahrungszuschlägen ließen sich so auf eine realistischere Basis stellen. In grundlegenden Untersuchungen und neuerdings anlaufenden CEN-Aktivitäten werden derartige Ansätze überdacht.

Beschreibung realer Feuchtetransportvorgänge

Zur realitätsnahen Beschreibung der in verschiedenartigen Baustoffen und Baustoffkombinationen unterschiedlich ablaufenden Feuchteübertragungsvorgänge liegen Verfahren vor (z.B. [2]), die – wenn auch noch relativ aufwendig – geeignet sind, als Grundlage für die vorher angesprochenen Erweiterungen von Beurteilungsverfahren zu dienen. Man geht dabei von den tatsächlich auftretenden Feuchtephänomenen in Baustoffen und den dafür bekannten Gesetzmäßigkeiten aus. Abb. 4 zeigt eine

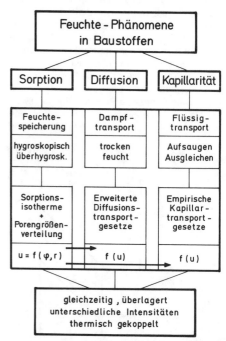

Abb. 4 Schematische Übersicht über praktisch auftretende Feuchtephänomene in Baustoffen. Die von relativer Luftfeuchte φ und gefüllten Kapillaren mit Radius r abhängige Sorptionsfeuchte u beeinflußt die überlagert auftretenden Diffusions- und Kapillartransportvorgänge.

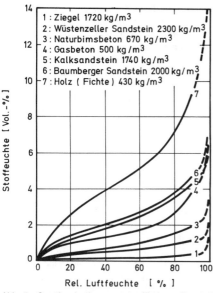

Abb. 5 Sorptionsisothermen verschiedener Baustoffe. Die Stoffeuchte im Sorptionsgleichgewicht wird von der relativen Luftfeuchte bestimmt. Temperatureinflüsse sind vernachlässigbar.

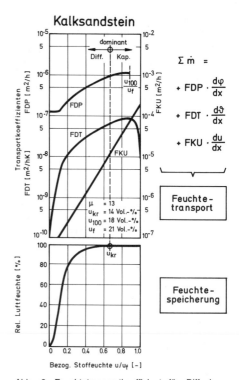

Abb. 6 Feuchtetransportkoeffizient für Diffusions- und Kapillarmassenströme (oben) in Abhängigkeit von der auf die freie Wasseraufnahmefähigkeit bezogenen Stoffeuchte, die gemäß Sorptionsisotherme mit der relativen Luftfeuchte im Gleichgewicht steht (unten). Der Gesamtmassenstrom ergibt sich aus der Summe der einzelnen Transportanteile, wobei für $u < u_{kr}$ die Diffusion, für $u > u_{kr}$ die Kapillarleitung als dominant anzusehen ist.

schematische Übersicht über die praktisch zu berücksichtigenden Sorptions-, Diffusions- und Kapillaritätseffekte, die im porösen Baustoff in sehr komplexer Weise auftreten und für den eigentlichen Feuchtehaushalt unter natürlichen Klimabedingungen maßgebend sind. Wesentlich für die gleichzeitig, überlagert und mit sehr unterschiedlichen Intensitäten ablaufenden Diffusions- und Kapillartransportprozesse ist die Tatsache, daß diese vom vorliegenden Wassergehalt – beschrieben durch die Sorptionsisotherme im hygroskopischen und durch die Porengrößenverteilung bzw. die Saugspannungskurve im überhygroskopischen Feuchtebereich – beeinflußt werden. Sorptionsisothermen verschiedener Baustoffe sind in Abb. 5 angegeben. Sie sind sinnvoll bis etwa 95% relativer Gleichgewichtsfeuchte meßbar. Ihre Steigung ist ein Maß für die Feuchtespeicherfähigkeit unter veränderlichen Randbedingungen, also bei instationären Vorgängen. Auch im stationären Fall geben sie die Gleichgewichtsfeuchte im Baustoff, abhängig von der lokal vorliegenden relativen Luftfeuchte (= p/ps) an. Diese Kurven sind somit wesentlich für die Ermittlung der lokal auftretenden Transportvorgänge. Wie und mit welcher Intensität diese Feuchtetransport-

vorgänge in Abhängigkeit vom Wassergehalt ablaufen, kann durch sog. Transportkoeffizienten für Diffusion und Kapillarleitung angegeben werden. Dies wird in Abb. 6 für den Baustoff Kalksandstein gezeigt. Im unteren Diagramm des Bildes ist die „umgekehrte" Sorptionsisotherme, also die Zuordnung zwischen relativer Luftfeuchte und der Stoffeuchte, bezogen auf die maximale freie Wasseraufnahmefähigkeit u_f, so aufgetragen, daß der gesamte praktische Feuchtebereich $o < u < u_f$ abgedeckt ist. Der kritische Wassergehalt u_{kr}, ab dem die Kapillarleitung dominiert, liegt für Kalksandstein bei $u/u_f \approx 0,67$, d.h. bei etwa 14 Vol.-%. Die relative Gleichgewichtsfeuchte von 100% ist dabei noch nicht ganz erreicht. Im oberen Diagramm sind die Transportkoeffizienten für Diffusion und

Kapillarleitung in Abhängigkeit von der bezogenen Stofffeuchte dargestellt:

- FDP Feuchtetransport per Diffusion, zugeordnet zum Gradienten der relativen Luftfeuchte φ
- FDT Feuchtetransport per Diffusion, zugeordnet zum Gradienten der Temperatur ϑ
- FKU Feuchtetransport per Kapillarleitung zugeordnet zum Gradienten des Wassergehalts u

Der logarithmische Maßstab der Ordinate verdeutlicht die starke Abhängigkeit vom Wassergehalt, wobei davon auszugehen ist, daß für $u < u_{kr}$ die Diffusion, für $u > u_{kr}$ die Kapillarleitung den dominierenden Anteil am Gesamtmassenstrom m hat. Temperatureinflüsse auf die Transportvorgänge sind zudem vorhanden, werden hier aber nicht weiter erläutert. Einzelheiten können aus [2] entnommen werden.

Die Anwendung derartiger Ansätze auf mehrschichtige Bauteile unter beliebigen natürlichen Randbedingungen ist mit heutigen Rechnern, auch PC's, kein Problem mehr. Die erforderlichen Koeffizientenfunktionen sind für die wichtigsten Baustoffe vorhanden. Zur Abdeckung eines breiten Spektrums sind jedoch noch Messungen notwendig. Weiterhin ist daran gedacht, solche Methoden zur Ableitung von Ansätzen für die angesprochenen vereinfachten, realitätsnahen und praxisgerechten Bewertungsverfahren einzusetzen.

Berechnungsbeispiele

Auf die innengedämmte Wandkonstruktion zurückkommend, werden im folgenden zwei extreme Berechnungsbeispiele diskutiert, die vergleichend auf die Besonderheiten der Norm-Berechnung und einer detaillierten Feuchteanalyse mit der skizzierten komplexeren Methode eingehen. Ein außen verputztes Kalksandsteinmauerwerk mit innenseitiger Mineralwolle-Dämmschicht ohne Dampfsperre ergibt nach Norm-Diffusionsberechnung, wie in Abb. 7 zusammengestellt, für die Tauperiode (Winter, 1440 h) einen hohen und nicht mehr zulässigen Tauwasserausfall in der Trennfläche zwischen Dämmschicht und Mauerwerk, der unter den Verdunstungsbedingungen (Sommer, 2160 h) nicht mehr austrocknen kann (m_T > Limit von 0,5 kg/m^2, $m_T > m_V$). Die Konstruktion wäre so, da sie zu einer starken Feuchteakkumulation führt, nicht zulässig. Eine innenseitige Dampfsperre könnte Abhilfe schaffen. Ana-

lysiert man diese Konstruktion – ohne Dampfsperre – nach der komplexen, aber realitätsnahen Berechnungsmethode unter natürlichen Randbedingungen, so ergibt sich ein anderes Ergebnis, das in Abb. 8 dargestellt ist. Das obere Diagramm zeigt die außen und innen ausgetauschten Massenströme sowie – als Bilanz daraus – die Wassergehaltsänderung in der gesamten Konstruktion über einen Jahreszyklus (3. Jahr nach Bauerstellung). Intensive Wasserdampfmassenströme an Innen- und Außenoberfläche (Aufnahme: positiv, Abgabe: negativ) über den Jahreszyklus charakterisieren diese Konstruktion. Die gestrichelte Kurve zeigt als Bilanz aus den aufgenommenen und abgegebenen Massenströmen, daß die Gesamtfeuchteaufnahme bis in den März hineinreicht (erster Nulldurchgang), daß die Gesamtfeuchteabgabe dann bis September dauert (zweiter Nulldurchgang) und nach dieser Trocknungsperiode eine erneute Befeuchtungsperiode mit positiver Wassergehaltsänderung folgt. Das mittlere Diagramm gibt den Verlauf des Wassergehalts über das Jahr je Einzelschicht an.

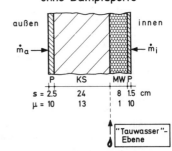

Innendämmung ohne Dampfsperre

außen — innen

$\dot{m}_a$ — $\dot{m}_i$

	P	KS	MW	P
s =	2.5	24	8	1.5 cm
μ =	10	13	1	10

"Tauwasser"-Ebene

Norm-Diffusionsrechnung:

Winter
(1440 h)
$\dot{m}_i = 2.31$ g/m^{2}h
$\dot{m}_a = -0.02$ g/m^{2}h
$m_T = 3.30$ kg/m^2 (!)

Sommer
(2160 h)
$\dot{m}_i = -1.20$ g/m^{2}h
$\dot{m}_a = -0.08$ g/m^{2}h
$m_V = 2.78$ kg/m^2

$$m_T - m_V > 0$$

Abb. 7 Norm-Diffusionsberechnung für ein innengedämmtes Kalksandstein-Mauerwerk ohne Dampfsperre. Der hohe Tauwasserausfall (m_T) ist nicht mehr zulässig. Unter Verdunstungsbedingungen kann diese Menge nicht mehr austrocknen ($m_T > m_V$).

Innendämmung ohne Dampfsperre

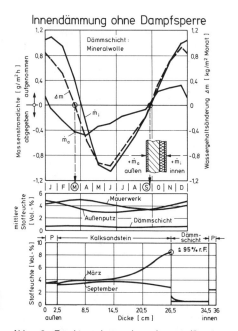

Innendämmung mit Dampfsperre

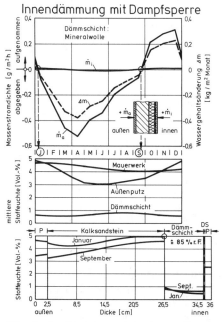

Abb. 8 Feuchteanalyse einer innengedämmten Kalksandsteinwand mit Mineralwolle-Dämmschicht ohne Dampfsperre im dritten Jahr nach Bauerstellung. Randbedingungen: Klimadaten für Essen, Monatsmittelwerte; innen 20 °C, 50 % r.F. konstant. Stoffeigenschaften: Koeffizienten gemäß Abb. 6, sonst übliche Werte.

Dabei ist zu erkennen, daß die Dämmschicht kaum Schwankungen zeigt, der Außenputz in seiner Sorptionsfeuchte etwa den Umgebungsbedingungen folgt und das Mauerwerk am Jahresende etwa den gleichen Wassergehalt wie zu Jahresbeginn aufweist und sich damit quasi in einem hygrisch eingeschwungenen Zustand befindet, also keine wesentlichen jährlichen Änderungen mehr zu erwarten sind. Betrachtet man im unteren Diagramm die Wassergehaltsverteilungen über den Bauteilquerschnitt, und zwar zu denjenigen Zeitpunkten, zu welchen die Konstruktion den maximalen (März, nach Aufnahmeperiode) und den minimalen Wassergehalt (September, nach Abgabeperiode) aufweist, so ist zu ersehen, daß

– das Mauerwerk innenseitig im März einen relativ hohen Wassergehalt hat, bedingt durch den hohen Wasserdampfzustrom von innen her,

– diese Verteilung, aufgrund von kapillaren Ausgleichsvorgängen, zur Mauerwerksmitte hin abnimmt,

Abb. 9 Feuchteanalyse einer innengedämmten Kalksandsteinwand mit Mineralwolle-Dämmschicht und innenseitiger Dampfsperre ($\mu \cdot s = 100$ m) im dritten Jahr nach Bauerstellung. Randbedingungen: Klimadaten für Essen, Monatsmittelwerte; innen 20 °C, 50 % r.F. konstant. Stoffeigenschaften: Koeffizienten gemäß Abb. 6, sonst übliche Werte.

– die gesamte aufgenommene Wassermenge bis September wieder austrocknet und

– die maximale Gleichgewichtsfeuchte in der Trennfläche Mauerwerk/Dämmschicht bei 95 % r.F. liegt.

Diese Berechnungsergebnisse decken sich nicht mit den Norm-Berechnungen, werden aber durch Meßergebnisse bestätigt. Die Stoffeuchtesprünge an den Schichtgrenzen sind realistisch, da die aneinandergrenzenden Stoffe dort bei gleicher relativer Luftfeuchte unterschiedliche Sorptionsfeuchten besitzen.

Ergänzend dazu wird in Abb. 9 das Ergebnis einer analogen Feuchteanalyse für die gleiche Konstruktion unter gleichen Bedingungen, allerdings mit innenseitiger Dampfsperre dargestellt. Hierbei endet die Befeuchtungsperiode im Januar und die anschließende Austrocknungsphase ebenfalls im September. Der innenseitige Dampfaustausch ist jedoch praktisch gleich Null. Dies geht auf die Dampfsperre zurück, die keinen Feuchteaustausch mit dem

Innenraum zuläßt (Diagramm oben). Aus dem mittleren Diagramm geht hervor, daß sich das Mauerwerk im dritten Jahr noch immer in der Trocknungsphase befindet. Die Austrocknung kann nur über die Außenoberfläche zwischen Januar und September erfolgen. Wie aus den Verteilungen im unteren Diagramm ersichtlich ist, erreicht die maximale Gleichgewichtsfeuchte in der Trennfläche Mauerwerk/Dämmschicht nur 85 % r.F., der dabei vorliegende Sorptionsfeuchtegehalt ist mit 5 Vol.-% aber nicht wesentlich geringer als die ermittelten ca. 8 Vol.-% dort ohne Dampfsperre. Die Feuchteverteilung nach der Trocknungsphase im September zeigt im Mauerwerk nach innen hin höhere Wassergehalte als im Fall ohne Dampfsperre. Die Dampfsperre wirkt nicht nur der Wasserdampfaufnahme entgegen, sondern gleichermaßen auch als Trocknungssperre.

Zusammenfassung

Die nachträgliche Innendämmung von Außenwänden ist oftmals die einzige Möglichkeit, Transmissionswärmeverluste bei bestehenden Gebäuden zu reduzieren. Eine Wärmeschutzmaßnahme dieser Art ist nicht völlig problemlos, kann aber bei sorgfältiger Konzeption und einer ebensolchen Ausführung durchaus das gewünschte Ziel auf solide und dauerhafte Weise erreichen. Unter praktischen bzw. technischen Gesichtspunkten sind bei der Innendämmung, wie sie z.B. bei der wärmetechnischen Sanierung von Sichtmauerwerken, bei der nutzungsbedingten Beheizung von Räumen hinter historischen, denkmalgeschützten Fassaden oder bei der energetischen Verbesserung erhaltenswerter Fachwerkfassaden angewandt wird, gewisse Vorzüge gegeben, es ist aber auch kritischen Aspekten Rechnung zu tragen. Prinzipiell vorteilhaft wirken sich z.B. das einfache, kostengünstige Erstellen, das flinkere Aufheizen des Raumes oder die Möglichkeit der Dämmung von Einzelräumen aus. Nachteilig bzw. besonders zu beachten sind die damit einhergehenden Auswirkungen hinsichtlich Brandschutz, Schallflankenübertragung, Wärmebrücken, Temperatur- und Feuchteniveauänderungen in der Außenschale sowie Probleme durch Ausführungsmängel (Dampfsperren, Dichtheit, Durchdringungen).

Bei Unterbrechungen der Innendämmung auf der Außenwand, z.B. im Anschlußbereich von Innenwänden an die Außenwand, muß dort material- und konstruktionsabhängig mit Wärmebrückenwirkungen und Erhöhungen der relativen Luftfeuchte an der raumseitigen Oberfläche gerechnet werden (Feuchteflecken, Schimmelbildung). Dem ist konstruktiv zu begegnen. Durchbrechungen mit Zutritt der Raumluft in bzw. unter die Dämmschicht sind durch solide Ausführung auszuschließen. Die erniedrigten Temperaturen dort hätten Feuchteprobleme zur Folge.

Was die feuchtetechnischen Planungs- bzw. Ausführungsgrundlagen – geregelt nach DIN 4108 – angeht, so sind dort grundsätzliche Prüf- und Bemessungshinweise angegeben, wie z.B. Randbedingungen und Berechnungsansätze zur Abschätzung der sog. Tauwasserbildung auf Oberflächen oder im Inneren des Bauteils oder Vorgaben für einen bestimmten Diffusionswiderstand innenseitig inclusive Dämmschicht. Den tatsächlichen Feuchte- und Feuchtetransportvorgängen in üblichen Konstruktionen werden diese Ansätze nicht gerecht und sind auch dafür nicht anzuwenden. Bei Kombination von z.B. kapillar meist nicht leitenden Dämmstoffen (Mineralfaser, Hartschäume) mit kapillar aktivem Mauerwerk und aufgrund der Tatsache, daß unter natürlichen Gegebenheiten zeitlich veränderliche Sorptions-, Diffusions- und Kapillaritätseffekte gleichzeitig, überlagert und mit sehr unterschiedlichen Intensitäten auftreten, sind praktisch andere Phänomene und Wirkungen zu erwarten, als nach den Normvorschriften kalkuliert. Die Frage der sog. „Tauwasserbildung" in porösen Stoffen wird eigentlich zu einem Zeitproblem, hohe – nach Normkalkulation nicht mehr abgebbare – Feuchteanreicherungen können aufgrund von Kapillarwirkungen durchaus binnen eines halben Jahres abgebaut werden. Die Frage, ob Dampfsperre ja oder nein, wird zur Frage des Austrocknungsverhaltens und der gegebenen Materialeigenschaften. Die Beurteilung und das Verhalten von Innendämmungen stellt sich somit etwas komplexer dar als bei anderen Dämmmaßnahmen. Bei Berücksichtigung dieser Effekte und entsprechenden Ausführungsvorkehrungen muß die Innendämmung keine Risikokonstruktion sein.

Literatur

[1] DIN 4108: Wärmschutz im Hochbau. Teil 3: Klimabedingter Feuchteschutz. August 1981.

[2] Kießl, K.: Kapillarer und dampfförmiger Feuchtetransport in mehrschichtigen Bauteilen. Diss. Universität Essen, 1983.

Nachbesserung von Wärmebrücken durch Beheizung

Univ.-Prof. Dr. Erich Cziesielski und Dipl.-Ing. Axel C. Rahn, Berlin

1. Problemstellung

Schimmelpilzbildungen in Gebäuden können im Bereich von Wärmebrücken entstehen. Der Grund dafür ist, daß an diesen Stellen im Winter die raumseitige Oberflächentemperatur der Außenbauteile so stark absinkt, daß Tauwasser anfällt. Zur Sanierung einer festgestellten Wärmebrücke besteht die Möglichkeit, entweder außen- oder innenseitig nachträglich eine Wärmedämmung anzuordnen, was jedoch nicht immer wirtschaftlich oder technisch durchführbar ist, oder alternativ eine gezielte Beheizung derartiger Wärmebrücken vorzunehmen.

2. Wärmebrücken und ihre Auswirkungen

Wärmebrücken sind örtlich begrenzte Stellen in Außenbauteilen, bei denen ein erhöhter Wärmestrom von der wärmeren zur weniger warmen Seite hin auftritt. Ein Beispiel einer charakteristischen Wärmebrücke ist in Abb. 1 dargestellt.

Wärmebrücken bewirken, daß es zum einen in ihren Bereichen zu einem erhöhten Wärmeverlust kommt und zum anderen, daß durch den erhöhten Wärmeverlust die raumseitige Oberflächentemperatur abgesenkt wird. Das Maß der Temperaturabsenkung auf der Bauteiloberfläche hängt hierbei von der Größe des Wärmeverlustes ab. Sinkt die raumseitige Oberfllächentemperatur derart ab, daß die Oberflächentemperatur niedriger ist als die Taupunkttemperatur der Luft, so kann es zu einer Tauwasser- und einer anschließenden Schimmelpilzbildung kommen. Nach neueren Untersuchungen von Gertis und Erhorn [1] kann ein Schimmelpilzbefall auch schon bei einer relativen Raumluftfeuchte von $\varphi_{Li} \approx 80\%$ bezogen auf die raumseitige Oberflächentemperatur der Wandbauteile auftreten. Zur Erläuterung: Bei einer Raumlufttemperatur von $\Theta_{Li} = 20\ °C$ und einer relativen Raumluftfeuchte von $\varphi_{Li} = 50\%$ beträgt die Taupunkttemperatur $\Theta_s = 9,3\ °C$ und die kritische Oberflächentemperatur, bei der Schimmelpilze auftreten können, $\Theta_{krit} =$

12,6 °C, d. h., daß schon bei weniger stark ausgeprägten Wärmebrücken mit Schimmelpilzschäden gerechnet werden muß.

Schimmelpilzbildungen in Räumen sind als kritisch zu beurteilen, weil sie allergische Reaktionen und unter Umständen auch chronische Erkrankungen im Bereich der Atemwege auslösen können; Schimmelpilzbildungen müssen vermieden werden.

3. Nachbesserung von Wärmebrücken

3.1 Methoden der Nachbesserung von Wärmebrücken

Bei einer Vielzahl von Bauten sind aufgrund von Planungsfehlern Wärmebrücken vorhanden. Diese Wärmebrücken müssen saniert werden. Im Regelfall bestehen hierzu folgende konventionelle Möglichkeiten:

- Nachträgliches Anordnen einer außenseitigen Wärmedämmung,
- Nachträgliches Anordnen einer innenseitigen Wärmedämmung.

Die Durchführung beider Maßnahmen ist in der Regel problematisch und zugleich kostenintensiv. Oftmals treten auch nach Durchführung der o. g. Sanierungsmaßnahmen Schadensbilder in veränderter Form auf, bzw. es werden die

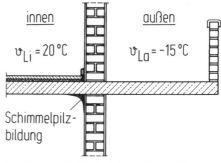

Abb. 1 Beispiel einer typischen Wärmebrücke

Abb. 2 Eckfensterkonstruktion mit Schimmelpilzbefall

bauphysikalischen Eigenschaften der Außenwände nachteilig verändert (schlechterer Schallschutz, unzureichende Wärmespeicherung im Sommer, schlechterer Brandschutz u. ä.).

Als Alternative zur Schadensbehebung durch Wärmedämmaßnahmen bietet es sich an, die Oberflächentemperatur im Bereich der Wärmebrücken zu erhöhen; dies kann z. B. dadurch geschehen, daß durch Wärmequerleitungen (Wärmefluß durch gut wärmeleitende Materialien – wie z. B. Aluminiumtapete) ein gewisser

Temperaturausgleich zwischen der Wärmebrücke und dem gut wärmegedämmten Bauteilen hergestellt wird, oder die Temperaturerhöhung wird durch eine Beheizung der Wärmebrücke erreicht.

3.2 „Wärmequerleitung" zur Temperaturerhöhung im Bereich von Wärmebrücken

Das Prinzip der Wärmequerleitung besteht darin, daß auf der inneren Wandoberfläche von den Stellen höherer Wandoberflächentemperatur Wärme durch extrem gut wärmeleitende Materialien – z. B. durch Aluminiumbleche – zu den Stellen geringerer Temperatur (Wärmebrücken) geleitet wird, um so einen Temperaturausgleich zu bewirken. – Das Prinzip sei anhand eines Beispiels erläutert:

In Abb. 2 ist die Eckfensterkonstruktion in einem Gebäude dargestellt; Abb. 3 zeigt die Grundrißsituation. Die Außenwände bestehen aus Beton und einem außenseitig aufgebrachten 6 cm dicken Wärmedämmverbundsystem (Kunstharzputz auf einer d = 6 cm dicken Polystyrol-Hartschaumwärmedämmung). Die Fensterrahmen aus PVC sind mit einer 10 mm breiten Fuge von den massiven Bauteilen getrennt; die Fugen sind auf ganzer Tiefe mit Mineralwolle ausgestopft. Das außen angebrachte Wärmedämmverbundsystem überdeckt ca. 10 mm die Fensterrahmen. Auffällig war, daß nur im Bereich der Eckstütze eine Schimmelpilzbildung vorhanden war, während auf den Wandbereichen bzw. auf dem Mittelpfeiler kein Schimmelpilz vorgefunden wurde.

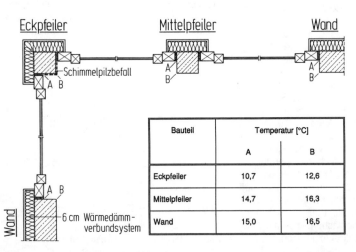

Bauteil	Temperatur [°C]	
	A	B
Eckpfeiler	10,7	12,6
Mittelpfeiler	14,7	16,3
Wand	15,0	16,5

Abb. 3 Grundriß zu der in Abb. 2 dargestellten Situation mit Angabe der minimalen Oberflächentemperaturen im Bereich der Eckpfeiler/Wärmebrücke ($\Theta_{La} = -15\,°C$, $\Theta_{Li} = +20\,°C$)

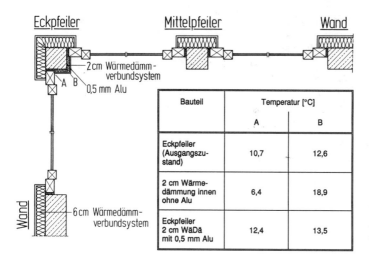

Bauteil	Temperatur [°C]	
	A	B
Eckpfeiler (Ausgangszustand)	10,7	12,6
2 cm Wärmedämmung innen ohne Alu	6,4	18,9
Eckpfeiler 2 cm WäDä mit 0,5 mm Alu	12,4	13,5

Abb. 4 Sanierungsmaßnahme im Bereich des Eckpfeilers nach dem Prinzip der „Wärmequerleitung"

Eine Berechnung der inneren Wandoberflächentemperaturen unter Zugrundelegung der Randbedingungen nach DIN 4108 ($\Theta_{La} = -15$ °C, $\Theta_{Li} = +20$ °C, $\alpha_a = 23$ W/(m²K), $\alpha_i = 6$ W/(m²K)) hatte die in Abb. 3 angegebenen Temperaturen zum Ergebnis. Es ist deutlich ersichtlich, daß nur im Eckpfeilerbereich die kritische Oberflächentemperatur von 12,6 °C unterschritten bzw. gerade erreicht wurde; an sämtlichen anderen Stellen wurde die kritische Oberflächentemperatur deutlich überschritten.

Für die Sanierung wurde u. a. der Einfluß der Wärmequerleitung untersucht: Hierbei wurde der Einfluß einer im Bereich der raumseitigen Oberfläche des Eckpfeilers angeordneten 2 cm dicken Wärmedämmung überprüft, die raumseitig mit einem 0,5 mm dicken Aluminiumblech beklebt ist. In Abb. 4 sind die für den Bereich des Eckpfeilers ermittelten raumseitigen Bauteiloberflächentemperaturen angegeben. Es sind zudem die Temperaturen angegeben, die sich ergeben, sofern auf die raumseitige Aluminiumblechbekleidung verzichtet wird. Es ist ersichtlich, daß durch das innenseitige Aluminiumblech Wärme von der Stelle B zur kritischen Stelle A geleitet wird. Aufgrund der Wärmequerleitung findet ein weitgehender Temperaturausgleich statt, bei dem die kritische Temperatur von 12,6 °C nur knapp unterschritten wird. Es ist weiterhin ersichtlich, daß durch das alleinige Aufbringen einer innenseitigen Wärmedämmung – also ohne Aluminiumblech – die Temperatur an der kritischen Stelle A (Anschluß zum Fensterrahmen) um ein weiteres Maß reduziert wird.

3.3 Nachbesserung von Wärmebrücken durch elektrische Beheizung

Für die Beheizung von Wärmebrücken bieten sich nach heutigem Stand der Kenntnis folgende Methoden an:

1. Anordnen von einem oder mehreren elektrisch beheizten Drähten (linienförmige Widerstandsheizung)
2. Anordnen einer flächigen elektrisch betriebenen Widerstandsheizung
3. Anordnen eines Heizungsrohres der Warmwasserheizung im Bereich der Wärmebrücke.

Die Wirksamkeit der einzelnen Methoden ist durch Laborversuche untersucht worden. Hierzu wurde zuerst eine Wärmebrücke entspre-

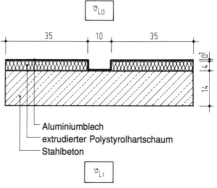

Abb. 5 Im Labor untersuchte Referenz-Wärmebrücke

chend Abb. 5 in einer Wärmeflußkammer untersucht, bei der auf der Kaltseite eine Temperatur von $\Theta_{La} = -10\ °C$ und auf der Warmseite eine Temperatur von $\Theta_{Li} = +24\ °C$ vorhanden war.

In Abb. 6 sind die untersuchten unterschiedlichen Methoden der Beheizung dieser Wärmebrücken angegeben. In Abb. 7 sind die gemessenen Oberflächentemperaturen auf der Wandinnenseite dargestellt.

Die im Labor beheizten Wärmebrücken wurden auch rechnerisch untersucht, wobei für die Berechnung ein Programm von Rudolphi/Müller [2] verwendet wurde. Die in Abb. 7 dargestellten Versuchsergebnisse stimmen mit den Berechnungen sehr gut überein.

Als bisher beste und wirtschaftlichste Art der Beheizung hat sich im Rahmen von Labor- und Praxisuntersuchungen der Einsatz vorkonfektionierter Heizfolien, Heizbänder oder Heizprofile herausgestellt. Die Beheizungselemente werden im Bereich der Wärmebrücke aufgebracht und mit der Stromversorgung verbunden sowie abschließend gegebenenfalls übertapeziert. Die Spannung für die Beheizung liegt in der Regel im Schutzspannungsbereich ($U \leq$ 42 V), sofern die Heizleiter nicht entsprechend

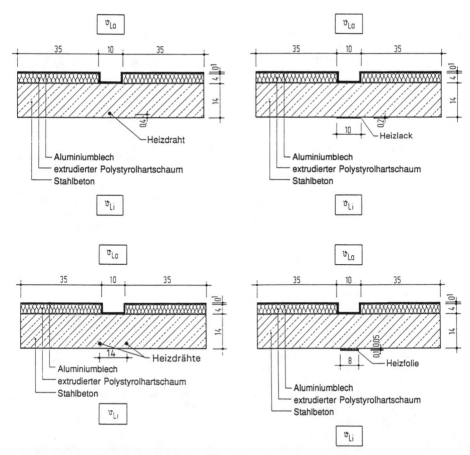

Abb. 6   Im Labor untersuchte Beheizungsmaßnahmen

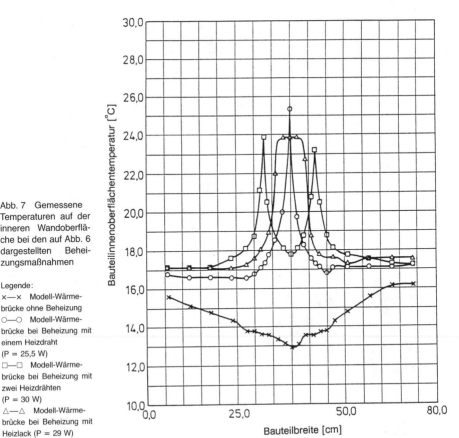

Abb. 7 Gemessene Temperaturen auf der inneren Wandoberfläche bei den auf Abb. 6 dargestellten Beheizungsmaßnahmen

Legende:
x—x Modell-Wärmebrücke ohne Beheizung
o—o Modell-Wärmebrücke bei Beheizung mit einem Heizdraht (P = 25,5 W)
□—□ Modell-Wärmebrücke bei Beheizung mit zwei Heizdrähten (P = 30 W)
△—△ Modell-Wärmebrücke bei Beheizung mit Heizlack (P = 29 W)

abgesichert sind, so daß auch beim Einschlagen eines Nagels oder beim direkten Berühren der Heizfolie für einen Menschen keine Gefahr besteht.

Die Heizungsregelung im Bereich der Wärmebrücke geschieht durch einen Temperaturregler, der die Heizung anschaltet, wenn die Bauteiloberflächentemperatur einen vorgegebenen Grenzwert unterschreitet bzw. die Heizung abschaltet, wenn die Oberflächentemperatur einen ebenfalls vorgegebenen Grenzwert überschreitet. – Die elektrische Leistung für die Heizung wird durch einen Zähler erfaßt und kann gesondert abgerechnet werden.

3.4 Praktische Erfahrungen mit beheizten Wärmebrücken

Die in Abb. 1 dargestellte Wärmebrücke (auskragender Laubengang) wurde durch Anordnung eines eingeputzten Heizdrahtes (P = 15

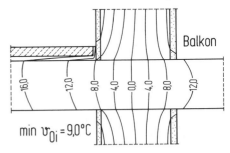

Abb. 8 Isothermenverlauf für die in Abb. 1 dargestellte Wärmebrücke

W/m) nachgebessert. In Abb. 8 ist der Isothermenverlauf im Bereich der nichtbeheizten Wärmebrücke dargestellt; Abb. 9 zeigt den Isothermenverlauf im Bereich der beheizten Wärmebrücke.

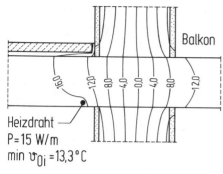

Heizdraht
$P = 15 \ W/m$
min $\vartheta_{0i} = 13{,}3\,°C$

Balkon

Abb. 9 Isothermenverlauf für die in Abb. 1 dargestellte Wärmebrücke bei einer Heizleistung von $P = 15\,W/m$

Abb. 11 Beheizung einer Mittelstütze im Kammermusiksaal (Berlin) durch mehrere Rohrwindungen der Fußbodenheizung a. Rohre der Fußbodenheizung b. Estrich über der beheizten Wärmebrücke

Abb. 10 Heizfolie auf einer Wand mit einer Wärmebrücke im Wandixel

Des weiteren wurden mehrere Objekte im Wohnungsbau durch unterschiedliche Arten der Beheizung saniert (Abb. 10), wobei eine zweijährige positive Erfahrung in der Praxis gesammelt werden konnte.

Beim Kammermusiksaal der Berliner Philharmonie verläuft eine im Foyer vorhandene Mittelstütze durch die Decke in die unter dieser Decke vorhandene Tiefgarage, die mit der Außenluft verbunden ist. Die massive Stütze, die eine extreme Wärmebrücke darstellt, wurde im Bereich der Decke durch zusätzliche Windungen der Fußbodenheizung so beheizt (Abb. 11), daß eine Tauwasserbildung vermieden

wurde. Das Prinzip der Beheizung wurde bei diesem Bauwerk erstmals angewendet.

4. Wirtschaftlichkeitsbetrachtungen

Der erforderliche Stromverbrauch für elektrisch betriebene Wärmebrückenbeheizungen ist abhängig von der Größe der Wärmebrücke, den klimatischen Verhältnissen und dem Wärmedurchlaßwiderstand im Bereich der Wärmebrücke. Rechnerische Abschätzungen, die durch die bisherigen Praxiserfahrungen bestätigt wurden, zeigen, daß zum Beispiel für die Beheizung einer Wärmebrücke in einer Wandecke maximal 15–30 W/lfd.m. ausreichend sind. Nimmt man pro Jahr eine Heizdauer von ca. 330 Stunden an, so ergibt sich eine Gesamtheizleistung von ca. 10 KWh pro m Wärmebrücke. Bei Energiekosten in Höhe von 0,30 DM/KWh folgen die jährlichen Heizkosten für eine Wärmebrücke in etwa zu 3,– DM/(lfd.m Wärmebrücke und Jahr). Zur Abschätzung des Energiebedarfs ist in Abb. 12 dieser in Abhän-

130

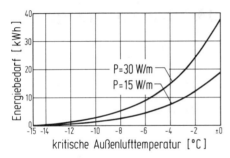

Abb. 12 Energiebedarf zur schadensfreien Beheizung einer 1 m langen linienförmigen Wärmebrücke in Abhängigkeit von der Außenlufttemperatur, bei der ohne Beheizung raumseitig eine Schimmelpilzbildung auftreten würde

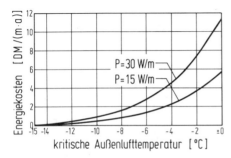

Abb. 13 Energiekosten für die in Abb. 11 dargestellten Situationen

gigkeit von der kritischen Außenlufttemperatur (Temperatur, bei der raumseitig Schimmelpilz auftritt) aufgetragen worden. Je niedriger die kritische Außenlufttemperatur ist, um so kürzer sind die Einschaltzeiten für die Heizung im Bereich der Wärmebrücken und um so geringer ist der Energiebedarf bzw. um so geringer sind die Energiekosten (Abb. 13).

5. Zusammenfassung

Baulich bedingte Wärmebrücken können in Sonderfällen nach dem Prinzip der „Wärmequerleitung" (Abb. 4) oder zielstrebig durch Beheizung (Abb. 6) saniert werden. – Die Kosten für die Energie zur Beheizung der Wärmebrücken sind als annehmbar anzusehen. Die Kosten für die bauliche Anlage zur Beheizung einer 1 m langen und ca. 30 cm breiten Wärmebrücke betrugen im Jahr 1991 ca. 1000,00 DM.

Literatur

[1] Erhorn, H.: Bauphysikalische Ursachen, Beitrag im Berichtsband des 1. internationalen Symposiums über Schimmelbefall in Wohnbauten – 1990, Universität Innsbruck – Prof. Waubke, W. Kusterle

[2] Rudolphi R., Müller R.: Bauphysikalische Temperatur – Berechnungen in Fortraw – Stat 3D, BG Teubner Stuttgart, 1985

Podiumsdiskussion am 23. 03. 1992, vormittags

Frage:

Gibt es demnächst eine europäische Wärmeschutzverordnung?

Vogel:

Ich meine, daß es keine europäische Wärmeschutzverordnung geben wird, weil die klimatischen Bedingungen innerhalb Europas sehr stark unterschiedlich sind. Es gilt aber der Grundsatz, der aus der Bauproduktenrichtlinie hervorgeht, wonach das jeweils nationale Sicherheitsniveau – ich möchte mal den Begriff Sicherheitsniveau hier auch auf die Bedürfnisse, die im Zusammenhang mit der Wärmeschutzverordnung festgelegt sind, erweitern – erhalten bleiben wird. Das ergibt sich im wesentlichen auch aus den klimatischen Bedingungen in bezug auf die Wärmeschutzverordnung. In der wesentlichen Anforderung 6 der Bauproduktenrichtlinie „Energieeinsparung und Wärmeschutz" ist angegeben: „Das Bauwerk und seine Anlagen und Einrichtungen für Heizung, Kühlung und Lüftung müssen derart entworfen und ausgeführt sein, daß unter Berücksichtigung der klimatischen Gegebenheiten des Standortes der Energieverbrauch bei seiner Nutzung gering gehalten und ein ausreichender Wärmekomfort der Bewohner gewährleistet wird." In dem Zusammenhang wäre sicher auch noch die wesentliche Anforderung „Hygiene, Gesundheit und Umweltschutz" mit heranzuziehen, denn die feuchten Wohnräume würden sicher die Gesundheit mit beeinträchtigen.

Frage:

Wie geht man formal gegen eine falsche Entscheidung eines Kostenbeamten vor?

Bleutge:

Nach § 16 Abs. 1 ZSEG kann man Antrag auf gerichtliche Festsetzung geltend machen. Das geht formlos. Da sind keine Fristen einzuhalten. Es fallen keine Gerichtsgebühren an. Man bekommt aber seine eigenen Auslagen nicht ersetzt. Sie können nach § 16 Abs. 1 Antrag auf gerichtliche Festsetzung geltend machen mit einer kurzen Begründung, warum die Kürzungen Ihrer Auffassung nach ungerecht sind. Dies wird dem Richter vorgelegt. Wenn der Richter den Kostenbeamten bestätigt – d. h. er hält die Kürzung aufrecht – können Sie nach § 16 Abs. 2 in die Beschwerde gehen, dann kommen Sie in die nächste Instanz. Schlaue Richter und Kostenbeamte streichen den Sachverständigen aber nur immer bis kurz vor 100 DM – der Beschwerdewert beträgt 100 DM. Wenn Sie nur 90 DM gekürzt bekommen haben, können die Sachverständigen nicht mehr in die Beschwerde gehen.

Frage:

Gibt es bereits Verfassungsbeschwerden wegen unzureichender Entschädigung von Gerichtssachverständigen?

Bleutge:

1972 war ein Sachverständiger bei einer Verfassungsgerichtsbeschwerde unterlegen. Damals war die Differenz zwischen der ZSEG – Entschädigung und der privaten Vergütung nicht sehr groß.

Aber auch damals hat das Bundesverfassungsgericht gesagt: Jawohl – bürgerliche Ehrenpflicht – der Sachverständige ist verpflichtet, Vermögensopfer in Kauf zu nehmen. Später hat das Bundesverfassungsgericht in anderen Entscheidungen – insbes. was die Notare angeht – gesagt: Vermögensopfer zugunsten der Allgemeinheit, das geht so nicht weiter, deswegen ist das verfassungswidrig. Ich würde sagen: Wenn heute ein Sachverständiger Verfassungsbeschwerde erheben würde, könnte er aufgrund der inzwischen ergangenen Entscheidungen zu vergleichbaren Berufsgruppen durchaus Erfolg haben.

Oswald:

Könnte das auch von einer Sachverständigen-Organisation gemacht werden?

Bleutge:

Es muß ein Betroffener sein. Aber wie das bei uns in der Kaufmannschaft auch so üblich ist und bei den Verbänden: Sie werden finanziell unterstützt. Die Anwälte werden bezahlt und insoweit wird der Sachverständige oder der Rechtsanwalt oder der Notar – wer gerade zur Debatte steht – nicht allein gelassen, sondern sie bekommen Verbandshilfe und zwar mit Geld, mit Rat und mit Tat.

Oswald:

Dann sollten wir als Sachverständige doch mal unsere Verbände dazu bringen, das zu tun.

Bleutge:

Ich würde sagen, die Gelegenheit ist günstig, zumal das Gesetz jetzt 5 Jahre unverändert in Kraft ist und in dieser Legislaturperiode voraussichtlich keine Novellierung erfolgt, denn die Länder, die am meisten betroffen sind, haben kein Geld.

Frage:

Sollte ein neuer Bestallungstenor „Schäden an Gebäuden" auch das Thema „Sozialverhalten von Menschen" mit umfassen?

Schild:

Ich bin allerdings der Meinung, daß Sie, in dem von mir dargestellten Sinne, die Situation der Bewohner und die Möglichkeiten wie sie sich verhalten können, mit in Ihre Überlegungen einbeziehen sollten. Das bedeutet jedoch nicht, daß Sie besondere sozialpsychologische Vorkenntnisse haben müssen. Es handelt sich hier um nachvollziehbare und erkennbare soziale und politische Probleme, die sicherlich nicht einfach bei einer Beurteilung weggelassen werden können.

Frage:

Bei Einhaltung der Wärmeschutzverordnung habe ich noch nie etwas von Schimmelpilzbildung erfahren.

Schild:

Dieser Äußerung kann ich mich nicht anschließen. Es kann doch keinen Zweifel daran geben, daß es Schäden und Mängel gibt, die auch bei voller Einhaltung der Wärmeschutzverordnung trotzdem vorhanden sind. Ein typisches Beispiel: Ich habe eine Gebäudehülle, die nach der Wärmeschutzverordnung vollkommen in Ordnung ist; von außen dringt vom Sockelbereich her Feuchtigkeit in den Querschnitt ein. Durch die aufsteigende Feuchtigkeit wird der Wärmedämmwert der Außenwand gemindert und infolge des geminderten Wärmedämmwertes tritt Schwärzepilzbildung auf. In einem solchen Fall kann man doch nicht sagen: Ich habe nichts weiter als die Wärmeschutzverordnung zu betrachten.

Frage:

Werden demnächst europäische Normen erscheinen, die die Anforderungen und Konstruktionshinweise deutscher Normen aufnehmen?

Vogel:

Ein Wunsch der Mitarbeiter in den Spiegel-Ausschüssen des Normenausschusses Bauwesen ist es, soweit wie möglich die Werte und Konstruktionen, die in Deutschland üblich sind, in das europäische Normenwerk einzubringen. Das wird aber sicher nicht immer gelingen, da die übrigen 17 Normungsorganisationen und ihre Vertreter in den technischen Gremien die gleiche Absicht haben und die Konstruktionen sich natürlich nicht in allen Fällen gleichen.

Frage:

Wie können Abweichungen der Ausführung von der Planung ohne Aufstemmen –, was die Parteien meist nicht zulassen – sicher ausgeschlossen werden?

Schild:

Wenn ein Sachverständiger Öffnungsarbeiten zur Aufklärung für notwendig erachtet, kann er sie selbstverständlich nicht gegen den Willen des Eigners durchführen. Der Sachverständige hat dann dem Gericht eine Mitteilung zu machen, daß ohne dieses Freilegen eine Aufklärung nicht befriedigend erfolgen kann. In den meisten Fällen wird die betreffende Partei dann doch ihr Einverständnis geben.

Frage:

Im Bauwesen gibt es für viele Bereiche keine harmonisierten europäischen Normen, z. B. Industrieschornsteine. Bei einer europaweiten Ausschreibung stellt sich die Frage, wie rechtsverbindlich ist eine von einem deutschen Bauherrn vorgeschriebene nationale deutsche Norm im Vergleich zu einem europäischen Anbieter, der nach seiner nationalen Norm anbietet?

Vogel:

Dazu möchte ich kurz informieren, daß gerade Anfang März vom CEN/BT (Technisches Büro) die Einrichtung eines neuen technischen Komitees CEN TC 297 – freistehende Industrieschornsteine – beschlossen wurde. Das Sekretariat wird bei Deutschland liegen.

Nach meiner persönlichen Auffassung ist eine Ausschreibung, die eine nationale Norm als Grundlage hat, wenn keine europäische Norm vorhanden ist, für die Ausführung verbindlich, da es die Vertragsgrundlage bilden würde bzw. erst einmal die Grundlage für die Ausschreibung. Ein Alternativangebot auf der Basis einer ausländischen Norm würde sicher den Nachweis der Gleichwertigkeit erfordern. Das ist aber hier ein Thema, das mit in den Bereich geht: Wie wird man in der Übergangszeit, in der noch keine harmonisierten europäischen Normen vorliegen, vorgehen. Da gibt es in der Bauproduktenrichtlinie einen sog. § 16, nach dem man die Produkte, die in einem Land hergestellt werden, in diesem Land nach den Normen des Bestimmungslandes prüfen lassen kann. Es gibt ein Verfahren, mit dem die prüfenden Stellen anerkannt werden und dann wäre das Prüfergebnis in dem Bestimmungsland anzuerkennen.

Oswald:

Darf ich provokativ fragen: Wieviel Menschen in Deutschland – schätzen Sie – gibt es, die diese ganzen Verfahren überhaupt durchblicken? Ich sehe ein Riesenheer von Bürokraten – das in Hunderten von Gremien Dinge aushandelt und die Anwender – und das sind wir – werden nie so richtig informiert. Wie kann man diesen sehr unangenehmen Zustand verbessern?

Vogel:

Zunächst gibt es sicher eine große Zahl von Menschen, die das Verfahren durchblicken, und es gibt eine große Zahl von Informationsmöglichkeiten (die genauen Adressen der Informationsstellen sind am Ende der Diskussion aufgelistet).

Ich meine, daß im Normungsbereich sehr viele von Ihnen sicher schon in den Gremien des Normenausschusses Bauwesen mitarbeiten und auch über die verschiedenen Informationen, die Sie in diesen Gremien über das rein fachliche hinaus erhalten, verfügen. Ich weiß natürlich, daß das nicht alle von Ihnen sind und auch nicht die ganze interessierte Öffentlichkeit.

Frage:

Zu dem Thema: Wegfall der Entschädigung wegen Besorgnis der Befangenheit – Darf man

technische Unterlagen „heimlich" nur bei einer Partei anfordern?

Bleutge:

Nein! Es gibt mehrere Entscheidungen, die sagen, wenn man technische Unterlagen oder andere Informationen bei einer Partei einholt, muß man die andere darüber unterrichten. Anderenfalls kann man wegen Besorgnis der Befangenheit abgelehnt werden.

Frage:

Müssen bei Parteigutachten auch beide Parteien entsprechend unterrichtet und zur Ortsbesichtigung eingeladen werden?

Bleutge:

Ein Parteigutachten ist die private Beauftragung eines Sachverständigen. Der muß zwar objektiv und unparteiisch sein, braucht aber in diesem Fall nicht die andere Partei herbeizuziehen, weil das kein Gerichtsauftrag, sondern ein Privatauftrag ist. Das Gutachten wird dann als Parteivortrag vom Kläger oder Beklagten in den Prozeß eingeführt. Es ist aber zweckmäßig – und das sollten Sie mit Ihrem privaten Auftraggeber besprechen – auch bei Parteigutachten den Gegner mit hinzuzuziehen.

Frage:

„Grundrisse müssen Stellmöglichkeiten an Innenwänden für Schränke aufweisen." Dies kann bei Bauabnahmen zu enormen Eklats führen (Entwurfsfehler, erheblicher Baumangel).

Schild:

Meine Äußerung ist so zu verstehen, daß der Bewohner nicht gezwungen wird, einen Schrank oder ein Bett allein an die Außenwand zu stellen. Die Möglichkeit der Möblierung in dem Sinne festzuschreiben, daß an einer bestimmten Stelle des Grundrisses ein Schlafzimmerschrank von der und der Größe steht, das habe ich natürlich nicht gemeint. Es sollte so sein, daß mehrere Möglichkeiten der Möblierung im Sinne eines Angebots da sein müssen, und daß nicht Schränke und Betten an der Außenwand stehen müssen.

Informationsmöglichkeiten über neue Normen des DIN und im Fall des DIN-Katalogs für technische Regeln auch anderer Regelsetzer: Zu den im Rahmen der Podiumsdiskussion genannten Unterlagen gehören:

1. DIN-Katalog für technische Regeln '92

Band 1 bis 3
Deutsch/Englisch
Gesamtpreis 400,– DM
(für DIN-Mitglieder 340,– DM)
Bestell-Nr. 12719

Band 1 und 2
Deutsch/Englisch
302,– DM
(für DIN-Mitglieder 256,70 DM)
Bestell-Nr. 12703

Band 3
Deutsch/Englisch
128,– DM
(für DIN-Mitglieder 108,80 DM)
Bestell-Nr. 12715

Band 3 erscheint in diesem Jahr zum ersten Mal: Sein Inhalt erstreckt sich auf Dokument-nachweise internationaler und ausgewählter nationaler Regelwerke anderer Länder.

Abonnement Ergänzungshefte (erscheinen monatlich)
12 Hefte 1992/93
435,– DM
(für DIN-Mitglieder 369,75 DM)
Bestell-Nr. 12704

2. Führer durch die Baunormung 1992/93

Baustoffe, Berechnung, Ausführung, Ausschreibung, Bauvertrag.
Fachbezogene Übersichten der Normen und Norm-Entwürfe.
Erscheint jährlich; Ausgabe 1992/93 ca. Anfang Juni 1992.
54,– DM
Bestell-Nr. 12737

3. Datenbanken und andere Informationsstellen

3.1. Deutsches Informationszentrum für Technische Regeln (DITR)

im DIN Deutsches Institut für Normung e.V.
Burggrafenstraße 6
1000 Berlin 30
Telefon (030) 26 01-631/633

Auskunftsdienst
Telefon (0 30) 26 01-2 60
Telefax (0 30) 26 28-1 25
Teletex 308269=DINinfo

3.2 PERINORM

Bibliographische Information zu allen deutschen, englischen, französischen, europäischen und internationalen Normen und technischen Regeln auf CD-ROM (Compact Disc Read Only Memory) im Jahresabonnement mit monatlicher Aktualisierung.
3.250,– DM/Jahr
Bestell-Nr. 12788
Auskünfte: Frau A. Zimmermann,
Telefon (0 30) 26 01-6 82

3.3 NormImage

ist ein neues CD-ROM-Produkt, das komplette Norminhalte (Text und Graphik) auf den Bildschirm bringt. Unterteilt nach Sachgebieten enthalten die CDs der NormImage-Serie vorerst die in Deutschland, Frankreich und Großbritannien geltenden Normen und technischen Regeln sowie einschlägige Internationale Normen für die Gebiete Qualitätssicherung, Statistik und Instandhaltung. Die von der PERI-NORM übernommene Suchdatenbank ermöglicht Recherchen in Deutsch, Englisch und Französisch.
Zu beziehen voraussichtlich ab Anfang Mai 1992 im Jahresabonnement mit zweimonatiger Aktualisierung.
ca. 4.500,– DM/Jahr + MWST.

4 DIN-Mitteilungen + elektronorm

Zentralorgan der deutschen Normung, monatlich erscheinende Zeitschrift mit dem „Anzeiger für technische Regeln", in dem u.a. jeweils die auf den betreffenden Monat bezogenen Veränderungen im DIN-Normenwerk angegeben sind.
Jahresbezugspreis 1992, 12 Hefte jährlich
556,– DM
(für DIN-Mitglieder 473,– DM)
Bestell-Nr. 10002
Einzelheft 55,60 DM
Bestell-Nr. 10003

5 Technorga GmbH

Technische Organisation, Normung und Rationalisierung. Ingenieurbüro für Beratung und Dienstleistung im Umfeld der technischen Regelsetzung.

Tochterfirma des DIN
Kamekestraße 8
5000 Köln 1
Telefon (02 21) 57 13-11
Telefax (02 21) 57 13-4 14

6. Normenausschuß Bauwesen (NABau)

Auskünfte über den Normungsstand im Bereich des Normenausschusses Bauwesen werden auch telefonisch vom NABau beantwortet (Telefon (0 30) 26 01-5 01).

7. Bezugsquelle sämtlicher vorgenannter Produkte:

Beuth Verlag GmbH
Burggrafenstraße 6
1000 Berlin 30
Telefon (0 30) 26 01-2 60
Telefax (0 30) 26 02-2 31

Podiumsdiskussion am 23. 03. 1992, nachmittags

Frage:

Wann wird der in Arbeit befindliche Entwurf der Wärmeschutzverordnung veröffentlicht?

Wann wird die neue Verordnung in Kraft treten?

Ehm:

Nach dem gegenwärtigen Stand der Vorbereitungen gehe ich davon aus, daß die Ressortabstimmung, die erforderlich ist, in 3 bis 4 Wochen abgeschlossen wird. Anschließend wird es zur Beratung mit den Bundesländern und den Verbänden kommen. Insgesamt wird versucht, daß die Verordnung noch vor der Sommerpause dem Bundesrat – der Bundesrat muß zustimmen – zugeleitet werden kann. Das mag sich möglicherweise etwas verzögern, sollte aber in diesem Jahr zur Beschlußfassung gebracht werden können.

Frage:

Wie wird man den Zeitpunkt des Inkrafttretens sehen müssen?

Ehm:

Die Verordnung würde dann, wenn der Zeitplan, wie erläutert, eingehalten wird, in diesem Jahr bekanntgemacht werden. Im Jahre 1982/84 gab es eine Übergangsfrist von 2 Jahren. Ich könnte mir vorstellen, daß diese Frist bei der jetzigen Novellierung auch so gewählt wird.

Oswald:

Ich habe den Eindruck, daß die Wärmeschutzverordnung so wie ein Geheimpapier gehandelt wird. Warum wird eine breitere Öffentlichkeit nicht viel früher über die Dinge informiert, die da im Gespräch sind? Provoziert man nicht geradezu heftige Gegenreaktionen, wenn man der Fachöffentlichkeit nur wenige Wochen Zeit zur Stellungnahme gibt?

Ehm:

Nein, das ist nicht ganz so. Das knüpft auch gleich an die nächste Frage an.

Frage:

Kann man davon ausgehen, daß die im Referentenentwurf genannten Anforderungen an den baulichen Wärmeschutz tatsächlich auch vorgeschrieben werden?

Ehm:

Im vergangenen Jahr haben die zuständigen Ressorts BMWirtschaft und BMBau einen Vorvorentwurf mit den Bundesländern erörtert; dies geschah insbesondere wegen der Änderungen in den methodischen Ansätzen. Dieser Vorvorentwurf ist dann in die Öffentlichkeit gelangt, ist also offenbar das Dokument, von dem angenommen wird, daß es der Referentenentwurf ist.

Da es sich bei der Novellierung um neue Vorschriften handelt, die viele Beteiligte, insbesondere aus dem Baustoffbereich berühren, ist es schwierig, ein solches Vorhaben auf dem offenen Markt zu diskutieren. Das Anforderungsniveau, das in dieser ersten Vorentwurfsfassung vorgesehen wurde, ist mit Sicherheit nicht repräsentativ für den Referentenentwurf.

Im Vorvorentwurf wurde auch ein vereinfachtes, ein bauteilbezogenes Verfahren vorgesehen. Da ein solches Verfahren auf der sicheren Seiten liegen muß, waren z.B. für die Dämmung der Außenwände k-Werte von 0,4 W/m^{2}K angegeben. Dies ist verständlicherweise auf heftigen Widerstand der Vertreter bestimmter Wandbaustoffe gestoßen. Es ist außerordentlich schwer, zu einem Konsens zu kommen. Das offizielle Verfahren sieht vor, daß nach Veröffentlichung des Referentenentwurfs eine ausreichende Frist zur Prüfung zur Verfügung steht, und dann zu einer Erörterung mit den beteiligten Verbänden und Fachkreisen, aber auch mit den Bundesländern eingeladen wird.

Oswald:

Warum wählt man nicht das gleiche Verfahren wie bei einer Norm, wo es zunächst einen Normenentwurf gibt, zu dem jeder der fachkundig ist, oder sich fachkundig fühlt, Stellung nehmen kann? Ich habe den Eindruck, daß man mit dieser Verordnung überfallen wird, und ich weiß nicht, warum das so sein muß.

Ehm:

Die letzte Behauptung ist nicht korrekt. Das ergibt sich schon daraus, daß wir mittlerweile fast ein ¾ Jahr über diese Fragen intensiv diskutieren.

Frage:

Kann man solche Anforderungen über eine Norm umsetzen?

Ehm:

Dies kann man offenbar nicht; Normung bedeutet Konsens-Verfahren. Die Zusammenhänge wurden zum Zeitpunkt der erstmaligen Herausgabe der Verordnung sehr sorgfältig geprüft. Wir können uns im Normungsbereich auf naturwissenschaftliche Sachverhalte einigen, die z. B. den baulichen Mindestwärmeschutz beschreiben, nicht aber über energieökonomische Sachverhalte mit Eingriffen in das Marktgeschehen.

Die Anforderungen gehen über Mindestforderungen erheblich hinaus. Wie weit man gehen darf oder nicht, das muß im Rahmen einer gesetzlichen Ermächtigung von der Regierung auf dem Verordnungswege festgelegt werden. Das Energieeinsparungsgesetz enthält hierzu ein Wirtschaftlichkeitskriterium.

Frage:

Es wurde auf die Veränderung des Wärmedurchlaß-Widerstandes durch Dübel bei Wärmedämm-Verbundsystemen hingewiesen. Handelt es sich hierbei um Metalldübel? Wie wirken sich Vollkunststoffdübel aus?

Achtziger:

Die Untersuchungen wurden am Institut von Herrn Prof. Cziesielski an der TU Berlin durchgeführt.

Bei den Wärmedämm-Verbundsystemen handelt es sich um Metalldübel. Es wurden auch Untersuchungen an hinterlüfteten Wandsystemen mit Metall- und Kunststoffdübeln durchgeführt, wobei die Verringerung des Wärmedurchgangs durch Dübel aus Kunststoff nicht den Erfolg hatte, wie man sich ihn versprochen hat.

Frage:

Es geht um die Messung der Luftdichtheit von Gebäuden. Sehen Sie eine praktikable kostengünstige Möglichkeit Bauteilluft-Undichtheiten als Sachverständiger zu beurteilen?

Achtziger:

Es gibt die Ventilatormethode, die in der ISO Nr. 9972 beschrieben ist. Hier ist ein relativ kurzer Hinweis über das Verfahren gegeben.

Sie benötigen einen Ventilator, eine Druckmeßeinrichtung, eine Temperatur-Meßeinrichtung und einen Luftmengenmesser. Ich habe so eine Apparatur noch nicht gesehen; vielleicht ein Tip, das Land Schleswig-Holstein macht grundsätzlich bei geförderten Bauten solche Druckuntersuchungen.

Oswald:

In welcher Größenordnung liegen die Kosten dafür?

Achtziger:

Ich würde über den Daumen gepeilt, mindestens DM 20 000 einsetzen. Da ist aber die Elektronik und wahrscheinlich die automatische Auswertung noch nicht dabei.

Frage:

Wie kann man die schalltechnischen Probleme der Gitter in den Türen lösen, bzw. wie werden sie gelöst.

Trümper:

Sie sind nicht gelöst. Mit Schallübertragung muß man in einer Wohnung grundsätzlich rechnen.

Frage:

Wenn der Luftwechsel unter 0,7 im Jahresmittel absinkt, sollten dann manche Baustoffe wegen ihrer Radioaktivität nicht verwendet werden?

Trümper:

Ich bin vorsichtig, zu Radon etwas zu sagen, darüber wird im Moment zu viel und zu unterschiedlich geschrieben. Radon hat es zu allen Zeiten gegeben, verstärkt in gebirgigen Gegenden entsprechend der dort vorkommenden Baustoffe. Ich habe die Sterblichkeit nicht untersucht.

Frage:

Sie haben einen Erdwärmetauscher vorgestellt, der im Sommer betrieben wird. Gibt es keine hygienischen Probleme?

Trümper:

Da haben wir auch unsere Sorgen gehabt. Wir hatten einen Arbeitshygieniker hinzugezogen, der 2 Bauten untersucht hat. Der Erdwärmetauscher war o.k., aber innerhalb des Gebäudes gab es, ausgehend von Hunden und Katzen und Papageien, jede Menge unterschiedliche Keimansammlungen. Die Luftverhältnisse in einer Wohnung ohne Wohnungslüftung und ohne Erdwärmetauscher waren extrem, ausgehend vom Nutzer und seinen Begleitumständen. Die hygienischen Randbedingungen sind abhängig vom Nutzer. Beim Erdwärmetauscher im Sommer muß man darauf achten, daß die Feuchtigkeit ablaufen kann.

Frage:

Wie wirtschaftlich sind solche mechanischen Be- und Entlüftungsanlagen mit Wärmerückgewinnung?

Hausladen:

Für mich ist immer ein Maß für Effektivität: Wieviel DM muß ich aufwenden, um jährlich 1 kW/h an Energie einsparen zu können, d.h. je mehr ich aufwenden muß, um so uneffektiver ist die Maßnahme. Wenn Sie heute mit dem Wintergarten Energie sparen wollen, dann müssen Sie zwischen 10,– und 50,– DM einmalig aufwenden, um dann in der Folgezeit – innerhalb von 40 oder 50 Jahren – jährlich 1 kW/h einsparen zu können, d.h. die kW/h kostet allein an Zinsen 4,– oder 5,– DM pro Jahr. Wenn Sie das im Bereich von Dämmaßnahmen tun, dann liegen Sie in der Größenordnung zwischen 1 und 2 DM, die Sie einmalig aufwenden müssen, um dann in der Folgezeit 1 kW/h jährlich einsparen zu können. Wenn Sie Sonnenkollektoren für die Warmwasserbereitung bei kleineren Anlagen aufs Dach drauf tun, dann liegen sie in der Größenordnung von 6,– bis 7,– DM.

Das sind also Zahlen, die von ausgeführten Anlagen und ausgeführten Bauten bekannt sind. Bei der Lüftung ist es schwieriger, dies zu erfassen. Wenn der Nutzer mitmacht, dann liegen sie bei der Lüftung in dem Bereich zwischen 2,– und 3,– DM, d.h. eine deutlich effektivere Maßnahme als z.B. der Einsatz von Sonnenkollektoren für die Warmwasserbereitung. Vorausgesetzt der Nutzer versteht es, wird aufgeklärt und macht mit.

Ehm:

Ich möchte noch eine Ergänzung zu der Wirtschaftlichkeitsfrage machen. U.E. muß auch künftig für die Anforderung der Wärmeschutzverordnung das Wirtschaftlichkeitskriterium

nach dem Gesetz strikt beachtet werden. Es bestehen Wünsche dieses Wirtschaftlichkeitskriterium zu ändern oder insgesamt aufzuheben. Im Interesse der Investoren, aber auch der Mieter, kommt es darauf an, daß dieses Kriterium beachtet wird. Bei den Mietern geht es um einen weitgehenden Ausgleich der Wohnkosten. Das Wirtschaftlichkeitskriterium besagt, daß innerhalb angemessener Zeiten durch Einsparungen die Investitionen erwirtschaftet werden müssen.

Bezüglich der Anforderungen der neuen Wärmeschutzverordnung bedeutet dies, daß durch rein bauliche Maßnahmen Reduktionen des Energiebedarfs um rd. 30–40% wirtschaftlich möglich sind. Die Erhöhung der Gebäudekosten beträgt etwa 2–3%. Das gilt nicht für alle möglichen Kombinationen und Verbesserungsmaßnahmen, aber für gängige Baustoffe, Bauarten und Bauweisen.

Für die Anwendung der Wärmerückgewinnungstechnik, für die eine Option geschaffen werden soll, erscheint es erforderlich, eine gewisse Reduzierung der baulichen Maßnahmen vorzunehmen, weil die Gesamtbilanz in der Regel erheblich besser ist, als bei rein baulicher Verbesserung. Es ist gerechtfertigt, daß wir künftig eine Weichenstellung für die Wärmerückgewinnungstechnik vornehmen.

Frage:

Was kostet ein solches Maßnahmenpaket im Gebäudebestand, wenn ich Reduktionen erreichen will, beispielsweise in der Größenordnung von 30–40%?

Ehm:

Wenn Sie ein Wärmedämmverbundsystem vorsehen wird man je Wohnung, je nach Ausgangslage und je nach ergänzendem Maßnahmenpaket mit Zusatzkosten zwischen 10 000,– bis 25 000,– DM rechnen müssen.

Frage:

Berücksichtigung der Solarenergie. Nach VDI 2067 bezieht sich die Berücksichtigung der Solarenergie nur auf transparente Flächen.

Ehm:

Das ist in der Tat so, daß Fremdwärme durch Sonneneinstrahlung nur bei Fenstern, Fenstertüren und sonstigen transparenten Flächen berücksichtigt werden soll.

Gestatten Sie mir hier eine Anmerkung zu den Ausführungen von Herrn Achtziger in seinem Vortrag:

Wir könnten natürlich bei der Fremdwärmebilanzierung auch die Gewinne durch Absorption auf den Bauteilflächen berücksichtigen. Wir können aber keine Berechnung, keine Einbeziehung der Wärmebrücken in den Nachweis vornehmen. Das ist praktisch für übliche Nachweise nicht machbar. In der Bilanzierung gleichen sich beide Einflüsse teilweise wieder aus. Es ist daher richtiger, wenn wir die Wärmebrücken nicht bilanzieren, andererseits dann aber auch die Gewinne durch Absorption vernachlässigen.

Oswald:

Herr Achtziger führte eben aus, daß bei Innendämmungen aufgrund von Wärmebrücken der tatsächliche Wärmeverlust 50% über dem rechnerisch Ermittelten ohne Berücksichtigung der Wärmebrücken liegen kann. Ist bei dieser Sachlage ein stark vereinfachtes Rechenverfahren richtig?

Ehm:

Die Innendämmungen sind ein Extremfall. Wir wollen in Verbindung mit der DIN 4108 einige Beiblätter schaffen. Ein Beiblatt soll die Philosophie eines solchen vereinfachten Berechnungsverfahrens in Anlehnung an ISO 9164 behandeln. Ein zweites Beiblatt soll sich mit Wärmebrückenproblemen in der Weise befassen, daß beispielhafte Lösungen gezeigt werden, wie Wärmebrücken für charakteristische Ausführungen minimiert werden können. In einem dritten Beiblatt sollen entsprechende Ausführungen und Maßnahmen erläutert werden, wie Bauteilflächen dicht ausgeführt werden können.

Frage:

Mit welchen Wärmeübergangszahlen muß ich in den Ecken und Kanten rechnen?

Zeller:

Am Deckenanschluß oberhalb des Heizkörpers ergaben die Simulationsrechnungen konvektive Wärmeübergangskoeffizienten von 2 W/m²K, an den Außenwandecken und -bodenanschlüssen von rund 1 W/m²K. Hierzu hinzuzurechnen ist der Wärmeübergang durch Strahlung, der in der Größenordnung von 5 W/m²K liegt, in ungünstigen Bereichen jedoch, z.B. in Ecken, beträchtlich absinken kann.

Frage:

Welchen Abstand sollen die Möbel von der Außenwand haben?

Zeller:

Diese Frage kann man im Augenblick nicht abschließend beantworten. Nach unseren noch laufenden Rechnungen scheint ein Abstand von 5–10 cm ausreichend zu sein, darunter jedoch die Hinterlüftung einschneidend behindert zu werden.

Frage:

Muß die Luft seitlich abfließen können?

Zeller:

Bei nach unten geschlossenen Möbeln muß selbstverständlich ein seitliches Abströmen der Luft möglich sein, um eine Hinterlüftung zu erhalten.

Frage:

Welche Beurteilungsgrundlagen hat der Bauphysiker für die normgemäße Angabe des tatsächlichen k-Wertes?

Achtziger:

Durch Berechnung der Wärmeverluste über die Außenflächen werden Wärmebrücken weitgehend abgedeckt und die nicht berücksichtigten Wärmegewinne durch nichttransparente Bauteile durch solare Einstrahlung liegen zusätzlich in der Größenordnung von 5%. Also auch in Zukunft wird keine besondere Berücksichtigung der Wärmebrücken stattfinden.

Frage:

Gilt die neue Wärmeschutzverordnung für alle Bundesländer?

Ehm:

Jawohl!

Frage:

Wenn ja – wer kann diese Kosten tragen? Trotz aller Energieeinsparung, wie paßt diese erneuerte Verordnung in die politische Landschaft?

Ehm:

Wenn wir Reduktionen zwischen 30 und 40% mit einer Erhöhung der Gebäudekosten von 2–3% erreichen, dann kann man die Frage so nicht formulieren. Wir stehen zunächst vor der Notwendigkeit im Sinne der Daseinsvorsorge bei Gebäuden, die langlebige Investitionsgüter darstellen, alle Maßnahmen der rationellen Energieverwendung und Emissionsreduzierung durchzuführen. Im übrigen sind diese Maßnahmen bereits aus heutiger Sicht wirtschaftlich. Ich möchte aber auch darauf aufmerksam machen, daß wir heute eine Reihe Gebäudekonzeptionen – speziell im Fertighausbereich – auf dem Markt haben, die ohne erkennbare Mehrkosten bereits die Anforderungen erfüllen.

Frage:

Welche Kosten entstehen in Verbindung mit den Instandsetzungs- und Modernisierungsmaßnahmen in den neuen Ländern?

Ehm:

Das ist eine Frage, die von mir schwer zu beantworten ist. Die Förderungsprogramme sind vorhanden. Tatsache ist auch, daß die großen Siedlungen, insbesondere die nach dem Krieg errichteten, bislang noch nicht im nennenswerten Umfang in die Instandsetzung und Modernisierung einbezogen worden sind. Hier gibt es Hemmnisse, die vielfach darin bestehen, daß die Wohnungsgesellschaften, -genossenschaften oder die Kommunen nicht in der Lage sind, trotz eines großzügigen Förderangebots, die übrigen Mittel aufzubringen. Diese Bestände müssen in der Regel langfristig bautechnisch saniert werden, wenn wir sie weiter nutzen wollen. Hierbei müssen auch energetische und emissionsschutztechnische Verbesserungen berücksichtigt werden. Die Maßnahmen decken sich teilweise, so daß wir keine nennenswerten Mehrkosten dafür in Ansatz bringen müssen.

Frage:

Wieviel kostet eine Anlage (Be- und Entlüftung) mit Wärmerückgewinnung?

Hausladen:

Eine solche Anlage kostet im Schnitt zwischen 10 000 und 13 000 DM. Fertighaushersteller können dies sicher etwas günstiger herstellen, weil es bereits werkseitig eingebaut werden kann. Im normalen Wohnungsbau müssen Sie in dieser Größenordnung rechnen.

Frage:

Welche Rolle spielt der Brandschutz?

Hausladen:

Die Kosten für die Einhaltung von Brandschutzanforderungen können natürlich heute ins Gewicht fallen – bei Altbauten, bei denen Sie zwei Vollgeschosse haben, weil Sie eben dann entweder durch die entsprechende Leitungsführung oder durch Brandschutzklappen dafür sorgen müssen, daß Brand von Geschoß zu Geschoß oder von Bereich zu Bereich nicht übertragen wird. Das könnten dann noch mal Zusatzkosten sein, die jetzt in diesem Bereich, den ich genannt habe 10 000–13 000 DM, nicht drin sind. Solche Systeme, wo man eine mechanische Entlüftung hat, mit Nachströmelementen in den Außenwänden können Sie rechnen mit, es hängt natürlich von der Wohnungsgröße ab, in etwa um die 3 000 DM.

Frage:

Werden künftig Anforderungen an die Dichtheit der Gebäude bei der Verordnung gestellt?

Ehm:

Bei Einsatz der Wärmerückgewinnungstechnik brauchen wir dichte Gebäude. Es ist allerdings auch so, daß dies nicht nur bei der Wohnungslüftung gefordert werden muß. Ich habe vorhin angedeutet, ein Beiblatt zur DIN 4108 soll die technischen Lösungen hierzu klarstellen und beispielhafte Lösungen geben. Zur Frage von Anforderungen ist der Stand der Überlegungen folgender: Es wäre heute noch nicht vertretbar – auch hinsichtlich der Kosten – Anforderungen an die Dichtheit des gesamten Gebäudes in die Verordnung aufzunehmen. Die Nachprüfung würde einen verhältnismäßig hohen Kostenaufwand bedingen. Uns schwebt folgender Weg vor: Es wird auf allgemein anerkannte Regeln hingewiesen. Die DIN 4108 kann unter Bezug auf die internationale Prüfnorm diesen Punkt in Form einer Empfehlung aufnehmen. Auf diese Empfehlung kann im Bedarfsfall zurückgegriffen werden, wenn eine Prüfung durchgeführt werden soll. In Verbindung mit beispielhaften Lösungsmöglichkeiten, wie man dichte Gebäudekörper erreicht, dürfte dieser Ansatz für die nächste Phase ausreichend sein.

Podiumsdiskussion am 24. 03. 1992, vormittags

Vorbemerkung: Anstelle von Herrn Erhorn nimmt Herr Reiß – ebenfalls Mitarbeiter am Fraunhofer Institut – an der Diskussion teil.

Frage:

Sind Forschungsergebnisse der pulmologischen Abteilung der medizinischen Univ.-Klinik Bern berücksichtigt worden?

Pult:

Die pulmologischen Ergebnisse habe ich nicht berücksichtigt. Die Diskussion ist folgende: nach Arbeiten von 1989 decken die HNO-Ärzte ca. 89% der Sensibilisierung gegen Schimmelpilze auf, die Pulmologen unter 10%. Die Diskussion ist bei den Pulmologen sehr hart, ob Schimmelpilze wichtig sind oder nicht. Oft ist es so, daß die Lungenfachärzte nur Patienten sehen, bei denen schon ausgeprägte Krankheitsbilder da sind. Wichtig ist noch zu wissen: Der allergische Schnupfen kann zum allergischen Asthma werden. Dies kann nach Schätzungen etwa 30% der Patienten passieren.

Frage:

Gibt es gesicherte Quellen aus der Fachliteratur?

Pult:

Ich habe mich hauptsächlich auf die allergologischen und HNO-ärztlichen Veröffentlichungen gestützt und zusätzlich die Berichte der letzten Symposien der Infekte, die erschreckende Ausmaße annehmen, gerade bei den immungestörten Patienten.

Frage:

Ab welchen Konzentrationen der Sporen in der Luft beginnt die allergische Wirkung?

Pult:

Wesentlich ist: Wie empfindlich ist der Patient? Wenn wir einen Patienten haben, der hochempfindlich ist, können wenige Sporen reichen, wenn wir einen Patienten haben, der wenig allergisch ist, muß er schon eine ganze Menge abbekommen. Es gibt keine harte Aussage dazu.

Frage:

Kann man vom Schimmelpilzumfang Rückschlüsse auf die Wachstumszeit abgeben?

Reiß:

Nein. Wir haben festgestellt, daß bei 97%iger relativer Luftfeuchtigkeit nach 14 Tagen das gleiche Schimmelwachstum vorhanden war wie bei 90% r.F. nach 6 Wochen. Deshalb kann man nicht vom Umfang auf die Wachstumszeit schließen.

Frage:

Für welche Temperaturen gilt, daß bei 80–90%-iger relativer Luftfeuchtigkeit Schimmelpilzwachstum stattfindet?

Reiß:

8°, 12°, 16°, 20° C. Das hängt primär nicht von der Innentemperatur ab, sondern lediglich von der rel. Luftfeuchtigkeit. Die ideale Wachstumstemperatur liegt bei 20° C.

Frage:

Die Isokorb-Konstruktion ergibt konstruktive Probleme bezüglich Brandschutz–Brandübergriff?
Feuchteabdichtung dieser Fuge – welche Lösungsmöglichkeiten gibt es?

Arndt:

Da diese Isokorb-Konstruktion in die massive Konstruktion eingebaut wird, sehe ich nicht die Probleme des Brandschutzes.

Die praktische Erfahrung bei der vorgefertigten Konstruktion mit eingebauten Polystyrolhartschaumplatten zeigt, daß Feuchteprobleme im Herstellungsprozeß, durch den direkten Kontakt mit Frischbeton – bzw. während der Nutzung in der Konstruktion unter Nutzungsbedingungen, nicht im Vordergrund stehen. Das sind unsere praktischen Erfahrungen dazu.

Frage:

Sie referierten, daß eine 5-Tages-Periode mit –5 °C Außentemperatur erforderlich sei, um die ungünstigsten inneren Oberflächentemperaturen zu erreichen. Dies wäre wohl nur im Winter der Fall. Trifft es zu, daß das größte bzw. hauptsächlichste Schimmelpilzwachstum im Frühjahr und im Herbst erfolgt? Wenn ja – womit hängt das zusammen?

Oswald:

Ein Diagramm aus einer Veröffentlichung von Erhorn und Gertis zeigt, daß in den Übergangsjahreszeiten erhebliche Probleme auftreten können, weil da die Außenluft eine hohe absolute Luftfeuchtigkeit hat. Es ist u. U. ein immenser Luftwechsel erforderlich, um noch zu ausreichend niedrigen Luftfeuchtigkeiten im Innenraum zu kommen. Die Betrachtung der Mindesttemperatur im Winter ist nicht die wesentliche Frage, sondern wichtiger ist die Frage, welche Luftwechselrate und welches Luftwechselverhalten man den Bewohnern zumuten kann. Das ist eine Frage, die in gewissem Rahmen der Sachverständige beantworten kann, aber im Endeffekt muß sie der Richter entscheiden. Die Fragen, ob es zumutbar ist, daß man fünfmal am Tag lüften muß und inwieweit man das Verhalten der Bewohner reglementieren darf, sind m. E. keine Sachverständigenfragen.

Frage:

Wo ist die Grenze zu ziehen? Wo kann man exakt sagen, da liegt in der Ecke ein bautechnischer Mangel vor und wo muß man sagen: das ist eine übliche Konstruktion?

Oswald:

Ich meine, wer 1982 noch eine mindestgedämmte Konstruktion mit 0,55 m²k/W gebaut hat, der hat einen planerischen Fehler gemacht. Für die Zukunft ist das sicherlich kein so wesentliches Problem mehr. Wir haben insgesamt längst die Situation erreicht, daß der Mindestwärmeschutz gar nicht mehr gebaut wird. In Abhängigkeit von der Raumnutzung und der Lüftungssituation sollte der Grenzwert heute bei 1.1 bis 1.3 m²k/W liegen.

Frage:

Ist es nicht effektiver, Raumecken und Kanten konstruktiv zu runden, anstatt den Wärmedurchgang insgesamt zu verringern?

Hauser:

Das ist sicherlich nicht effektiv. Auch dort haben Sie eine größere wärmeabgebende als eine aufnehmende Fläche, wobei die Verhältnisse nicht mehr so kraß sind. Sie hätten dabei vielleicht den Vorteil, daß Sie nicht mehr in der Lage sind, in die Ecken Schränke hineinzustellen. Es sei denn Sie würden sich gerundete Schränke anschaffen. Das ist sicherlich kein Lösungsweg, allein von den Kosten her, eine solche Rundung herzustellen, das kann man mit ein paar Zentimeter Dämmstoff wesentlich kostengünstiger erledigen.

Frage:

Könnte vom Bauphysiker oder Fachingenieur verlangt werden, Berechnungen unter Beachtung der Wärmebrücken anzustellen?

Hauser:

Ich meine ja. Architekten, die an der Universität Kassel in der Bauphysik geprüft werden, haben zumindest in diesem Bereich den Nachweis zu führen, daß sie so etwas können.

Frage:

Inwiefern halten Sie es für durchsetzbar, eine Norm als allgemein anerkannte Regel der Technik, Baukunst etc. vorzuschreiben, aber Einzelaussagen dieser Norm als außerhalb dieser Regel stehend zu bezeichnen?

Schild:

Zunächst muß ich klarstellen, daß Normen nicht als allgemein anerkannte Regeln der Bautechnik „vorgeschrieben" sind – sie sind, wie das DIN selbst formuliert, „nicht die einzige, sondern nur eine Erkenntnisquelle für technisch richtiges Verhalten im Regelfall"; sie haben lediglich die Vermutung für sich, allgemein anerkannte Regel der Bautechnik zu sein. Zweifel an der Richtigkeit einer Norm werden sich in aller Regel immer nur auf einzelne Passagen beziehen. Haben Sie solche Zweifel und können Sie die Richtigkeit Ihrer Bedenken im Streitfall beweisen, so kann Ihnen niemand vorwerfen, sie hätten falsch gehandelt. Ich gebe zu, daß diese Beweisführung für den praktisch tätigen Ingenieur meist schwierig ist, und daß dies erst recht im Hinblick auf die Passagen in DIN 4108 gilt, die sagt, daß geometrische Wärmebrücken an Außenecken nicht als Wärmebrücken behandelt werden müssen. Im Rahmen von Gutachten sollte der Sachverständige die Widersprüche der Norm und seine abweichende Einschätzung detailliert darstellen und die abschließende Entscheidung dem Gericht überlassen.

Frage:

Welche Forschungsberichte und Publikationen, die wissenschaftlichen Ansprüchen entsprechen, gibt es in deutscher Sprache, die sich mit der Frage befassen, in welchen Bereichen Schimmelpilze als Ursache von Schimmelpilzerkrankungen zuzuordnen sind?

Pult:

Wenn wir ganz ehrlich sind, gibt es sehr alte Veröffentlichungen aus den 20er und 30er Jahren, das wäre einmal die Schule um Hansen – das letzte Lehrbuch, das komplett veröffentlicht wurde ist 1957 erschienen – die letzte Zusammenfassung ist 1987 erschienen, das Manuale Allergielogikum. Neuere infektionsbehandelnde Veröffentlichungen sind meist mit dem Co-Autor Steib versehen, der sich sehr um Schimmelpilzeffekte gekümmert hat. Veröffentlichungen bezüglich Lebensmitteln u.ä. sind hin und wieder aus den Veröffentlichungen zum Mönchengladbacher Allergie-Seminar zu entnehmen.

Frage:

Besteht ein Unterschied zwischen Pilzen an Menschen und Pilzen am Bau?

Pult:

Die Pilze, die wir mit uns tragen sind unser Ökosystem. Die Pilze, die am Bau sind, können uns krank machen. Man kann hier durchaus unterscheiden. Eine sehr auffällige Sache ist, daß wir uns nicht nur um die Innenräume zu kümmern haben, sondern auch um die Außenfassade des Hauses. Das ist in Berlin geschehen, in der Hämatologie, wo Patienten mit Zytostatika behandelt wurden, ist eine Epidemie bei den Patienten aufgetreten, durch einen Schimmelpilz, der an der Außenbegrünung nachgewiesen war und dann die Patienten krank gemacht hat.

Frage:

Im Hinblick auf Schlafräume wird häufig behauptet, daß Schimmel vermieden werden kann, wenn die nächtlich ausfallende Oberflächenkondensation tagsüber wieder abtrocknen kann. Wird dies durch die laufenden Untersuchungen bestätigt?

Reiß:

Die Untersuchungen, die wir gemacht haben, fanden unter 6-wöchigen gleichen Bedingungen mit 90% Feuchtigkeit oder 97% Feuchtigkeit statt. Wir sind z. Zt. dabei, herauszubekommen, wie lang eine Feuchteperiode anhalten muß, damit es zum Schimmelwachstum kommt. Diese Untersuchungen laufen noch. Dazu kann noch nichts gesagt werden.

Frage:

Wenn 80% relative Luftfeuchtigkeit für das Schimmelwachstum ausreicht, warum haben wir dann nicht in der Übergangszeit (Mai, Sept., Okt.) überall Schimmel?

Reiß:

Das ist zwar richtig. In den Übergangszeiten beträgt die relative Luftfeuchte außen oft 70–90%. Außen hat man jedoch eine niedrigere mittlere Lufttemperatur als in den Räumen, so daß man im Rauminneren trotzdem auch während dieser Monate in der Regel nicht über 70% Feuchtigkeit kommt. Im Keller, der im Sommer oft kühler ist als die Außenluft, kennen wir dieses Problem jedoch. Hier gibt es oft Schimmelbildung im Sommer.

Frage:

Wie erklären Sie die großen bauphysikalischen Fehler bei Neubauten in der ehemaligen DDR, wenn es doch so bekannte Fachleute und Literatur gegeben hat – ist das Goethe-Wort eigentlich neu?

Arndt:

Der Kenntnisstand, getragen von sehr guten Fachleuten, oft als „Hobbyforscher" abgetan, spielte eine Rolle. Aber man muß natürlich bedenken, daß das, was gut und was richtig zu bauen war, von der Obrigkeit verordnet wurde und nicht von Fachleuten unbedingt durchsetzbar war. Zum anderen spielt die massenhafte Wiederholung einer uniformierten Bauweise natürlich auch eine Rolle. Gestatten Sie mir, meine Eindrücke, meine Erwartungshaltung zu schildern, als ich hier auf diesem Arbeitsfeld in der – wie man sagt – alten Bundesrepublik tätig war: Hier gibt es hervorragende Baustoffe, Bauelemente, hervorragende Technologie, hervorragende Fachleute; also müßte hier alles sehr gut sein. Ich war überrascht, muß ich Ihnen ehrlich sagen. Ich habe viele Bauwerke betrachtet und nur festgestellt, es lohnt sich, weiterhin bauphysikalisch aktiv zu sein.

Frage:

Glauben Sie im Ernst, Mieter würden es hinnehmen, Mobiliar nicht an die Wand stellen zu dürfen, wenn sie die volle Wohnfläche bezahlen müssen?

Schild:

Es geht doch nur darum, vor kalten Außenwandflächen – und das betrifft doch nur wenige Wände einer Wohnung – einen gewissen Abstand zwischen Wand und Möbelrückseite einzuhalten. Da über den Verlust von nutzbarer Wohnfläche zu sprechen finde ich unsinnig.

Oswald:

Verschiedene Urteile beinhalten: Es ist dem Mieter nur zuzumuten, daß der Schrank so weit abgerückt wird, wie die Fußleiste es zuläßt. (Mit Fußleisten halten wir einen Abstand von 1–2 cm ein.) Wenn 5 cm gefordert werden, wär dies nach diesen Urteilen schon nicht mehr zumutbar.

Schild:

Es gibt ebenfalls Urteile, die ohne Angabe eines bestimmten Abstandes vom Mieter erwarten, daß er sich hinsichtlich der Möbelaufstellung so verhält, daß Schäden nicht vorkommen.

Frage:

Die Wohnung ist für Menschen da – nicht die Menschen für die unvollkommene Technik!?

Schild:

Ich meine, daß ich in meinem Vortrag zum Ausdruck brachte, daß ich durchaus diese Meinung teile. Im Hinblick auf die veränderten Heiz- und Lüftungsbedingungen in mindestgedämmten Häusern muß aber zwangsläufig der Nutzer Rücksicht auf die bauliche Situation nehmen.

Frage:

Wie lange müssen bestimmte Raumluftfeuchten vorhanden sein, damit der Schimmelpilz wächst?

Hauser:

Ich darf auf Untersuchungen vom Kollegen Zöld aus Budapest hinweisen, der publiziert hat, daß bei täglichen Überschreitungen von ca. 5 Stunden bei Feuchtigkeiten von 75 bis 80 % entsprechend den Oberflächentemperaturen mit Schimmelpilzwachstum zu rechnen wäre.

Frage:

Sehen sie eine Möglichkeit, vielleicht die Lösung, durch Einsatz von Kondensat-Geräten, wie sie bei Gebäudeaustrocknung eingesetzt werden, die Luftfeuchtigkeit ständig unter 80 % relativer Feuchte zu halten?

Hauser:

Das kann man sicherlich machen. Nur hat man in der Regel nicht so sehr viel davon, denn es geht ja um die relative Luftfeuchtigkeit entsprechend der Oberflächentemperatur. Wenn die Oberflächentemperatur sehr niedrig ist, kann dies beinhalten, daß evtl. die Raumluftfeuchte auf 20–25 % abgesenkt werden muß. Das wäre für die Behaglichkeit nicht mehr so sehr zuträglich. Es gibt Systeme, bei denen man einen Wanddurchbruch macht, einen Lüfter einbaut, und – sobald eine bestimmte Raumluftfeuchte überschritten wird – sorgt der Lüfter für einen erhöhten Luftaustausch und damit eine erhöhte Feuchtigkeitsabfuhr.

Frage:

Wann wird die derzeit gültige Fassung der DIN 4108 durch eine neue Norm ersetzt?

Hauser:

Das kann ich Ihnen nicht beantworten – in diesem Jahr mit Sicherheit nicht – vermutlich auch im nächsten Jahr nicht. Durch die europäische Normung wird dies vermutlich auch hinfällig.

Oswald:

Mir ist völlig unverständlich, warum längst überfällige Änderungen an DIN 4108 so lange auf sich warten lassen, schließlich wird über die – vor allem in bezug auf die Außenecken – zu niedrigen Mindestwärmedurchlaßwiderstände seit dem Neuerscheinen dieser Norm im Jahre 1981 diskutiert.

Frage:

Sind akute Erkrankungen bzw. Krankheitsbilder bekannt, die nachweislich auf Schimmelpilz in der Wohnung zurückzuführen sind oder waren? Wie häufig geschieht es bzw. kommt es zu Erkrankungen?

Pult:

Akute Krankheitsbilder sind der allergische Schnupfen, Augenjucken oder sogar Asthma. Wie häufig das vorkommt, kann nur geschätzt werden, wenn man von den Zahlen ausgeht; 25% der Bevölkerung können Allergiker sein, cirka 10% sind im Augenblick gegen Schimmelpilze sensibilisiert. Wichtig wäre ein Beitrag aus der Praxis. Wenn im Winter jemand mit Heuschnupfen kommt und es ist schlechtes Wetter, dann kann man eigentlich immer nachfragen: Und bei Ihnen im Schlafzimmer hat es reingeregnet und es ist Schimmel da? Dann ist immer die Antwort: Woher wissen Sie das?

Frage:

Wurde bei der Versuchsanordnung eine Veränderung des k-Wertes der Außenwand untersucht?

Eine Verbesserung der Wärmedämmung müßte eigentlich ebenfalls zu einer Veränderung des Wärmeübergangs α führen?

Reiß:

Das ist genau umgekehrt. Wenn der k-Wert der Außenwand besser wird, dann wird auch α kleiner, da die Temperaturdifferenz zwischen den Oberflächen eines Raumes dann kleiner wird.

Frage:

Wie groß ist prozentual der Wärmeverlust bei Verwendung von Isokorbteilen für Balkonplatten im Vergleich oder gegenüber der durchbetonierten Balkonplatte?

Arndt:

Das kann man sicher bei Herrn Hauser nachlesen und nachvollziehen. Das hängt vom ganz konkreten Fall ab. Mit welchen Randbedingun-

gen, mit welchen Maßnahmen, wie dick die Konstruktionen sind usw. Ich würde mal ganz allgemein sagen, man könnte durchaus den Verlust bis zu 60% reduzieren.

Frage:

Können interne Wärmequellen mit dem Wärmebrücken-Atlas-Verfahren erfaßt werden?

Hauser:

Wenn es sich um interne Wärmequellen handelt, die im Inneren des Gebäudes vorhanden sind, dann beeinflussen sie die Raumlufttemperatur und das kann natürlich erfaßt werden; handelt es sich um interne Wärmequellen innerhalb der Konstruktion, z.B. Fußbodenheizungen und dergleichen, so können diese nicht beschrieben werden.

Frage:

Zum einen hat der Architekt/Bauträger nach „bestem Wissen und Gewissen" gebaut, zum andern ist den Mietern kaum Fehl-Wohn-Verhalten anzulasten. Wer trägt die Kosten, wenn jetzt mit dem heutigen Wissen bzw. nach Bekanntwerden der wirklichen Ursachen von Schimmelpilzbildungen Sanierungen notwendig werden?

Oswald:

Diese Frage beschreibt unser derzeitiges Dilemma: Die Heiz- und Lüftungsgewohnheiten der Bewohner haben sich – angereizt durch verschiedene Verordnungen – geändert, die Vorschriften an den Mindestschutz dagegen nicht. Wer trägt die Konsequenzen aus diesem – letztlich politisch bedingten – Konflikt? In Einzelsituationen mag eine Schuldzuweisung möglich sein – z.B. wenn die Schimmelpilzprobleme nach dem Einbau dichter Fenster auftreten und die Bewohner nicht über die dadurch veränderte Belüftungssituation aufgeklärt wurden.

Die vielen unterschiedlichen Urteile zu diesem Problem zeigen, daß je nach Sachverständigen und nach Richter entweder die Position „Dann muß eben mehr gelüftet und geheizt werden – der Bewohner ist schuld" oder die Position „Dann muß eben der Wärmeschutz höher sein – das Gebäude ist mangelhaft – der Eigentümer bzw. Planer ist schuld" den Ausschlag darüber gibt, wer die Kosten zu tragen hat.

Dieses Problem kann nicht durch Sachverständige gelöst werden, sondern bedarf einer politischen Lösung.

Schild:

Es wurde eben gesagt, daß über 10 Jahre hinweg der DIN-Normen-Ausschuß 4108 sich nicht gerührt hat, obwohl auch die Ausschußmitglieder die hier diskutierten Probleme kennen. Mir ist dieses Verhalten unverständlich.

Man hätte zumindest ein Beiblatt veröffentlichen können, das die Streitpunkte beschreibt und die Normaussagen interpretiert und relativiert – so wie dies etwa die Dachdecker unverzüglich getan haben, als Schadensfälle die Ergänzungsbedürftigkeit der Flachdachrichtlinien zeigten. Ein ähnliches Verhalten darf man seit langem vom Normenausschuß erwarten. Wir sollten gemeinsam nochmals darauf dringen.

Podiumsdiskussion am 24. 03. 1992, nachmittags

Frage:

Wie verhält sich die vorgestellte innengedämmte Wandkonstruktion, wenn innen eine Dampfsperre aufgebracht wird?

Kießl:

Eine entsprechende rechnerische Feuchteanalyse der gleichen Konstruktion mit innenseitiger Dampfsperre ergab folgende wesentliche Punkte: Die Dampfsperre reduziert zwar das raumseitige Eindringen von Wasserdampf im Winter, behindert aber vor allem deutlich das Trocknen im Sommer zum Raum hin. Die Konstruktion ist – im Gegensatz zu derjenigen ohne Dampfsperre – im dritten Jahr nach Bauerstellung noch nicht im hygrisch eingeschwungenen Zustand. Auch mit Dampfsperre treten im Winter Feuchteanreicherungen im Mauerwerk zur Dämmschicht hin auf, die aber während der Sommerperiode aus dem genannten Grund nicht so gut austrocknen wie im Fall ohne Dampfsperre.

Frage:

Wie groß sollten die Wärmeflußplatten sein? Wie viele Meßstellen sind erforderlich?

Dahmen:

Hierzu können keine festen Zahlenangaben gemacht werden. Je kleiner eine Wärmeflußplatte ist, um so stärker wirken sich die Einflüsse örtlicher Inhomogenitäten (z.B. Fugen) des Mauerwerks aus. Die Wärmeflußplatte sollte daher möglichst groß sein, Grenzen sind hier eigentlich nur durch das mit zunehmender Größe schwieriger werdende Anbringen und den Preis der Platte gesetzt. Zur Frage nach der Anzahl der Meßstellen ist auch nur zu sagen: Je mehr, desto besser, um zu sichern, dem Regelquerschnitt entsprechenden Werten zu kommen. Auch hier werden die Kosten wieder eine entscheidende Rolle spielen. In diesem Zusammenhang muß aber noch einmal auf die Meßdauer hingewiesen werden. Diese sollte i.d.R. nicht unter 5 Tagen liegen, um die unvermeidbaren instationären Meßbedingungen durch die Mittelwertbildung auszugleichen.

Frage:

Wärmeleitzahlen sind in Prüfzeugnissen und realen Verhältnissen oft verschieden (Problem der Streuung und Toleranzen). Wie kann dies berücksichtigt werden?

Dahmen:

Die in DIN 4108, Teil 4 angegebenen Wärmeleitzahlen sind Rechenwerte, die mit einem Sicherheitszuschlag versehen sind, durch den die üblichen Streuungen und Schwankungen abgedeckt werden. Daher dürfen bei wärmeschutztechnischen Nachweisen nur diese Rechenwerte angesetzt werden, obwohl die tatsächlichen Wärmeleitzahlen besser als die Normwerte sind.

Frage:

Folgender (häufiger) Problemfall:

Eine unbeheizte Tiefgarage, die aus einer Stahlbetonkonstruktion besteht, die Wärmedämmung „stört" sowohl ober- wie unterseitig der Decke, Unterzüge etc.

Kann man die Wärmebrücken durch eine Fußbodenheizung unschädlich machen?

Welche Empfehlungen würden Sie hierzu richtungsweisend geben?

Cziesielski:

Bauteile, die die äußere wärmedämmende Gebäudehülle eines Bauwerkes durchstoßen, stellen konstruktive Wärmebrücken dar. Im Fall der angesprochenen Tiefgarage werden die Wärmebrücken von den Stützen und den daran anschließenden Unterzügen und Decken gebildet.

Die effizienteste Methode, die Wirkung der Wärmebrücken zu minimieren, besteht darin, die Decken, Unterzüge und Stützen im Bereich der Tiefgarage mit einer geeigneten (stoßfesten) Wärmedämmung zu bekleiden. Es ist anzumerken, daß es meistens ausreicht, die Stützen nur bereichsweise zu dämmen – z.B. auf einer Länge von ca. 50 bis 70 cm unterhalb der Decke –, um eine Tauwasserbildung im

Bereich des „warmen" Bauwerkes zu vermeiden. Die erforderlichen Wärmeschutzmaßnahmen sind aufgrund von entsprechenden Wärmebrückenberechnungen festzulegen.

In Sonderfällen ist es möglich, die schädliche Wärmebrückenwirkung durch eine Beheizung auszuschließen (z. B. durch eine Fußbodenheizung, bei der im Stützenbereich eine enge Anordnung der Heizrohre vorgesehen wird). – Für den normalen Wohnungs- oder Verwaltungsbau ist es aber schlichtweg **nicht** akzeptabel, daß Wärmebrücken wissentlich eingebaut werden, die dann „weggeheizt" werden.

Frage:

Muß einer Wärmestrommessung zur Ermittlung des k-Wertes einer Wand nicht eine Infrarotüberprüfung der Oberflächen vorausgehen?

Dahmen:

Beide Meßverfahren haben unterschiedliche Ziele: die langzeitige Wärmestrommessung dient der Ermittlung des k-Wertes einer Wand als notwendige Grundlage der Beurteilung eines Wärmeschutzniveaus, mit der Thermographie dagegen sollen Stellen hoher Wärmeverluste, (Wärmebrücken) festgestellt werden, ohne daß hieraus unmittelbare Rückschlüsse auf den Wärmeschutz des Gebäudes allgemein gezogen werden könnten. Die beiden Verfahren bedingen sich also nicht gegenseitig unabdingbar. Es wäre aber – insbesondere bei Gebäuden, bei denen Mischmauerwerk in größerem Umfang verwendet wurde – wünschenswert, mit Hilfe der Thermographie die Festlegung der Meßstellen für die Wärmestrommessung vornehmen zu können. In der Regel scheidet die Anwendung beider Verfahren an demselben Gebäude jedoch aus Kostengründen aus.

Oswald:

Abgesehen davon muß berücksichtigt werden: Thermographische Messungen sind wirklich nur dann möglich, wenn sie eine Temperaturdifferenz von mindestens 15 K haben, um halbwegs vernünftige Aussagen zu bekommen. Sie können nur dann messen, wenn keine Sonneneinstrahlung vorhanden ist (am frühen Morgen und nachts) um wirklich aussagefähige Werte zu bekommen. Das sind lauter Einschränkungen im Umgang mit der Thermographie.

Frage:

Welche Innendämmaterialien sind im Hinblick auf die Tauwasserproblematik unkritisch?

Kießl:

Die Mineralwolle besitzt aufgrund ihrer Struktur eine hohe Feuchteaufnahmefähigkeit. Sie gibt Feuchte auch sehr leicht wieder ab. Auch Polystyrol – ob expandiert oder extrudiert – nimmt Wasserdampf allerdings sehr langsam auf und gibt es dampfförmig langsam wieder ab. In jedem Fall wird durch Tauwasserbildung im Dämmstoff der Dämmwert reduziert. Ob ein Dämmstoff hinsichtlich Tauwasserbildung unkritisch ist, kann deshalb nicht einfach mit einem Wort beantwortet werden. Die Eigenschaften der an der Konstruktion beteiligten Materialien, ihre Anordnung und die Randbedingungen sind gleichermaßen wichtig. Es ist zu prüfen, ob es zu überhöhten Feuchteanreicherungen in der Konstruktion kommt.

Frage:

In Abb. 13 des Beitrages von Herrn Prof. Cziesielski werden die erforderlichen Energiekosten für das Beheizen von Wärmebrücken in Abhängigkeit von der Außenlufttemperatur angegeben. Warum fallen bei höheren Außenlufttemperaturen höhere Kosten an im Vergleich zu niedrigeren Außenlufttemperaturen?

Cziesielski:

In Abb. 12 bzw. Abb. 13 sind auf der horizontalen Achse die kritischen Außenlufttemperaturen aufgetragen; kritische Außenlufttemperaturen sind diejenigen Außenlufttemperaturen, bei deren Unterschreitung Tauwasser aufgrund einer unzureichenden Wärmedämmung im Bereich der Wärmebrücke entsteht.

Auf den vertikalen Achsen der Diagramme sind der jährliche Energiebedarf bzw. die jährlichen Energiekosten aufgetragen. Bei der Ermittlung dieser Größen spielt die Häufigkeit bzw. die Dauer der auftretenden Temperaturen neben der aufzubringenden Heizleistung eine wesentliche Rolle: Eine Außenlufttemperatur von beispielsweise $\pm$ 0°C tritt im Jahresverlauf wesentlich häufiger und während einer längeren Zeit insgesamt auf, als eine Außenlufttemperatur von z.B. −15°C, die vielleicht nur an einem Tag oder nur an zwei Tagen im Jahr auftritt, so daß nur während dieser kurzen Zeit die Beheizung der Wärmebrücke erforderlich ist.

Zusammenfassend wird festgestellt, daß die Energiekosten bzw. der jährliche Energiebedarf von der Häufigkeit bzw. von der Dauer abhängig ist, bei der eine kritische Außenlufttemperatur unterschritten wird.

Frage:

Reichen die stationären Betrachtungen und die daraus abgeleiteten Beurteilungsgrößen aus, um eine sichere Beurteilung zu finden oder muß, um instationären Einflüssen gerecht zu werden, mit abgesicherten Werten, die beispielsweise aus der Betrachtung eines eingeschwungenen Zustandes gewonnen werden können, gerechnet werden?

Dahmen:

Wir müssen zunächst klären, wonach wir gefragt sind. Normalerweise werden wir gefragt, ob der Wärmeschutz einer Konstruktion den Regeln entsprechend ausgeführt ist. Die Regeln gehen von einem stationären Zustand aus. Wenn ich die tatsächlichen Werte, also Wärmeleitzahlen der eingebauten Materialien habe, und damit errechnen kann, wie groß der Wärmedurchlaßwiderstand ist und der erfüllt die entsprechenden Anforderungen, dann bin ich der Meinung, daß das zunächst mal zur Beurteilung des Wärmeschutzes ausreicht.

Cziesielski:

Es ist rechnerisch nachgewiesen, daß z.B. bei einigen Bauteilen unter instationären Temperaturverhältnissen (Tag-Nacht-Zyklus, Absenkung der Heizleistung während der Nachtzeit, Stoßlüftung) die Oberflächentemperaturen geringer sind als diejenigen, die unter Zugrundelegung eines stationären Temperaturzustandes ($\vartheta_{Li} = +20\,°C$, $\vartheta_{La} = -10\,°C$) berechnet werden.

Um die Einflüsse der nicht immer vorab bekannten instationären Temperaturzustände durch einen stationären Temperaturzustand bei der Berechnung abzudecken, werden für Wärmebrückenberechnungen nach DIN 4108 Teil 3 (Ausgabe 8/81) in Abschnitt 3.1 folgende konstante Randbedingungen festgelegt, die zu einer hinreichend sicheren Beurteilung der Wärmebrücken führen:

$\vartheta_{La} = -15\,°C$; $\alpha_a = 25$ W/(m²K)
$\vartheta_{Li} = +20\,°C$; $\alpha_i = 6$ W/(m²K)

Frage:

Welche relative Raumfeuchte haben Sie bei den Berechnungen zugrunde gelegt?

Kießl:

Es wurde mit einer mittleren konstanten Raumluftfeuchte von 50% r.F. gerechnet.

Frage:

Gibt es eine Zusammenstellung der für die aufgeführten Berechnungen notwendigen Materialdaten?

Kießl:

Es gibt eine Zusammenstellung, die an unserem Institut in Holzkirchen vorliegt. Dort sind einige wichtige Baustoffe für diese Kennfunktionen angegeben, nämlich für Putze, Dämmaterialien, Porenbeton, Ziegel, Beton in 2 verschiedenen Varianten und Kalksandstein. Messungen dieser Stoffeigenschaften laufen. Wir brauchen diese Werte auch für andere Untersuchungen. Wenn das interessiert – in Holzkirchen ist so etwas zu bekommen.

Frage:

Liegen Erfahrungen bei leichten Außenbauteilen mit Innendämmung ohne Dampfsperre (Holzrahmenbau – Fertighäuser) vor?

Kießl:

Ich persönlich habe mich mit den speziellen Fragestellungen und Problemen bei Holztafel- und Fertigteilbauweise noch nicht vertieft befaßt. Zusätzliche Innendämmungen sind wohl bei Holzrahmenbauweisen auch nicht üblich. Die vorhandene Dämmung erreicht bereits einen hohen Dämmwert. Die innenseitige Dampfsperre ist hier erforderlich, meistens jedenfalls. Das hängt aber mit den Feuchteeigenschaften der beteiligten Materialien zusammen.

Oswald:

Das ist doch eine mehr theoretische Frage. Wir brauchen doch in solchen Leichtkonstruktionen allein zur Winddichtung eine durchgehende Schicht, die gleichzeitig in aller Regel einen höheren Diffusionswiderstand hat. Insofern erübrigt sich eigentlich die Frage.

Kießl:

Diese Holzkonstruktionen werden mit Dampfsperre ausgeführt, mit den beiden Funktionen Feuchteschutz und Winddichtheit. Ich habe bisher noch nicht gehört, daß hier Dampfsperren aus bestimmten Gründen weggelassen worden sind.

Meßgeräte-Ausstellung

Während der Tagung wurden in einer begleitenden Ausstellung Meßgeräte für die Sachverständigenpraxis gezeigt und Informationen über den Literaturservice des IRB gegeben.

Aussteller waren:

Ahlborn Meß- und Regelungstechnik
Eichenfeldstraße 1–3, 8150 Holzkirchen
vertreten durch: Dipl.-Ing. F. Schoenenberg,
Petunienweg 4, 5010 Bergheim 3
Tel.: 0 22 71 / 9 48 43
Ausstellung von Temperatur- und Feuchtemeßgeräten, k-Wert Programm etc.

Heine – Opto technik
Kientalstraße 7, 8036 Hersching
Tel.: 0 81 52 / 3 80
Ausstellung von Endoskopen

IRB, Informationszentrum RAUM und BAU
Nobelstraße 12, 7000 Stuttgart 80
Tel.: 07 11 / 9 70-26 00
Information über Literaturservice und Recherchen des IRB

I.S.A.tec, Ingenieurgesellschaft für Entwicklung, Konstruktion und Optimierung im Maschinenbau mbH
Ritterstraße 12, 5100 Aachen
Tel.: 02 41 / 87 00 91
Ausstellung von Wärmebrückenprogrammen und Statikprogrammen der Fa. CADfen GmbH

Physibel C.V., Consulting Engineers
Research – Advice – Software
Heirweg 21, B-9990 Maldegem (Belgien)
Tel.: 0032 50 711 432
Ausstellung von Wärmebrückenprogrammen

VET, Verband deutscher Experten für Thermografie e.V.
am 23. 3. 1992 vertreten durch:
Herrn Klaus Keuthen, 4190 Kleve
Tel.: 0 28 21 / 80 64
am 24. 3. 1992 vertreten durch:
Herrn Prof. Dr. Hermann Heinrich, 6754 Otterberg
Tel.: 0 63 01 / 3 11 11
Anwendung der Thermografie

Aachener Bausachverständigentage 1984

Wärme- und Feuchtigkeitsschutz von Dach und Wand.
Rechtsfragen für Baupraktiker.

1984. 134 Seiten DIN A5 mit Abbildungen. Kartoniert DM 36,–
ISBN 3-7625-2236-7

Aachener Bausachverständigentage 1986

Genutzte Dächer und Terrassen. Konstruktion und Nachbesserung begangener, bepflanzter und befahrener Flächen. Rechtsfragen für Baupraktiker

1986. 144 Seiten mit zahlreichen Abbildungen. Format DIN A5.
Kartoniert DM 39,–
ISBN 3-7625-2510-2

Aachener Bausachverständigentage 1987

Leichte Dächer und Fassaden

1987. 135 Seiten mit zahlreichen Abbildungen. Format DIN A5.
Kartoniert DM 42,–
ISBN 3-7625-2589-7

Aachener Bausachverständigentage 1989

Mauerwerkswände und Putz

1989. 153 Seiten mit zahlreichen Abbildungen. Format DIN A5.
Kartoniert DM 49,–
ISBN 3-7625-2738-5

Aachener Bausachverständigentage 1990

Erdberührte Bauteile und Gründungen

1990. 164 Seiten mit zahlreichen Abbildungen. Format DIN A5.
Kartoniert DM 54,–
ISBN 3-7625-2827-6

Aachener Bausachverständigentage 1991

Fugen und Risse in Dach und Wand

1991. 135 Seiten mit zahlreichen Abbildungen. Format DIN A5.
Kartoniert DM 54,–
ISBN 3-7625-2875-6

Preise Stand September 1992. Preisänderungen vorbehalten.

BAUVERLAG GMBH · POSTFACH 1460 · D-6200 WIESBADEN